无公害菜园农药安全使用指南

石明旺　主编

化学工业出版社
·北京·

图书在版编目（CIP）数据

无公害菜园农药安全使用指南/石明旺主编．—北京：化学工业出版社，2017.1（2022.1重印）

ISBN 978-7-122-28766-3

Ⅰ.①无…　Ⅱ.①石…　Ⅲ.①蔬菜-无污染农药-农药施用-安全技术-指南　Ⅳ.①S436.3-62

中国版本图书馆CIP数据核字（2016）第319371号

责任编辑：邵桂林　　　　装帧设计：关　飞

责任校对：宋　玮

出版发行：化学工业出版社（北京市东城区青年湖南街13号　邮政编码100011）

印　　装：天津盛通数码科技有限公司

850mm×1168mm　1/32　印张10　字数299千字

2022年1月北京第1版第4次印刷

购书咨询：010-64518888　　　　售后服务：010-64518899

网　　址：http://www.cip.com.cn

凡购买本书，如有缺损质量问题，本社销售中心负责调换。

定　　价：35.00元　

编写人员名单

主　　编　石明旺

副 主 编　刘润强　张百重

　　　　　杨运华　李吉民

参编人员（按姓氏笔画排序）

　　　　　李　泽　高扬帆

前 言

随着人们对食品安全的日益重视，市场也在呼唤着真正的绿色和无公害蔬菜。同时蔬菜中的农药残留也影响着我国蔬菜出口，成为影响我国蔬菜出口的一个因素。

农药是人类用来对付蔬菜生产中有害生物的法宝，然而大多数农药对人、畜都有害，若使用不当，或接触，或吸入，均有中毒或致命的可能。如部分农药具有剧毒性或残留性，蔬菜施用农药后如未达安全采收期即行采收，食后会严重影响人体的健康，因此蔬菜或行将采收的作物应使用低毒或易分解的农药；又如部分农药施药后还会影响作物的品质。此外，农药使用后，因化学性质不同其分解速率也不同，分解速度缓慢者则残留在作物上的时间长，达到安全收获期时间也不同。因此，如何科学选择农药以及如何安全使用是非常重要的，既要实现保护蔬菜安全生产不受病虫为害的目的，同时还要避免农产品的农药残留和生态安全问题。

为了科学、安全、无公害地使用农药，保证蔬菜的安全和无公害生产，我们编写了《无公害菜园农药安全使用指南》一书，有针对性地介绍了常用农药的种类和特点。书中除了介绍杀虫剂、杀菌剂和除草剂以外，还对一些重要的植物生长调节剂进行了介绍。全书共分五章，按农药分类编排，包含了杀虫剂、杀螨剂、杀菌剂、杀线虫剂、除草剂和植物生长调节剂及其在蔬菜生产中的使用。

由于水平所限，加之时间较为仓促，书中不妥之处在所难免，恳请同行专家和广大读者给予批评指正，以便在再版时加以修订。

编者

2017 年 1 月

目录

第一章　无公害蔬菜常用杀虫（螨）剂 /1

第二章 无公害蔬菜常用杀菌剂 / 103

第三章　无公害蔬菜常用杀线虫剂 / 242

第四章　无公害蔬菜常用除草剂 / 251

第五章　无公害蔬菜常用植物生长调节剂 / 289

参考文献 / 311

第一章

无公害蔬菜常用杀虫（螨）剂

1. 乐 果

【中、英文通用名】乐果，Dimethoate

【有效成分】【化学名称】*O*,*O*-二甲基-*S*-(*N*-甲基氨基甲酰甲基）二硫代磷酸酯

【含量与主要剂型】40%乐果乳油、50%乐果乳油。

【曾用中文商品名】乐戈。

【产品特性】白色结晶，具有樟脑气味，工业品通常是浅黄棕色的乳剂。熔点 51～52℃，沸点 86℃/1.3 帕，蒸气压（kPa）1.13 兆帕/25℃；在水溶液中稳定，但遇碱液时容易水解，加热转化为甲硫基异构体。对日光稳定，遇明火、高热可燃。受热分解，放出磷、硫的氧化物等毒性气体。微溶于水，可溶于大多数有机溶剂，如醇类、酮类、醚类、酯类、苯、甲苯等。

【使用范围和防治对象】乐果是内吸性有机磷杀虫、杀螨剂。杀虫范围广，对害虫和螨类有强烈的触杀和一定的胃毒作用。在昆虫体内能氧化成活性更高的氧乐果，其作用机制是抑制昆虫体内的乙酰胆碱酯酶，阻碍神经传导而导致死亡。适用于防治多种作物上的刺吸式口器害虫，如蚜虫、叶蝉、粉虱、潜叶性害虫及某些蚧类有良好的防治效果，对螨也有一定的防效。

【使用技术或施用方法】

乐果以防治蚜虫、红蜘蛛为主时，要重点喷洒叶背，使药液充分与虫体接触。施药适期为低龄幼虫盛期。

（1）防治菜蚜、茄子红蜘蛛、葱蓟马、豌豆潜叶蝇等蔬菜害虫，每667平方米用40%乐果乳油50毫升，兑水60～80千克喷雾。

（2）防治菜青虫、番茄田棉铃虫等鳞翅目害虫时，每公顷用40%乐果乳油750毫升，加水750～1125千克均匀喷施。

【毒性】乐果为中等毒杀虫剂，原药雄大鼠急性经口半致死中量（LD_{50}）为320～380毫克/千克，小鼠经皮半致死中量（LD_{50}）为700～1150毫克/千克。人的最高忍受剂量为0.2毫克/(千克·天)。鸭子（雌）经口半致死中量（LD_{50}）为40毫克/千克，麻雀为22毫克/千克，家蚕口服1000微克/克蚕体未出现中毒症状。对鱼的安全浓度为2.1毫克/千克。蜜蜂半致死中量（LD_{50}）为0.09微克/头。

【注意事项】

（1）啤酒花、菊科植物、高粱有些品种及烟草、枣树、桃、杏、梅树、橄榄、无花果、柑橘等作物，对稀释倍数在1500倍以下的乐果乳剂敏感，使用前应先作药害实验。

（2）乐果对牛、羊的胃毒性大，喷过药的绿肥、杂草在1个月内不可喂牛、羊。施过药的地方7～10天内不能放牧牛、羊。对家禽胃毒更大，使用时要注意。

（3）蔬菜在收获前不要使用乐果。

（4）口服中毒可用生理盐水反复洗胃，接触中毒应迅速离开现场。解毒剂为阿托品、解磷啶、氯磷啶，加强心脏监护，保护心脏，防止猝死。

（5）高锰酸钾可使乐果氧化成毒性更强的物质，所以乐果中毒禁用高锰酸钾洗胃。

2. 锐劲特

【中、英文通用名】锐劲特，regent

【有效成分】【化学名称】(RS)-5-氨基-1-(2,6-二氯-4α-三氟甲基

苯基)-4-三氟甲基亚磺酰基吡唑-3-腈

【含量与主要剂型】5%锐劲特悬浮剂、0.3%锐劲特颗粒剂、5%和25%锐劲特悬浮种衣剂、0.4%锐劲特超低量喷雾剂和0.05%蟑毙胶饵剂。

【曾用中文商品名】氟虫腈。

【产品特性】原药在23℃时为白色粉末。20℃时相对密度1.48～1.629，熔点195.5～203℃，蒸气压3.7×10^{-7}帕。在水中溶解度1.9毫克/升（pH7），丙酮中54.6克/100毫升，二氯甲烷中2.23克/100毫升，己烷中0.003克/100毫升，甲醇中13.75克/100毫升，甲苯中0.3克/毫升。在土壤中的半衰期1～3个月，在水中的半衰期135天。在水中的光解半衰期8小时，在土壤中光解半衰期34天。

5%锐劲特悬浮剂由50克/升有效成分和悬浮剂、溶剂以及63%的水组成。外观为白色涂料状黏性液体，密度1.01克/毫升，pH6.86，平均粒度大于4.8微米（50℃储存5个月），90%粒度小于10.6微米。悬浮率大于95%，黏度0.44帕/秒。常温下贮存稳定，对光不稳定。结冰点4℃，融化温度11℃。

【使用范围和防治对象】锐劲特是一种苯基吡唑类杀虫剂，杀虫广谱，对害虫以胃毒作用为主，兼有触杀和一定的内吸作用，其杀虫机制在于阻碍昆虫γ-氨基丁酸控制的氯化物代谢，因此对蚜虫、叶蝉、飞虱、鳞翅目幼虫、蝇类和鞘翅目等重要害虫有很高的杀虫活性，对作物无药害。该药剂可施于土壤，也可叶面喷雾。施于土壤能有效地防治玉米根叶甲、金针虫和地老虎。叶面喷洒时，对小菜蛾、菜粉蝶、稻蓟马等均有高水平防效，且持效期长。适用于马铃薯、甜菜、油菜等防除半翅目、鳞翅目、缨翅目、鞘翅目等害虫以及对环戊二烯类、菊酯类、氨基甲酸酯类杀虫剂已产生抗药性的害虫。

【使用技术或施用方法】

（1）防治小菜蛾蔬菜、油菜上的小菜蛾处于低龄幼虫期施药，每667平方米用5%锐劲特悬浮剂18～30毫升（有效成分0.9～1.5克）加水均匀喷雾，喷雾时要全面，使药液喷到植株的各部位。

（2）防治马铃薯甲虫每667平方米用18～35毫升（有效成分0.9～1.75克）。

【毒性】据中国农药毒性分级标准，锐劲特属中等毒杀虫剂。原药大鼠急性经口半致死中量（LD_{50}）为97毫克/千克，急性经皮半致死中量（LD_{50}）大于2000毫克/千克。兔急性经皮半致死中量（LD_{50}）354毫克/千克。大鼠急性吸入半致死浓度（LC_{50}）0.682毫克/升。每人每日最大允许摄入量（ADI）为0.00025毫克/(千克·天)。对皮肤和眼睛没有刺激性。无致畸、致癌和引起突变的作用。该药对鱼高毒，鲤鱼半致死浓度（LC_{50}）30微克/升，虹鳟鱼半致死浓度（LC_{50}）248微克/升，蓝鳃翻车鱼半致死浓度（LC_{50}）85微克/升，水蚤半致死浓度（LC_{50}）190微克/升（48小时），绿藻半致死浓度（LC_{50}）68微克/升（72小时）。对蜜蜂高毒，半致死中量（LD_{50}）4.17×10^{-3}微克/头。野鸭半致死中量（LD_{50}）2000微克/千克，鸽子半致死中量（LD_{50}）2000微克/千克，鹌鹑半致死中量（LD_{50}）11.3微克/千克，野鸡半致死中量（LD_{50}）31微克/千克。对虾、蟹亦高毒。对家蚕毒性较低，半致死中量（LD_{50}）为0.427微克/头。

5%锐劲特悬浮剂大鼠急性经口半致死中量（LD_{50}）大于1932毫克/千克，小鼠半致死中量（LD_{50}）1414毫克/千克，大鼠和兔急性经皮半致死中量（LD_{50}）大于2000毫克/千克，大鼠急性吸入半致死浓度（LC_{50}）大于5毫克/升。对皮肤和眼睛没有刺激性，对皮肤有轻微致敏作用。

【注意事项】

（1）锐劲特对虾、蟹、蜜蜂高毒，饲养上述动物的地区应谨慎使用。

（2）施药时应配戴口罩、手套等，严禁吸烟和饮食。

（3）避免药物与皮肤和眼睛直接接触，一旦接触，应用大量清水冲洗。

（4）施药后要用肥皂洗净全身，并将作业服等保护用具用强碱性洗涤液洗净。

（5）如发生误食，需催吐并携此标签尽快求医，苯巴比妥类药物可缓解中毒症状。

（6）本剂应以原包装妥善保管在干燥阴凉处，远离食品和饲料，并放于儿童触及不到的地方。

（7）请严格按标签要求使用该品。

3. 川楝素

【中、英文通用名】 川楝素，toosendanin

【有效成分】【化学名称】 $C_{30}H_{38}O_{11}$

【含量与主要剂型】 0.5%乳油。

【曾用中文商品名】 苦楝素、蔬果净、绿保威、楝素。

【产品特性】 白色结晶粉末，无臭，味极苦。熔点 244～245℃（分解）。旋光度 −13.1°。易溶于吡啶、丙酮、乙醇、甲醇，微溶于氯仿、苯，几乎不溶于石油醚及水。在酸、碱条件下易水解，在光照下易分解。制剂的乳化性与热储存性能均稳定合格。

【使用范围和防治对象】 川楝素是一种植物性杀虫剂，具有胃毒、触杀和拒食作用。害虫取食和接触川楝素后，可阻断神经中枢传导，破坏中肠组织与各种解毒酶系及呼吸代谢作用，影响消化吸收，丧失对食物味觉功能，以拒食导致害虫生长发育不正常而死亡，也可在蜕皮时形成畸形虫体并昏迷致死。川楝素对多种鳞翅目害虫具有很高的生物活性，但对刺吸式口器害虫无防效。该药在自然环境下易分解，不会造成污染，对人、畜安全无害。

【使用技术或施用方法】

川楝素对防治蔬菜菜青虫、斜纹夜蛾、小菜蛾、菜螟等鳞翅目害虫的幼虫有良好药效。在成虫产卵高峰后 7 天左右或幼虫 2～3 龄期作为施药适期，用 0.5%川楝素杀虫乳油 800～1000 倍稀释液，均匀喷雾 1 次。应与其他相同作用的杀虫剂交替用药，可保持高药效并延缓抗性产生。

【毒性】 川楝素属于低毒性杀虫剂，原药对小白鼠急性经口致死中量（LD_{50}）大于 10000 毫克/千克。

【注意事项】

（1）川楝素不宜与碱性物质混用。

（2）可在喷药时加入液量 0.03%洗衣粉，以便增效。

（3）川楝素作用较慢，不可因生效迟缓而加大药量。

4. 农梦特

【中、英文通用名】农梦特，teflubenzuron

【有效成分】【化学名称】1-(3,5-二氯-2,4-二氟苯基)-3-(2,6-二氟苯甲酰基)

【含量与主要剂型】5%农梦特乳油。

【曾用中文商品名】伏虫隆。

【产品特性】原药为白色或淡黄色结晶，不溶于水，微溶于多种有机溶剂，溶解度（20～23℃）：水中0.02毫克/千克，丙酮中10克/千克、环己酮中20克/千克、二甲基亚砜中66克/千克、乙醇中1.4克/千克、己烷中50毫克/千克、甲苯中850毫克/千克。但制剂可溶于水及多数有机溶剂。常温条件下稳定。

【使用范围和防治对象】农梦特是一种苯甲酰基脲类新型杀虫剂，具有触杀和胃毒作用。该药对鳞翅目幼虫的杀灭活性高，主要表现在卵的孵化、幼虫的脱皮和成虫的羽化受阻，特别是对害虫的幼虫阶段作用大。对于白粉虱、蚜虫等刺吸式口器的害虫防治效果差。该药虽对害虫的致死速度缓慢，但持效期较长，对蔬菜作物无药害，对害虫的天敌安全无害，特别是对多种抗性害虫如小菜蛾等有良好的防效。

【使用技术或施用方法】

（1）防治棉铃虫、斜纹夜蛾、甘蓝夜蛾，在卵孵化盛期或幼虫期，用5%农梦特乳油2000倍液喷雾。

（2）防治菜青虫，在成虫产卵高峰1周后，用5%农梦特乳油2000～3000倍液喷雾，药后15～20天防效达90%左右；3000～4000倍液喷雾，药后10～14天，防效达80%以上。防治小菜蛾，在1～2龄幼虫期，用5%农梦特乳油2000～3000倍液喷雾，防效达80%～90%以上。对有机磷产生抗性的菜青虫、小菜蛾改用农梦特防效较好。

（3）防治温室白粉虱，于初龄期开始，用5%农梦特乳油2000倍液喷雾。防治豆野螟，在豇豆、菜豆开花盛期、卵孵化盛期，用5%农梦特乳油2000倍液喷雾，喷雾2次，每次间隔7～10天，即可控制为害。

【毒性】 大鼠急性经口半致死中量（LD_{50}）大于5000，急性经皮大于2000。对兔眼睛无刺激。在哺乳动物细胞中进行的试验表明无诱变性。对鲤鱼和鳟鱼的半致死浓度（LC_{50}）大于500毫克/千克。对人、畜、鱼低毒，对蜜蜂无毒。

【注意事项】

（1）农梦特喷雾力争均匀、周到。

（2）农梦特在害虫低龄期用药效果好，对钻蛀性害虫宜在卵孵化盛期用药。

（3）农梦特对水栖生物（特别是甲壳类动物）有毒，使用时要避免污染池塘和河流。

5. 定虫隆

【中、英文通用名】 定虫隆，chlorfluazuron

【有效成分】【化学名称】 1-[3,5-二氯-4-(3-氯-5-三氟甲基-2-吡啶氧基)苯基]-3-(2,6-二氟苯甲酰基)脲

【含量与主要剂型】 5%乳油。

【曾用中文商品名】 杀铃脲、杀虫隆、定虫脲、氟伏虫脲、抑太保、农美。

【产品特性】 纯品为黄白色无味结晶粉末。制剂外观为棕色油状液体，在常温下稳定。

【使用范围和防治对象】 定虫隆是一种苯甲酰基脲类新型杀虫剂，以胃毒作用为主，兼有触杀作用，但无内吸传导作用。其主要作用机理是抑制害虫体表几丁质合成，阻碍昆虫正常脱皮，导致卵的孵化、幼虫蜕皮以及蛹发育均出现畸形，成虫羽化受到阻碍而发挥杀死害虫作用。该药防效高，但作用速度慢，一般药后5～7天才能见害虫死亡。该药对多种鳞翅目幼虫以及直翅目、鞘翅目、双翅目等害虫均有很高的杀灭活性，尤其对有机磷、氨基甲酸酯、拟除虫菊酯等类杀虫剂已产生抗性的多种害虫具有良好的防治效果。抑太保对蚜虫、白粉虱、蓟马、叶蝉、红蜘蛛等害虫害螨均无防治效果。

【使用技术或施用方法】

（1）防治菜青虫、小菜蛾，在1～3龄幼虫期，用5%定虫隆乳

油1000～4000倍液喷雾。在使用浓度范围内，虫害发生严重和虫龄高时，使用浓度宜高；反之，则可低。

（2）防治茄二十八星瓢虫、马铃薯瓢虫、斜纹夜蛾、地老虎等，于幼虫初孵期，用5%定虫隆乳油2000～3000倍液喷雾。

（3）防治豆野螟，于菜豆、豇豆开花期或盛卵期，分别施药1次，用1000～2000倍液喷雾。

【毒性】定虫隆属于低毒性杀虫剂，原药大白鼠急性经口致死中量半致死中量（LD_{50}）大于8500毫克/千克，急性经皮致死中量半致死中量（LD_{50}）大于1000毫克/千克；乳油制剂大白鼠急性经口致死中量半致死中量（LD_{50}）大于1763～3013毫克/千克，急性经皮致死中量半致死中量（LD_{50}）大于2000毫克/千克。对家兔皮肤、眼睛无刺激作用。在试验剂量内对动物未见致癌、致畸和致突变作用。正常使用剂量下对鱼、蜜蜂和鸟类安全，但对家蚕有一定的毒性。

【注意事项】

（1）定虫隆喷雾力争均匀、周到。

（2）定虫隆在害虫低龄期用药效果好，对钻蛀性害虫宜在卵孵化盛期用药。

6. 顺式氰戊菊酯

【中、英文通用名】顺式氰戊菊酯，esfenvalerate

【有效成分】【化学名称】(S)-α-氰基-3-苯氧基苄基(S)-2-(4-氯苯基)-3-甲基丁酸酯

【含量与主要剂型】5%顺式氰戊菊酯乳油。

【曾用中文商品名】S-氰戊菊酯、来福灵。

【产品特性】纯品为白色结晶固体，熔点59～60.2℃；相对密度1.26（26℃），蒸气压0.067×10^{-3}帕（25℃），折射率$n_D^{25}=1.5787$，旋光度$[\alpha]_D^{25}=15.00$。易溶于丙酮、乙腈、氯仿、乙酸乙酯、二甲基甲酰胺、二甲基亚砜、二甲苯等有机溶剂，溶解度大于60%，在甲醇中溶解度7%～10%，乙烷1%～5%；在水中溶解度0.3毫克/千克。分配系数（正辛醇/水）为1660000（25℃）。在酸性介质中稳定，在碱性介质中会分解，常温下储存 2 年稳定，对日光相对稳定。原药为棕褐色黏稠液体，在室温为固体，熔点 49.5～55.7℃。

【使用范围和防治对象】顺式氰戊菊酯是活性较高的杀虫剂，仅含顺式异构体，此药作用机理、药效特点、防治对象与氰戊菊酯相同，其杀虫活性要比氰戊菊酯高出 4 倍，但用药效特点、作用机理和防治对象与氰戊菊酯是相同的，广泛使用于辣椒、番茄、茄子、十字花科蔬菜、马铃薯等瓜果蔬菜。对多种咀嚼式口器和刺吸式口器害虫均具有很好的杀灭作用，如对食心虫类（棉铃虫、红铃虫、菜青虫）、小菜蛾、甜菜夜蛾、斜纹夜蛾、潜叶蛾、豆荚螟、草地螟、玉米螟、卷叶螟、松毛当等毛虫类、尺蠖类、刺蛾类、黏虫类、食叶甲虫类、蚜虫类、叶蝉岁等有效。

【使用技术或施用方法】

（1）蔬菜害虫菜青虫、小菜蛾的防治，于幼虫 3 龄期前施药，每 667 平方米用 5%顺式氰戊菊酯乳油 15～30 毫升。

（2）豆野螟的防治，于豇豆、菜豆开花盛期、卵孵盛期施药，每 667 平方米 5%顺式氰戊菊酯乳油 20～30 毫升。

（3）蔬菜害虫蚜虫、白粉虱及蓟马的防治，在这类刺吸式口器害虫初发生时，用 5%顺式氰戊菊酯乳油 3000～6000 倍均匀喷雾 1 次，防治效果良好。

【毒性】顺式氰戊菊酯属中等毒性杀虫剂。原药大鼠急性经口半致死中量（LD_{50}）为 325 毫克/千克，急性经皮半致死中量（LD_{50}）大于 5000 毫克/千克，急性吸入半致死浓度（LC_{50}）大于 480 毫克/千克。

【注意事项】

（1）顺式氰戊菊酯施药时要均匀周到，且尽可能减少用药量和用药次数，以减缓抗性的产生，或与有机磷等其他农药轮用、混用。

（2）由于顺式氰戊菊酯对螨无效，在害虫、螨并发的作物上要配合杀螨剂使用，以免螨害猖獗发生。

（3）顺式氰戊菊酯不能与碱性物质混合使用，且随配随用。

（4）使用顺式氰戊菊酯时不要污染河流、桑园、养蜂场所。

（5）注意个人防护，不使药液进入口、眼、鼻，打完药后用肥皂清洗。

7. 顺式氯氰菊酯

【中、英文通用名】 顺式氯氰菊酯，alphacypermethrin

【有效成分】【化学名称】 (RS)-氰基-(3-苯氧苯基)-甲基-(IRS)-顺式反式-3-(2,2-二氯乙烯基)-2,2-二甲基环丙烷羧酸酯

【含量与主要剂型】 10%乳油、5%乳油、5%可湿性粉剂。

【曾用中文商品名】 兴棉宝、安绿宝、灭百克、赛波凯、轰敌、高效灭百可、高效安绿宝、奋斗呐。

【产品特性】 顺式氯氰菊酯原药为黄棕色至深红褐色黏稠液体，相对密度（20℃）1.24，蒸汽压（20℃）2.27×10^{-7}帕。难溶于水，易溶于丙酮、芳烃、醇类等有机溶剂。在中性和酸性条件下稳定，强碱条件下水解。热稳定性较好，常温储存可稳定2年以上。

【使用范围和防治对象】 顺式氯氰菊酯可用于蔬菜等作物上害虫的防治。对蔬菜上的鳞翅目、半翅目、双翅目、直翅目、鞘翅目、缨翅目和膜翅目等多种害虫均有较好的防治效果。

【使用技术或施用方法】

（1）防治蔬菜菜青虫，在幼虫2～3龄发生始期，用10%顺式氯氰菊酯乳油4000～6000倍液，持效期长达7～10天。

（2）防治蔬菜小菜蛾，在幼虫1～2龄发生初期，用10%顺式氯氰菊酯乳油3000～6000倍液，喷雾防治。此药液浓度还可防治黄守瓜、跳甲、菜螟、姜螟等多种害虫，而且防效良好。

（3）蚜虫的防治，在菜蚜发生初期，用10%顺式氯氰菊酯乳油4000～6000倍稀释液进行。此药液浓度还可防治白粉虱、蓟马等各种刺吸式口器蔬菜害虫。

【毒性】 顺式氯氰菊酯属于中等毒性杀虫剂，原药大白鼠急性经口致死中量（LD_{50}）为60～80毫克/千克，经皮急性致死中量（LD_{50}）为500毫克/千克。10%乳油制剂大白鼠急性经口致死中量半致死中量（LD_{50}）为800毫克/千克，经皮急性致死中量半致死中量（LD_{50}）大于2000毫克/千克。在试验剂量内对动物观察未见慢性蓄积和致癌、致畸、致突变作用。对鱼类和蜜蜂有高毒。

【注意事项】

(1) 使用顺式氯氰菊酯时不要与碱性物质混用，不可在鱼塘、河流、蜂场和桑园用此药污染环境。

(2) 顺式氯氰菊酯在蔬菜上的安全间隔期为 10 天，故蔬菜收获前 10 天禁止用此药。

(3) 顺式氯氰菊酯无特效解毒药。如误服，应立即请医生对症治疗。

(4) 要注意顺式氯氰菊酯与其他非菊酯类农药交替使用或混用。

8. 喹硫磷

【中、英文通用名】 喹硫磷，quinalphos

【有效成分】【化学名称】 *O*,*O*-二乙基-*O*-(喹噁磷) 硫代磷酸酯

【含量与主要剂型】 25%喹硫磷乳油、爱卡士25%乳油、爱卡士5%颗粒剂。

【曾用中文商品名】 喹噁磷乳油 (25%)、喹噁硫磷、喹硫磷颗粒剂、爱卡士、喹噁磷。

【产品特性】 喹硫磷纯品为白色无味结晶。折射率 n_D^{20} 为 1.5624，蒸气压 3.3466×10 帕 (20℃)。易溶于苯、甲苯、二甲苯、醇、乙醚、丙酮、乙腈、乙酸乙酯等多种有机溶剂，微溶于石油醚，在水中溶解度为 22 毫克/千克 (常温)。酸性条件下易水解，于 120℃分解。

【使用范围和防治对象】 喹硫磷具有杀虫、杀螨作用，具有胃毒和触杀作用，无内吸和熏蒸性能，在植物上有良好的渗透性，有一定杀卵作用，在植物上降解速度快，残效期短。

【使用技术或施用方法】

使用喹硫磷防治菜青虫、斜纹夜蛾等蔬菜害虫，每 667 平方米用 25%喹硫磷乳油 60～80 毫升，兑水 50～60 升喷雾。

【毒性】 按我国农药毒性分级标准喹硫磷属于中等毒性杀虫剂。原药大白鼠急性经口半致死中量 (LD_{50}) 为 195 毫克/千克，经皮急性致死中量 (LD_{50}) 为 2000 毫克/千克。乳油制剂大白鼠急性经口致死中量 KD_{50} 为 300 毫克/千克，经皮急性半致死中量 (LD_{50}) 为

4000 毫克/千克。对皮肤和眼睛无刺激性，在动物体内蓄积性很少，无慢性毒性，没有致癌、致畸、致突变作用。喹硫磷对鱼和水生动物及蜜蜂毒性高。

【注意事项】

(1) 喹硫磷不能与碱性物质混合使用。

(2) 喹硫磷对鱼类及蜜蜂高毒，故不可在鱼塘及养蜂场所使用。

9. 三唑磷

【中、英文通用名】 三唑磷，triazophos

【有效成分】【化学名称】 *O*,*O*-二乙基-*O*-(1-苯基-1,2,4-三唑-3-基)硫代磷酸酯

【含量与主要剂型】 20%三唑磷乳油。

【曾用中文商品名】 三唑硫磷、高渗三唑磷。

【产品特性】 三唑磷纯品为淡棕黄色液体，工业品为棕褐色液体，难溶于水，可溶于大多数有机溶剂，对光稳定，但遇碱性物质易分解失效。

【使用范围和防治对象】 三唑磷为广谱有机磷杀虫剂，具有强烈的触杀和胃毒作用，杀虫效果好，杀卵作用明显，渗透性较强，无内吸作用。主要用于防治菜田上的鳞翅目害虫、害螨、蝇类幼虫及地下害虫等。

【使用技术或施用方法】

(1) 防治菜田棉铃虫、菜青虫、蚜虫、白粉虱、蓟马、红蜘蛛等，常用 20%三唑磷乳油 800～1000 倍稀释液，应掌握在害虫及害螨的低幼龄阶段或发生为害初期，对蔬菜植株茎叶正反面进行周到喷雾，防治效果良好。

(2) 防治菜田地下害虫每公顷可用 20%三唑磷乳油 30～45 千克，加入细砂土 150～225 千克，均匀搅拌后，撒于播种沟或穴内，并在毒土上面再加一层土盖严，以免种苗发生药害。也可在地下害虫发生初期，用 20%三唑磷乳油 800～1000 倍稀释药液进行植株根茎部浇灌，每株 200 毫升左右为宜。

【毒性】 三唑磷属于中等毒性类杀虫、杀螨剂。原药对雌性大白

鼠急性经口致死中量半致死中量（LD_{50}）为68～82毫克/千克，急性经皮致死中量半致死中量（LD_{50}）为1100毫克/千克。狗急性经口半致死中量（LD_{50}）为320毫克/千克。用含三唑磷100毫克/千克剂量饲料喂狗90天，仅对狗的胆碱酯酶活性有些抑制作用，对大鼠做2年饲养试验，无作用剂量为1毫克/千克。对鲫鱼半致死中量（LD_{50}）为8.4毫克/千克，鲤鱼为1毫克/千克（均48小时）。在试验剂量内对动物未见致畸、致癌和致突变作用。对家蚕、蜜蜂、鱼类等生物毒性均较大，但对蔬菜作物安全无害。对眼睛有轻度至中度刺激性，对皮肤有轻度刺激性。

【注意事项】

(1) 安全间隔期，在蔬菜采收前7天内停止施用三唑磷。

(2) 三唑磷不可与碱性物质混用，以免分解失效。

(3) 三唑磷易燃烧，应远离火源，注意储存于阴凉通风之处。

10. 伏杀硫磷

【中、英文通用名】伏杀硫磷 phosalone

【有效成分】【化学名称】*O*,*O*二乙基-S-(6-氯-2-氧苯噁唑啉-3-基甲基)-二硫代磷酸酯

【含量与主要剂型】30%、35%乳油；30%可湿性粉剂。

【曾用中文商品名】佐罗纳。

【产品特性】原药为无色晶体，略有蒜味，难溶于水，溶于醇、丙酮、苯等有机溶剂。常温条件下较稳定，耐热性强，遇强酸或强碱性物质易分解。

【使用范围和防治对象】伏杀硫磷是一种广谱性杀虫、杀螨剂。对蔬菜植株体有渗透作用，但无内吸传导作用。对害虫以触杀和胃毒作用为主，本药的药效发挥速度较缓慢，但在植株上持效期达14天左右，该药主要用于防治多种害虫并兼治螨类，在常用剂量下对蔬菜作物安全、无残留。

【使用技术或施用方法】

(1) 防治菜青虫，在菜青虫的成虫（白粉蝶）产卵高峰期后1周左右，即幼虫在2～3龄期内，可用35%伏杀硫磷（佐罗纳）乳油

500～600 倍液进行喷雾。

(2) 防治小菜蛾、菜螟等，在其幼虫 1～2 龄期内，用 35%的伏杀硫磷乳油稀释 400～500 倍液喷雾。

(3) 防治蚜虫、白粉虱及蓟马等，可用 35%的伏杀硫磷乳油稀释 500～600 倍液喷雾。

(4) 防治豆荚螟类害虫，注意掌握豇豆、菜豆的盛花初期，豆荚螟卵开始孵化进入盛期，即初龄幼虫钻蛀豆类幼荚之前，及时用 35%的乳油稀释 300～400 倍液进行喷雾。

(5) 防治茄子、马铃薯、黄瓜等的红蜘蛛，应于红蜘蛛若螨盛发期，用 35%伏杀硫磷乳油 300～400 倍液进行喷雾。

【毒性】 伏杀硫磷属中等毒杀虫杀螨剂。急性经口半致死中量 (LD_{50})：大白鼠 120～170 毫克/千克（雄），135～170 毫克/千克（雌）。急性经皮半致死中量 (LD_{50}) 大白鼠 1500 毫克/千克，兔子急性经皮半致死中量 (LD_{50}) 大于 1000 毫克/千克。对蜜蜂安全，对人的每日最大允许摄入量（ADI）为 0.006 毫克/千克。

【注意事项】

(1) 施用该药时间应较其他有机磷农药提早 3～5 天。防治钻蛀性害虫如豆荚螟、菜螟、玉米螟、棉铃虫等，务必在害虫初龄幼虫未钻入时及时用药。用本药喷雾防治时要均匀周到，以便提高防效。

(2) 伏杀硫磷不可与碱性药剂混用，叶菜类的用药安全间隔期为 14 天。

(3) 中毒者从速就医。

11. 三唑锡

【中、英文通用名】 三唑锡，azocyclotin

【有效成分】【化学名称】 1-(三环己基甲锡烷基)-1-氢-1,2,4-三氮杂茂

【含量与主要剂型】 25%三唑锡可湿性粉。

【曾用中文商品名】 无。

【产品特性】 无色粉末。不溶于水，可溶于二氯甲烷、异丙醇中。遇明火、高热可燃。其粉体与空气可形成爆炸性混合物，当达到一定

浓度时，遇火星会发生爆炸。受高热分解放出有毒的气体。

【使用范围和防治对象】 本品为三唑类杂环有机锡全程杀螨剂，通过抑制神经组织信息传递，使其麻痹死亡。具有触杀、胃毒作用，无内吸作用，可杀灭幼螨、若螨、成螨和夏卵，对冬卵无效。且本品抗光解，耐雨水冲刷，温度越高杀螨杀卵效果越强，是高温季节对害螨控制期最长的杀螨剂，同时可与其他类型杀螨剂、杀菌剂混合喷雾。残效期较长，常用浓度下对作物安全，对光和雨水有较好的稳定性。用于防治蔬菜作物的害螨。

【使用技术或施用方法】

（1）防治豆类、瓜类等蔬菜叶螨，用25%三唑锡可湿性粉剂1000～2000倍液喷雾。

（2）茄子红蜘蛛，用25%三唑锡可湿性粉1000倍液喷雾。

【毒性】 三唑锡属于中等毒性杀螨剂，原药大鼠急性经口半致死中量（LD_{50}）为76～180毫克/千克，急性经皮半致死中量（LD_{50}）为1000毫克/千克，小鼠急性经口半致死中量（LD_{50}）为417～980毫克/千克。对人皮肤和黏膜有刺激性。三唑锡在试验剂量内无致畸、致癌、致突变作用，对鱼毒性高，对蜜蜂毒性极低，鸟类口服半致死中量（LD_{50}）为175～375毫克/千克。

【注意事项】

（1）三唑锡人体每日最大允许摄入量（ADI）为0.003毫克/(千克/天)。

（2）三唑锡安全间隔期为21天。

（3）三唑锡不可与波尔多液及油剂碱性农药混合使用，施药前后10天不能喷波尔多液、石硫合剂。

（4）喷药时要穿戴工作服，戴口罩、手套，要避免药液接触到皮肤上，如有中毒者，应立即将患者置于通风处并保暖，同时服用大量医用活性炭，并送医院治疗。

（5）三唑锡对鱼、虾、蚕毒性高，不要在桑园附近使用。喷药后，严禁将洗喷雾器的水以及剩下的药液等倒入河川中。

（6）三唑锡对冬卵无效，不可作为冬季清园用。

（7）三唑锡可与其他类型杀螨剂轮换使用，以延缓抗药性的产生。

（8）三唑锡与1.5%氰戊·苦参碱（长丰）混配，减少使用量一半。

12. 杀虫单

【中、英文通用名】杀虫单，monosultap

【有效成分】【化学名称】2-二甲氨基-1-硫代磺酸钠基-3-硫代磺酸基丙烷。

【含量与主要剂型】36%、50%、90%、92%、95%可溶性粉剂；60%铵盐可溶性粉剂；20%微乳剂；50%泡腾粒剂；3.6%颗粒剂；80%可溶性粉剂；90%可溶性原粉。

【曾用中文商品名】杀虫丹、单钠盐、棉克、叼虫、杀螟克、丹妙、稻道顺、天容、杀螟2000、天祥、稻润、双锐、索螟、扑螟瑞、庄胜、水陆全、科净、卡灭、苏星、螟蛀、卫农。

【产品特性】杀虫单纯品为白色针状结晶，熔点142～143℃；工业品为无定形颗粒状固体，或白色至淡黄色粉末；有吸湿性；易溶于水，20℃时水中溶解度1.335克/毫升，易溶于工业酒精及热无水乙醇中，微溶于甲醇、二甲基甲酰胺、二甲基亚砜，不溶于丙酮、乙醚、氯仿、醋酸乙酯、苯等溶剂；常温下稳定，在pH5～9条件下稳定，遇铁降解；其在强碱、强酸条件下易水解为沙蚕毒素。

【使用范围和防治对象】杀虫单是人工合成的沙蚕毒素的类似物，进入昆虫体内迅速转化为沙蚕毒素或二氢沙蚕毒素。该药为乙酰胆碱竞争性抑制剂，具有较强的触杀、胃毒和内吸传导作用，对鳞翅目害虫的幼虫有较好的防治效果。杀虫单属仿生型农药，对天敌影响小，无抗性，无残毒，不污染环境，是综合治理虫害较理想的药剂。该药剂能有效地防治蔬菜上的多种害虫。

【使用技术或施用方法】

使用杀虫单防治菜青虫、小菜蛾等蔬菜害虫，于幼虫低龄期用80%杀虫单粉剂525～600克/公顷加水750千克喷雾；或每667平方米用90%杀虫单原粉35～50克兑水均匀喷雾。防治水生蔬菜螟虫，在幼虫低龄期用毒土法施药，用量同上。

【毒性】对雄性小鼠经口急性半致死中量（LD_{50}）为89.9毫克/千克。

对雌性小鼠经口急性半致死中量（LD_{50}）为 90.2 毫克/千克。对雄性大鼠经口急性半致死中量（LD_{50}）为 451 毫克/千克。对大鼠亚急性毒性为 10 毫克/（千克·天），灌胃 30 天，未见明显中毒症状。对鲤鱼半数耐受极限（TLM）（48 小时）为 9.2 毫克/千克。按照我国农药毒性分级标准，杀虫单为中等毒杀虫剂。原药大鼠、小鼠急性经口半致死中量（LD_{50}）为 68 毫克/千克，大鼠急性经皮半致死中量（LD_{50}）大于 10000 毫克/千克。对兔皮肤和眼睛无明显刺激性作用。在实验条件下无致突变作用。杀虫单对鱼低毒，白鲢鱼半数耐受极限（TLM）（48 小时）21.38 毫克/千克。无致畸、致癌、致突变作用，对皮肤和眼无刺激作用。

【注意事项】

（1）杀虫单对家蚕剧毒，使用时应特别小心，防止污染桑叶及养蚕器具等。

（2）杀虫单对某些豆类敏感，不能在此类作物上使用。

（3）杀虫单不能与强酸、强碱性物质混用。

13. 丁硫克百威

【中、英文通用名】丁硫克百威，carbosulfan

【有效成分】【化学名称】2,3-二氢-2,2-二甲基苯并呋喃-7-基-(二丁基氨基硫)-甲基氨基甲酸酯。

【含量与主要剂型】20%丁硫克百威乳油、350 克/升丁硫克百威种子处理剂、5%丁硫克百威颗粒剂、35%丁硫克百威种子处理干粉剂、150 克/升吡虫啉·丁硫克百威乳油、35%丁硫克百威干拌种剂、30%丁硫·机油乳油、30%柴油·丁硫乳油、9%吡·丁硫乳油、20%丁硫·水胺乳油、6.5%丁硫·酮悬浮种衣剂、25%丁硫·马乳油、5%高渗丁硫克百威乳油、3%敌百虫·丁硫克百威颗粒剂、18%丁硫克百威·福美双·戊唑醇悬浮种衣剂、20%丁硫克百威·辛硫磷乳油、14.4%丁硫克百威·福美双·戊唑醇悬浮种衣剂、5%丁硫克百威·毒死蜱颗粒剂、25%丁硫·氯乳油、5%丁硫克百威颗粒剂、5%丁硫·杀单颗粒剂、6%吡·丁硫微乳剂、20%丁硫克百威水乳剂、8%丁硫·啶虫乳油、20%丁硫·唑磷乳油、18%丁硫·螨醇乳油、15%阿维·丁硫微乳剂。

【曾用中文商品名】丁硫威、好年冬、安棉特。

【产品特性】丁硫克百威原药为棕色至棕褐色黏稠油状液体，含量大于（等于）90%，水分小于（等于）0.3%，碱度（NaOH）小于（等于）0.2%。难溶于水，水中0.3毫克/千克（25°C），能溶于二甲苯、甲苯等许多溶剂；在中性或弱碱性条件下稳定，在酸性条件下不稳定。

【使用范围和防治对象】属于氨基甲酸酯类，其毒性机理是抑制昆虫乙酰胆碱酶（Ache）和羧酸酯酶的活性，造成乙酰胆碱（Ach）和羧酸酯的积累，影响昆虫正常的神经传导而致死。其杀伤力强，见效快，具有胃毒及触杀作用。特点是脂溶性、内吸性好、渗透力强、作用迅速、残留低、有较长的残效、使用安全等，对成虫及幼虫均有效，对作物无害。可防治蔬菜作物害虫，对蚜虫的防治效果尤为优异。

【使用技术或施用方法】

（1）蚜虫类的防治　从蚜虫发生初盛期开始喷药，注意喷洒幼嫩组织及叶片背面。一般使用40%丁硫克百威水乳剂2000～2500倍液，或200克/升丁硫克百威乳油或20%丁硫克百威乳油1000～1200倍液，或5%丁硫克百威乳油250～300倍液均匀喷雾。

（2）蓟马类、飞虱类及潜叶蝇类害虫的防治　从害虫发生为害初期开始均匀喷药，注意喷洒幼嫩组织及叶片背面，使叶背也要充分着药。一般使用40%丁硫克百威水乳剂1000～1500倍液，或200克/升丁硫克百威乳油或20%丁硫克百威乳油500～700倍液，或5%丁硫克百威乳油150～200倍液均匀喷雾。

（3）瓜果蔬菜地下害虫及根结线虫的防治　在幼苗移栽定植前于定植沟内或定植穴内均匀撒施药剂，每667平方米使用5%丁硫克百威颗粒剂5～7千克，而后定植、覆土、浇水。

【毒性】丁硫克百威属中等毒性杀虫杀螨剂。雄、雌大鼠急性经口半致死中量（LD_{50}）分别为250毫克/千克和185毫克/千克，兔急性经皮半致死中量（LD_{50}）大于2000毫克/千克，无累积毒性，无致畸、致癌和致突变。对天敌和有益生物毒性较低，对鸟、鱼高毒。

【注意事项】

（1）丁硫克百威不能与酸性或强碱性物质混用，但可与中性物质混用，勿与种子接触。

（2）丁硫克百威不可直接喷施在水塘、湖泊、河流等水体中或沼泽湿地。从施药区被风吹散或雨水冲走的药剂可能对附近的水生生物造成危险。不要在水源清洗用具或处理剩余药剂，以免造成水质污染。

（3）不要污染养蜂、养蚕场所。

（4）喷洒时力求均匀周到，尤其是主靶标。

（5）使用本品时应穿戴防护服和手套。施药期间不可吃东西、饮水和吸烟。施药后应及时洗手和洗脸。

（6）建议丁硫克百威与其他作用机制不同的杀虫剂轮换使用，以延缓抗性产生。

14. 氟氯氰菊酯

【中、英文通用名】氟氯氰菊酯，cyfluthrin

【有效成分】【化学名称】3-(2-氯-3,3,3-三氟丙烯基)-2,2-二甲基环丙烷羧酸-α-氰基-3-苯氧苄基酯

【含量与主要剂型】有2.5%乳油、5.7%乳油、2.5%水乳剂、2.5%微胶囊剂、0.6%增效乳油、10%可湿性粉剂及与其他复配制剂。

【曾用中文商品名】百树得，百树菊酯、百治菊酯。

【产品特性】氟氯氰菊酯纯品为白色固体，黄色至棕色黏稠油状液体（工业品），沸点187～190℃/0.2毫米汞柱（mmHg），蒸气压约0.001兆帕（20℃），相对密度1.25（25℃），溶解度水中0.004微克/千克（20℃），溶于丙酮，二氯甲烷，甲醇，乙醚，乙酸乙酯，己烷，甲苯均大于500克/千克（20℃），50℃黑暗处存放2年不分解，光下稳定，275℃分解，光下pH7～9缓慢分解，pH大于9加快分解。易溶于丙酮、甲醇、乙酸乙酯、甲苯等多种有机溶剂，溶解度均大于500克/千克；不溶于水。常温下可稳定储藏半年以上；日光下在水中半衰期20天；土壤中半衰期22～82天。

【使用范围和防治对象】

氟氯氰菊酯是含氟拟除虫菊酯类杀虫剂，具有触杀、胃毒作用，无内吸和熏蒸作用，作用于昆虫神经系统，引起极度兴奋、痉挛、麻痹，并产生神经毒素，最终导致神经传导完全阻断，也可引起神经系统以外的其他细胞组织产生病变而死亡。具有趋避、击倒及毒杀的作用，杀虫谱广，活性较高，药效迅速，喷洒后耐雨水冲。适用于蔬菜植物的杀虫。能有效地防治蔬菜上的鞘翅目、半翅目、同翅目和鳞翅目害虫，如烟芽夜蛾、棉铃象甲、苜蓿叶象甲、菜粉蝶、尺蠖、苹果蠹蛾、菜青虫、小苹蛾、美洲粘虫、马铃薯甲虫、蚜虫、玉米螟、地老虎等害虫。作用机理与氰戊菊酯、氟氰菊酯相同。不同的是它对螨虫有较好的抑制作用，在螨类发生初期使用，可抑制螨类数量上升，当螨类已大量发生时，就控制不住其数量，因此只能用于虫螨兼职，不能用于专用杀螨剂。

【使用技术或施用方法】

（1）小菜蛾、菜青虫、甜菜夜蛾、斜纹夜蛾、烟青虫、菜螟等蔬菜抗性害虫的防治，在1～2龄幼虫发生期，每667平方米用25克/升高效氟氯氰菊酯乳油20～40毫升，兑水50千克喷雾；对菜青虫的防治也可以用5.7％氟氯氰菊酯乳油2000～1000倍液喷雾，用药后1天的防效为95.5％～100％，药后3天的防效为96.8％～100％，用药后5天的防效为95.6％～97.5％，用药后7天的防效为90.2％～95.0％。

（2）菜蚜、瓜蚜的防治，每667平方米用25克/升高效氟氯氰菊酯乳油15～20毫升，兑水50千克喷雾。

（3）茄子叶螨、辣椒跗线螨的防治，用25克/升高效氟氯氰菊酯乳油1500～2000倍液喷雾。

（4）豆类食心虫、豆荚螟等的防治，在开花期幼虫蛀荚前，用25克/升高效氟氯氰菊酯乳油2500倍液喷雾。

（5）防治大白菜害虫

防治菜青虫，每667平方米用5％氟氯氰菊酯乳油25～30毫升，喷雾。

防治小菜蛾，每667平方米用5％氟氯氰菊酯乳油25～30毫升，喷雾。

防治菜蚜，每667平方米用5%乳氟氯氰菊酯油25～30毫升，喷雾。

防治菜螟，每667平方米用5%氟氯氰菊酯乳油25～30毫升，喷雾。

防治黄曲条跳甲，每667平方米用5%氟氯氰菊酯乳油20～30毫升，喷雾。

防治甜菜夜蛾，每667平方米用5%氟氯氰菊酯乳油20～30毫升，喷雾。

防治斜纹夜蛾，每667平方米用5%氟氯氰菊酯乳油25～30毫升，喷雾。

防治银纹夜蛾，每667平方米用5%氟氯氰菊酯乳油25～30毫升，喷雾。

防治菜粉蝶，每667平方米用5%氟氯氰菊酯乳油25～30毫升，喷雾。

防治棉铃虫，每667平方米用5%氟氯氰菊酯乳油25～30毫升，喷雾。

【毒性】 氟氯氰菊酯对哺乳动物毒性较低，大白鼠急性经口半致死中量（LD_{50}）雄性为550～750毫克/千克，雌性为1200毫克/千克；小白鼠雄性为300毫克/千克，雌性为600毫克/千克。大鼠90天饲喂试验无作用剂量125毫克/千克饲料。对鱼类毒性大，对蜜蜂也有毒。

【注意事项】

（1）氟氯氰菊酯不可与碱性农药混用，也不可做土壤处理剂。

（2）配药和施药时，应戴防渗手套和面罩或护目镜，穿长袖衣、长裤和靴子。

（3）施氟氯氰菊酯后，彻底清洗防护用具，洗澡，并更换和清洗工作服。

（4）施药地块禁止放牧和畜禽进入；不要在安全间隔期内进行采收。

（5）氟氯氰菊酯对蜜蜂、鱼类等水生生物、家蚕有毒，施药期间应避免对周围蜂群的影响，开花植物花期、蚕室和桑园附近禁用。远离水产养殖区施药，禁止在河塘等水体中清洗施药器具。

(6) 未用完的氟氯氰菊酯制剂应放在原瓶内保存，盖紧瓶盖。切勿将本品置于饮料容器内。

(7) 氟氯氰菊酯在叶菜上使用的安全间隔期为7天，每季最多使用2次。

(8) 孕妇及哺乳期妇女避免接触。

(9) 建议与其他作用机制不同杀虫剂轮换使用，以延缓抗性产生。

(10) 用过的容器应妥善处理，不可做他用，也不可随意丢弃。

15. 虱螨脲

【中、英文通用名】虱螨脲，lufenuron

【有效成分】【化学名称】(RS)-1-[2,5-二氯-4-(1,1,2,3,3,3-六氟丙氧基)-苯基]-3-(2,6-二氟苯甲酰基)脲

【含量与主要剂型】5%乳油。

【曾用中文商品名】氟丙氧脲、禄芬隆、氯芬奴隆、氯芬新。

【产品特性】虱螨脲为白色结晶体，溶解度（20°C）：甲醇41克/千克、丙酮460克/千克、甲苯72克/千克、正己烷0.13克/千克、正辛醇8.9克/千克。在空气、光照下稳定，在水中半衰期（DT_{50}）为32天（pH9）、70天（pH7）、160天（pH5）。

【使用范围和防治对象】虱螨脲为取代脲类杀虫剂，主要是通过对几丁质生物合成的抑制，阻止昆虫表皮的形成而起到杀虫作用，对害虫兼具胃毒和触杀作用。具有较好的杀卵作用。对蓟马、锈螨、白粉虱有独特的杀灭机理。药剂不会引起刺吸式口器害虫再猖獗，对有益的节肢动物成虫具有选择性。施药后2～3天见效果。药剂的持效期长，有利于减少打药次数；主要用于防治蔬菜鳞翅目的幼虫；也可作为卫生用药；还可用于防治动物如牛等的害虫。

【使用技术或施用方法】

(1) 对于卷叶虫、潜夜蝇，可用有效成分5克兑水100千克进行喷雾。

(2) 对于番茄夜蛾、甜菜夜蛾、花蓟马、棉铃虫、土豆蛀茎虫、

番茄锈螨、茄子蛀果虫、小菜蛾等，可用3～4克有效成分兑水100千克进行喷雾。

【毒性】 虱螨脲低毒，高口服和皮肤接触的半致死中量（LD_{50}）大于2000毫克/千克，无致突变和致畸作用，对鸟类和哺乳动物无害，对蜜蜂和大黄蜂低毒，对哺乳动物虱螨低毒，蜜蜂采蜜时可以使用。

【注意事项】

（1）虱螨脲在十字花科蔬菜上的安全间隔期为14天，每季最多使用2次。

（2）虱螨脲与氟铃脲、氟啶脲、除虫脲等有交互抗性；不宜与灭多威、硫双威等氨基甲酸酯类药剂混用；不宜与BT、硫丹混用。

（3）建议虱螨脲与其他作用机制不同的杀虫剂轮换使用，以延缓抗性产生。

（4）使用虱螨脲时应穿戴防护服和手套，避免吸入药液。施药期间不可吃东西和饮水；施药后应及时洗手和洗脸。

（5）虱螨脲对蜜蜂、鱼类等水生生物、家蚕有毒，施药期间应避免对周围蜂群的影响、蜜源作物花期、蚕室和桑园附近禁用。远离水产养殖区施药，禁止在河塘等水体中清洗施药器具。

（6）孕妇及哺乳期妇女避免接触虱螨脲。

16. 噻虫嗪

【中、英文通用名】 噻虫嗪，thiamethoxam

【有效成分】【化学名称】 3-(2-氯-1,3-噻唑-5-基甲基)-5-甲基-1,3,5-噁二嗪-4-基叉(硝基)胺

【含量与主要剂型】 25%水分散粒剂、50%水分散粒剂、70%种子处理可分散粒剂。

【曾用中文商品名】 阿克泰、锐胜。

【产品特性】 白色结晶粉末，原药外观为灰黄色至白色结晶粉末。熔点为139.1℃，蒸汽压6.6×10^{-9}帕（25℃），溶解度（25℃，纯品）：水4.1克/千克、丙酮48克/千克，乙酸乙酯7.0克/千克，甲醇13克/千克，二氯甲烷110克/千克，己烷大于1毫克/千克，辛醇

620 毫克/千克，甲苯 680 毫克/千克。

【使用范围和防治对象】噻虫嗪是一种全新结构的第二代烟碱类高效低毒杀虫剂，对害虫具有胃毒、触杀及内吸活性，用于叶面喷雾及土壤灌根处理。其施药后迅速被内吸，并传导到植株各部位，对刺吸式害虫如蚜虫、飞虱、叶蝉、粉虱等有良好的防效。有效防治同翅目、鳞翅目、鞘翅目、缨翅目害虫。其中对同翅目特效，如各种蚜虫、叶蝉、粉虱、飞虱等。

【使用技术或施用方法】

(1) 喷雾

① 十字花科蔬菜、茄子、辣椒、番茄等的白粉虱，于苗期（定植前 3～5 天），用 25%噻虫嗪水分散粒剂 7～15 克/667 平方米，兑水喷雾，每季作物最多 2 次，安全间隔期 3 天。

② 黄瓜等瓜类白粉虱、烟粉虱，从害虫发生初盛期开始喷药，使用 25%噻虫嗪水分散粒剂 2000～3000 倍液喷雾，或每 667 平方米用 25%噻虫嗪水分散粒剂 20 克喷雾。

③ 防治白菜、甘蓝、芥菜、萝卜、黄瓜和番茄等的蚜虫、蓟马，用 25%噻虫嗪水分散粒剂 6000～8000 倍液匀喷雾。

(2) 拌种　防治甜菜、马铃薯、豌豆、豆类的蚜虫、蓟马、金针虫、潜叶蛾、跳甲、白粉虱等，用 70%噻虫嗪种衣剂拌种，每 100 千克甜菜种子用 70%噻虫嗪种衣剂 60～80 克，马铃薯用药 10～15 克，豌豆、豆类用药 60～80 克。

(3) 灌根　防治番茄、辣椒、茄子、十字花科蔬菜等的白粉虱，用 25%噻虫嗪水分散粒剂 2000～4000 倍液进行灌根，每季最多施用 1 次，安全间隔期番茄、茄子、辣椒 7 天，十字花科蔬菜 14 天。

用 25%噻虫嗪水分散粒剂在作物苗期灌根比栽后喷雾防治烟粉虱效果明显，而且有促进生长的作用，移栽前 3 天苗期用 25%噻虫嗪水分散粒剂 800～1000 倍液灌根，或移栽后 4～5 天用 25%噻虫嗪水分散粒剂 4000～5000 倍液灌根。

【毒性】低据中国农药毒性分级标准，属低毒杀虫剂。大鼠急性经口半致死中量（LD_{50}）为 1563 毫克/千克，大鼠急性经皮半致死中量（LD_{50}）为 2000 毫克/千克，大鼠急性吸入半致死浓度（LC_{50}）(4 小时）为 3720 毫克/千克，对眼睛和皮肤无刺激性。

【注意事项】

（1）勿让儿童接触噻虫嗪，噻虫嗪不能与食品、饲料存放一起。

（2）避免在低于－10℃和高于35℃储存。

（3）噻虫嗪对蜜蜂有毒，不要在养蜂场所使用。

（4）噻虫嗪不能与碱性药剂混用。

（5）尽管噻虫嗪低毒，但杀虫活性很高，施药时应遵照安全使用农药守则，不要盲目加大用药量

17. 氟铃脲

【中、英文通用名】氟铃脲，hexaflumuron

【有效成分】【化学名称】*N*-[3,5-二氯-4-(1,1,2,2-四氟乙氧基)-苯基]-3-(2,6-氟苯酰基)脲。

【含量与主要剂型】5%乳油、20%悬浮剂。

【曾用中文商品名】六福隆、伏虫灵乳油、氟铃脲乳油、果蔬保、六伏隆、定打、包打、主打、乐打、战帅、铲蛾、卡保、蚕煞、菜鸟、菜拂、坚固、竞魁、猛斗、道行、诱玫、焚铃、博奇、永休、息灭、兑现、三攻、远化、飞越、农基金卡、天和吊丝敌

【产品特性】氟铃脲为无色固体，熔点202～205℃。溶解度：水0.027毫克/千克（18℃），甲醇11.3克/千克（20℃），二甲苯5.2克/千克（20℃）。35天内（pH9）60%发生水解。

【使用范围和防治对象】

氟铃脲是新型酰基脲类杀虫剂，通过抑制昆虫几丁质合成而杀死害虫。具有杀虫活性高、杀虫谱较广、击倒力强、速效等特点。其作用机制是抑制壳多糖形成，阻碍害虫正常蜕皮和变态，还能抑制害虫进食速度。用于番茄、辣椒、十字花科蔬菜等多种植物防治多种鞘翅目、双翅目、同翅目昆虫，如菜青虫、小菜蛾、甜菜夜蛾、甘蓝仪蛾、烟青虫、棉铃虫、金纹细蛾、潜叶蛾、卷叶蛾、造桥虫、刺蛾类、毛虫类等。

【使用技术或施用方法】

（1）防治小菜蛾、甜菜夜蛾、斜纹夜蛾、小地老虎等，每667平方米用5%氟铃脲乳油40～70毫升兑水喷雾。

（2）防治小菜蛾、甜菜夜蛾、斜纹夜蛾、小地老虎，在卵孵盛期至1～2龄幼虫盛发期，用5%氟铃脲乳油1000～1500倍液喷雾，药效可维持10～20天。

（3）防治菜青虫，在2～3龄幼虫盛发期，用5%氟铃脲乳油2000～3000倍液喷雾或667平方米用5%氟铃脲乳油30～50毫升兑水喷雾。

（4）防治棉铃虫、豆野螟，在卵孵盛期，用5%氟铃脲乳油1500～2000倍液喷雾，隔10天再喷1次，一季作物用药2次，具有良好的保荚效果。防治豆野螟，667平方米用5%氟铃脲乳油50～70毫升兑水40～60千克喷雾，药效可维持10～15天.

（5）防治茄子红蜘蛛，在若螨发生盛期，平均每叶螨数2～3头时，用5%氟铃脲乳油1000～2000倍液喷雾。

（6）防治甘蓝害虫

防治甘蓝棉铃虫，每667平方米用5%氟铃脲乳油50～80毫升，喷雾。

防治甘蓝小菜蛾，每667平方米用5%氟铃脲乳油50～80毫升，喷雾。

防治甘蓝豆野螟，每667平方米用5%氟铃脲乳油60～80毫升，喷雾。

防治甘蓝甜菜夜蛾，每667平方米用5%氟铃脲乳油50～80毫升，喷雾。

防治甘蓝斜纹夜蛾，每667平方米用5%氟铃脲乳油50～80毫升，喷雾。

防治甘蓝菜青虫，每667平方米用5%氟铃脲乳油60～80毫升，喷雾。

防治甘蓝美洲斑潜蝇，每667平方米用5%氟铃脲乳油60～80毫升，喷雾。

防治甘蓝拉美斑潜蝇，每667平方米用5%氟铃脲乳油60～80毫升，喷雾。

防治甘蓝甘蓝夜蛾，每667平方米用5%氟铃脲乳油60～80毫升，喷雾。

防治甘蓝银纹夜蛾，每667平方米用5%氟铃脲乳油60～80毫升，喷雾。

防治甘蓝烟青虫，每 667 平方米用 5%氟铃脲乳油 60～80 毫升，喷雾。

防治甘蓝潜蝇，每 667 平方米用 5%氟铃脲乳油 60～80 毫升，喷雾。

【毒性】氟铃脲属低毒，大鼠急性经口半致死中量（LD_{50}）大于 5000 毫克/千克，大鼠急性经皮半致死中量（LD_{50}）大于 5000 毫克/千克；大白鼠急性吸入半致死浓度（LC_{50}）（4 小时）大于 2.5 毫克/千克（达到的最大浓度）。在田间条件下，仅对水虱有明显的危害。对蜜蜂的接触和经口半致死中量（LD_{50}）均大于 0.1 毫克/只蜜蜂。

【注意事项】

（1）防治叶面害虫宜在低龄（1～2 龄）幼虫盛发期施药，防治钻蛀性害虫宜在卵孵盛期施药，对螨类害虫宜在若螨盛发期施药，该药剂无内吸性和渗透性，喷药要均匀、周密。

（2）氟铃脲对十字花科蔬菜易产生药害；田间湿度大时施药可提高杀卵效果；氟铃脲安全间隔期 7 天，每季作物最多使用 3 次。

（3）建议氟铃脲与其他作用机制不同的杀虫剂轮换使用，以延缓抗性产生；田间作物虫螨并发时应配合杀螨剂使用。

（4）氟铃脲应远离水产养殖区施药，禁止在河塘等水体中清洗施药器具。避免药液污染水源。

（5）氟铃脲不能与碱性农药混用，但可与其他杀虫剂混合使用，其防治效果更好。

（6）使用本品时应穿戴防护服和手套，避免吸入药液。施药期间不可吃东西和饮水。施药后应及时洗手和洗脸。

（7）孕妇及哺乳期妇女避免接触氟铃脲。

（8）蜜源作物花期禁用，蚕室及桑园附近禁用。

（9）用过的容器应妥善处理，不可做他用，也不可随意丢弃。

18. 丙溴磷

【中、英文通用名】丙溴磷，profenofos

【有效成分】【化学名称】*O*-乙基-*O*-(4-溴-2-氯苯基)-*S*-丙基硫

代磷酸酯

【含量与主要剂型】 40%乳油、25%乳油、40%丙溴·辛硫磷。

【曾用中文商品名】 多虫磷、丙溴灵、溴丙磷、多虫清。

【产品特性】 丙溴磷为浅黄色液体，具蒜味，沸点100℃/1.80帕，蒸气压 1.24×10^{-4} 帕（25℃）密度1.455（20℃），分配系数为4.44，溶解度水28毫克/千克（25℃），与大多有机溶剂混溶，中性和微酸条件下比较稳定，碱性环境中不稳定。

【使用范围和防治对象】 丙溴磷是一种分子内含有正丙硫基的硫代磷酸酯类杀虫剂，具有触杀和胃毒作用，其杀虫谱广，易生物降解，对抗性害虫表现出高的生物活性。可用于防治蔬菜等作物上的害虫。

【使用技术或施用方法】

（1）防治黄瓜害虫　防治黄瓜蚜虫，每667平方米用40%丙溴磷乳油50～60克，喷雾。防治黄瓜美洲斑潜蝇，每667平方米用40%丙溴磷乳油50～60克，喷雾。防治黄瓜种蝇，每667平方米用40%丙溴磷乳油50～60克，喷雾。防治黄瓜棉蚜，每667平方米用40%丙溴磷乳油50～60克，喷雾。防治黄瓜蓟马，每667平方米用40%丙溴磷乳油60～80克，喷雾。防治黄瓜烟粉虱，每667平方米用40%丙溴磷乳油60～80克，喷雾。

（2）防治番茄害虫　防治番茄蚜虫，每667平方米用40%丙溴磷乳油60～80克，喷雾。防治番茄白粉虱，每667平方米用40%丙溴磷乳油60～80克，喷雾。防治番茄斑潜蝇，每667平方米用40%丙溴磷乳油60～80克，喷雾。防治番茄烟粉虱，每667平方米用40%丙溴磷乳油60～80克，喷雾。防治番茄美洲斑潜蝇，每667平方米用40%乳油丙溴磷60～80克，喷雾。防治番茄桃蚜，每667平方米用40%丙溴磷乳油60～80克，喷雾。防治番茄无网长管蚜，每667平方米用40%丙溴磷乳油60～80克，喷雾。防治番茄食蝇，每667平方米用40%丙溴磷乳油60～80克，喷雾。防治番茄木虱，每667平方米用40%丙溴磷乳油60～80克，喷雾。防治番茄蓟马，每667平方米用40%丙溴磷乳油60～80克，喷雾。

（3）防治甘蓝害虫　防治甘蓝菜蚜，每667平方米用40%丙溴磷乳油 60～80 克，喷雾。防治甘蓝粉虱，每 667 平方米用 40％丙溴磷乳油 60～80 克，喷雾。防治甘蓝烟粉虱，每 667 平方米用 40％丙溴磷乳油 60～80 克，喷雾。防治甘蓝美洲斑潜蝇，每 667 平方米用 40％丙溴磷乳油 60～80 克，喷雾。防治甘蓝蓟马，每 667 平方米用 40％丙溴磷乳油 60～80 克，喷雾。

【毒性】 丙溴磷为中等毒性杀虫剂。无慢性毒性，无致癌、致畸、致突变作用，对皮肤无刺激作用，对鱼、鸟、蜜蜂有毒。大鼠急性经口半致死中量（LD_{50}）为 358 毫克/千克，大鼠急性经皮半致死中量（LD_{50}）为 3300 毫克/千克；半致死浓度（LC_{50}）（96 小时）虹鳟鱼 0.08 毫克/千克、十字鲤鱼 0.09 毫克/千克、蓝鳃太阳鱼 0.3 毫克/千克；半致死浓度（LC_{50}）（8 天）北美鹌鹑 70～200 毫克/千克、日本鹌鹑大于 1000 毫克/千克、野鸭 150～162 毫克/千克。

【注意事项】

（1）严禁丙溴磷与碱性农药混合使用。

（2）丙溴磷与氯氰菊酯混用增效明显，商品多虫清是防治抗性棉铃虫的有效药剂。

（3）中毒者送医院治疗，治疗药剂为阿托品或解磷定。

（4）丙溴磷安全间隔期为 14 天，每季节最多使用次数 3 次。

（5）果园中不宜用丙溴磷，高温对桃树有药害，造成叶片受害或落叶。

（6）丙溴磷对苜蓿和高粱有药害。

19. 醚菊酯

【中、英文通用名】 醚菊酯，ethofenprox

【有效成分】【化学名称】 2-(4-乙氧基苯基)-2-甲基丙基-3-苯氧基苄基醚

【含量与主要剂型】 10％、20％、30％醚菊酯乳油；10％、20％、30％醚菊酯可湿性粉剂。

【曾用中文商品名】 多来宝。

【产品特性】 醚菊酯纯品为白色结晶体。熔点 36.4～38℃，蒸气压 32×10 帕（100℃）、8.0×10 帕（25℃），沸点 208℃/719.8 帕、

100℃/3.2×10帕，相对密度1.157（23℃）。25℃时溶解度为：氯仿858克/千克、丙酮908克/千克、醋酸乙酯875克/千克、乙醇150克/千克、甲醇76.6克/千克、二甲苯84.8克/千克、水1毫克/千克。分配系数为1120000。化学性质稳定，于80℃储存90天未见明显分解，在pH2.8～11.9土壤中半衰期约6天。工业品熔点34～35℃。

【使用范围和防治对象】醚菊酯为内吸性杀虫剂，击倒速度快，杀虫活性高、具有触杀和胃毒的特性。药后30分钟能达到50%以上。适用于蔬菜，对同翅目飞虱科特效，同时对鳞翅目、半翅目、直翅目、鞘翅目、双翅目和等翅目等多种害虫也有很好的效果。

【使用技术或施用方法】

醚菊酯防治甘蓝青虫、甜菜夜蛾、斜纹夜蛾等蔬菜害虫，每667平方米用10%醚菊酯悬浮剂40毫升兑水喷雾。

【毒性】醚菊酯属低毒杀虫剂。急性经口半致死中量（LD_{50}）：雄大鼠大于21440毫克/千克，雌大鼠大于42880毫克/千克，雄小鼠大于53600毫克/千克，雌小鼠大于107200毫克/千克。急性经皮半致死中量（LD_{50}）：雄大鼠大于1072毫克/千克，雌小鼠大于2140毫克/千克。对皮肤和眼睛无刺激作用。对鱼和蜜蜂高毒。

【注意事项】

（1）使用醚菊酯时应避免污染鱼塘、蜂场。

（2）使用醚菊酯时若不慎中毒，应立即就医。

（3）醚菊酯对作物无内吸作用，要求喷药均匀周到。对钻蛀性害虫应在害虫未钻入作物前喷药。

（4）醚菊酯悬浮剂如放置时间较长出现分层时应先摇匀后使用。

（5）醚菊酯不要与强碱性农药混用。

20. 毒死蜱

【中、英文通用名】毒死蜱，chlorpyrifos（ANSI、ISO、BSI）

【有效成分】【化学名称】*O*,*O*-二乙基-*O*-(3,5,6-三氯-2-吡啶基)

硫代磷酸

【含量与主要剂型】 40.7%乳油、40%乳油、5%的颗粒剂、30%微乳剂。

【曾用中文商品名】 氯吡硫磷、乐斯本、白蚁清、氯吡磷。

【产品特性】 白色结晶固体，熔点为42.5～43℃，25℃时饱和蒸汽压 2.4×10^{-3} 帕，25℃时水中的溶解度为 2 毫克/千克，丙醇中为 650 克/千克，苯中为 190 克/千克，二甲苯中为 400 毫克/千克，甲醇中为 45 克/千克。

【使用范围和防治对象】 毒死蜱是乙酰胆碱酯酶抑制剂，属硫代磷酸酯类杀虫剂。抑制体内神经中的乙酰胆碱酯酶（AchE）或胆碱酯酶（ChE）的活性而破坏了正常的神经冲动传导，引起一系列中毒症状：异常兴奋、痉挛、麻痹、死亡。对害虫有触杀、胃毒、熏蒸作用。适用于蔬菜上多种咀嚼式和刺吸式口器害虫，也可用于防治城市卫生害虫。

【使用技术或施用方法】

（1）十字花科蔬菜害虫的防治

① 斜纹夜蛾的防治，每 667 平方米用 40%毒死蜱乳油 45～60 毫升于幼虫 3 龄前茎叶均匀喷雾。

② 菜青虫的防治，每 667 平方米用 40%毒死蜱乳油 50～75 毫升于幼虫 3 龄前茎叶均匀喷雾。

③ 小菜蛾的防治，每 667 平方米用 40%毒死蜱乳油 100 毫升于幼虫 3 龄前茎叶均匀喷雾。

④ 黄曲跳甲的防治，成虫每 667 平方米用 40%毒死蜱乳油 45～60 毫升均匀喷雾；幼虫每 667 平方米用 40%毒死蜱乳油 2000 倍液 300 千克浇灌。

（2）韭菜、根蛆的防治，每 667 平方米用 40%毒死蜱乳油 250～300 毫升兑水 1000 千克，顺根浇灌或每 667 平方米用 40%毒死蜱乳油 400～500 毫升随灌溉水施入。

【毒性】 毒死蜱属中毒农药，急性口服半致死中量（LD_{50}），雄大鼠 163 毫克/千克；雌大鼠 135 毫克/千克。对兔的急性皮半致死中量（LD_{50}）约为 2000 毫克/千克；对眼睛有轻度刺激，对皮肤有明显刺激，长时间接触会产生灼伤。在试验剂量下未见致畸、致突变、致癌作用。对鱼和水生动物毒性较高，对蜜蜂有毒。

【注意事项】

（1）毒死蜱在安全间隔期及用药最多使用次数如下：叶菜 7 天 3 次，韭菜 21 天 3 次。

（2）毒死蜱不能与碱性物质混用，以免分解失效。

（3）为了保护蜜蜂，毒死蜱应避开蜜源作物开花期用药。

（4）毒死蜱对烟草、瓜类（特别在大棚内）、莴苣、天竺葵较敏感，避免药液飘移到上述作物上。

（5）毒死蜱对家蚕有毒，蚕室、桑园周围禁用。

（6）毒死蜱对鱼类及水生动物有毒，避免药液流入湖泊、河流和鱼塘，水产养殖区、养鱼稻田禁用。施药田水及清水施药器具废液禁止排入河塘等水域。

（7）施药时穿戴防护用具，不得吸烟、进食、饮水。施药后立即洗手、洗脸。

（8）建议毒死蜱与其他作用机制杀虫剂交替使用。

（9）毒死蜱虽然属低毒农药，使用时应遵守农药安全施用规则，若不慎中毒，可按有机磷农药中毒案例，用阿托品或解磷啶进行救治，并应及时送医院诊治。

（10）毒死蜱易燃，应远离火种，存放在阴凉处。气温高于 28℃、风速较高时应停止施药。

（11）毒死蜱不能与碱性农药混用，为保护蜜蜂，应避免在开花期使用。

（12）各种作物收获前应停止使用毒死蜱。

21. 灭多威

【中、英文通用名】灭多威，methomyl

【有效成分】【化学名称】1-(甲硫基)-亚乙基氮-*N*-甲基氨基甲酸酯

【含量与主要剂型】大于（等于）95％灭多威原药、20％灭多威乳油、24％灭多威水剂，90％灭多威可溶性粉剂。

【曾用中文商品名】万灵、灭多虫、乙肟威、甲氨叉威。

【产品特性】 纯品为白色晶体，原药（纯度96%）为浅棕褐色晶体。熔点 173～173.5℃，相对密度 1.442（20℃），蒸气压 5.1×10^{-3}帕（20℃）。溶解度为：丙酮为 8 克/千克，甲醇为 5 克/千克，二甲苯为 3 克/千克，水为 35 毫克/千克。中性条件下稳定。酸性条件缓慢水解（pH3 时，半衰期为 9 天），碱性条件迅速水解，60℃时稳定，水悬液因日光而分解，遇酸、碱、金属盐、黄铜和铁锈易分解。在生物活性土壤中半衰期小于2 天。

【使用范围和防治对象】 灭多威是一种内吸性氨基甲酸酯类杀虫剂，作用于害虫的胆碱酯酶，破坏害虫的神经系统，使其死亡。具有触杀和胃毒作用、熏蒸作用，渗透力强，具有一定的杀卵效果，对有机磷和菊酯类已经产生抗性的害虫也有较好防效。适用于蔬菜上防治鳞翅目、同翅目、鞘翅目及其他螨类害虫。

【使用技术或施用方法】

（1）菜青虫、桃蚜、小菜蛾等蔬菜害虫的防治，每 667 平方米用 20%灭多威乳油 100～120 毫升，兑水 100 千克喷雾。

（2）甜菜害虫的防治，每 667 平方米用 20%灭多威乳油 100～300 毫升，兑水 100～300 千克喷雾，可有效防治跳甲、甜菜夜蛾、蚜虫等。

【毒性】 灭多威为高毒杀虫剂，大白鼠急性经口半致死中量（LD_{50}）为 17 毫克/千克（雄）、24 毫克/千克（雌）。原药对兔急性经皮半致死中量（LD_{50}）大于 5000 毫克/千克。大鼠急性吸入半致死浓度（LC_{50}）为 0.3 毫克/千克（4 小时）。2 周后，对大白鼠以每天 5.1 毫克/千克剂量饲喂 10 次，没有不良影响。对皮肤无刺激作用，对眼睛有中等刺激。在试验中未发现致畸、致突变、致癌作用。对虹鳟鱼、蓝鳃鱼、金鱼的半致死浓度（LC_{50}）分别为 3.4 毫克/千克、0.87 毫克/千克、0.1 毫克/千克（96 小时）。野鸭急性经口半致死中量（LD_{50}）为 16 毫克/千克。对蜜蜂有毒。

【注意事项】

（1）灭多威挥发性强，有风天气不要喷药，以免飘移，引起中毒。

（2）灭多威易燃，应远离火源。

（3）灭多威不要与碱性物质混用。

（4）中毒应马上送医院治疗，解毒药为阿托品，严禁使用吗啡和解磷定。

22. 甲氰菊酯

【中、英文通用名】甲氰菊酯，fenpropathrin

【有效成分】【化学名称】α-氰基-3-苯氧基苄基-2,2,3,3-四甲基环丙烷羧酸酯

【含量与主要剂型】10%乳油、20%乳油、10%微乳剂、20%水乳剂。

【曾用中文商品名】灭扫利、中西农家庆、腈甲菊酯。

【产品特性】甲氰菊酯纯品为白色晶体，原药为棕黄色液体或固体。纯品熔点为49～50℃，工业品固体熔点为45～50℃。相对密度为1.15（25℃），蒸气压为7.3×10^{-2}帕（20℃），闪点为205℃。25℃时，溶解度为：二甲苯100%，甲醇33.7%，水0.33毫克/千克，分配系数为1000000。对光、热、潮湿稳定，在中性和酸性条件下稳定，在碱性溶液中不稳定，常温储存二年稳定。难溶于水，溶于丙酮、环己烷、甲基异丁酮、乙腈、二甲苯、氯仿等有机溶剂。

【使用范围和防治对象】甲氰菊酯是一种拟除虫菊酯类杀虫杀螨剂，中等毒性，具有触杀、胃毒和一定的驱避作用，无内吸、熏蒸作用。其属神经毒剂，作用于昆虫的神经系统，使昆虫过度兴奋、麻痹而死亡。该药杀虫谱广，击倒效果快，持效期长，其最大特点是对许多种害虫和多种叶螨同时具有良好的防治效果，特别适合在害虫、害螨并发时使用。甲氰菊酯适用作物非常广泛，常使用于十字花科蔬菜、瓜果类蔬菜、花卉等植物，主要用于防治叶螨类、瘿螨类、菜青虫、小菜蛾、甜菜夜蛾、棉铃虫、红铃虫、小绿叶蝉、潜叶蛾、食心虫、卷叶蛾、蚜虫、白粉虱、蓟马及盲蝽类等多种害虫、害螨。

【使用技术或施用方法】

甲氰菊酯主要通过喷雾防治害虫、害螨，在卵盛期至孵化期或害虫害螨发生初期或低龄期用药防治效果好。一般使用20%甲氰菊酯乳油或20%甲氰菊酯水乳剂，或20%甲氰菊酯可湿性粉剂1500～

2000倍液，或10%甲氰菊酯乳油或10%甲氰菊酯微乳剂800～1000倍液，均匀喷雾。

【毒性】甲氰菊酯中等毒性。半致死中量（LD_{50}）：急性经口雄大白鼠54毫克/千克，雌大白鼠49毫克/千克，雄小白鼠67毫克/千克，雌小白鼠58毫克/千克。急性经皮雄大白鼠1600毫克/千克，雌大白鼠870毫克/千克，雄小白鼠1350毫克/千克，雌小白鼠900毫克/千克。腹腔注射雄大白鼠225毫克/千克，雌大白鼠180毫克/千克，雄小白鼠230毫克/千克。致突变、致畸形、三代繁殖试验未见明显异常现象。

【注意事项】

(1) 注意甲氰菊酯与有机磷类、有机氯类等不同类型药剂交替使用或混用，以防产生抗药性。

(2) 甲氰菊酯在低温条件下药效更高、持效期更长，特别适合早春和秋冬使用。

(3) 甲氰菊酯对鱼、蚕、蜂高毒，避免在桑园、养蜂区施药及药液流入河塘。

23. 氟虫双酰胺

【中、英文通用名】氟虫双酰胺，flubendiamide

【有效成分】【化学名称】3-碘-*N′*-2-甲磺酰基-1,1-二甲基乙烷基-*N*-{4-[1,2,2,2-四氟-1-(三氟甲基)乙基]-*O*-甲苯基}邻苯二酰胺

【含量与主要剂型】20%水分散粒剂。

【曾用中文商品名】垄歌。

【产品特性】氟虫双酰胺外观呈白色晶状粉末，熔点为218.5～220.7℃，蒸气压为10^{-4}帕（25℃），水中溶解度为29.9毫克/千克（25℃），油水分配系数为4.2（25℃）.

【使用范围和防治对象】氟虫双酰胺是由日本农药株式会社发现的第一个邻苯二甲酰胺类杀虫剂，具有杰出的作用机制。氟虫双酰胺靶标昆虫鱼尼丁受体，通过扰乱昆虫肌肉细胞中的钙平衡，导致靶标害虫很快拒食和麻痹。具有胃毒和触杀作用。氟虫双酰胺用于防治果蔬上的鳞翅目害虫，适合于控制对拟除虫菊酯、有机磷和氨基甲酸酯

类杀虫剂和昆虫生长调节剂产生抗性的害虫，其防治对象包括黏虫、烟夜蛾、玉米螟，对黄地老虎、棉铃虫、菜螟、小菜蛾和卷叶螟等重要害虫具有优异防效。氟虫双酰胺对益虫的高选择性和低毒性使其适用于害虫的综合防治。

【使用技术或施用方法】

（1）氟虫双酰胺防治叶菜类害虫　对食叶蔬菜，生育期短，全生育期不断有新叶长出，氟虫双酰胺无法保护施药后长出的新叶，东南亚的经验，6000倍用药，5～7天施药一次。对后期包心或结球的叶菜，后期不再长新叶时，氟虫双酰胺有很好的持效期，防效和持效明显优于普通杀虫剂。

（2）氟虫双酰胺防治瓜菜类害虫　防治瓜绢螟，在害虫没有将瓜叶缀合前是较好的防治时期。

（3）氟虫双酰胺防治豆科蔬菜豆荚螟　对连续开花的植物又在花期为害的害虫，一定在开花到幼荚长出前用药，效果最好。持效期确保7～9天，菜农可接受。

【毒性】氟虫双酰胺为低毒杀虫剂。大鼠经口或经皮半致死中量（LD_{50}）大于2000毫克/千克。对兔子眼睛轻微刺激，对兔子皮肤没有刺激。蜜蜂经口半致死中量（LD_{50}）大于200微克/只（48小时），鲤鱼的半致死中量（LD_{50}）大于548微克/千克（96小时）。对节肢动物益虫的毒性：在100～400毫克/千克的剂量下，氟虫酰胺对其没有活性。对蜜蜂毒性很低，对鲤鱼（水生生物的代表）毒性也很低。在一般用量下对有益虫没有活性（几乎无毒），与环境具有很好的相容性。

【注意事项】

（1）氟虫双酰胺在白菜上使用的安全间隔期为3天，每季最多使用3次；在水稻上使用的安全间隔期为14天，每季最多使用2次。

（2）为延缓可能的抗性产生，每季作物不推荐施用超过2次的双酰胺类产品（28族化合物），包括单剂和含双酰胺类的混剂产品。

（3）在靶标害虫的一个世代内可以使用双酰胺类产品（28族化合物）2次。在防治同一靶标害虫的下一代时，应与其他不同作用机理的杀虫剂产品（非28族化合物）轮换使用。

（4）氟虫双酰胺用量低，故在配制药液时请采用二次稀释法为好。稀释前应先将药剂配制成母液；先在喷雾器中加水至1/4～1/2，再将该药倒入已盛有少量水的另一容器中，并冲洗药袋，然后搅拌均匀制成母液。将母液倒入喷雾器中，加够水量并搅拌均匀即可使用。

(5) 避免孕妇及哺乳期妇女接触氟虫双酰胺。

(6) 氟虫双酰胺虽为低毒杀虫剂，但使用时仍应注意安全防护，施药时穿防护服，戴口罩，施药后及时清洗。

(7) 清洗施药器械或处置废料时，应避免污染环境。禁止在河塘等水域清洗施药器具。

(8) 开花植物花期、蚕室及桑园附近禁用。

(9) 用过的容器应妥当处理，不可随意丢弃。

24. 除虫脲

【中、英文通用名】 除虫脲，diflubenzuron.

【有效成分】【化学名称】 1-(4-氯苯基)-3-(2,6-二氟苯甲酰基)脲

【含量与主要剂型】 20%悬浮剂；5%、25%可湿性粉剂；75%可湿性粉剂；5%乳油

【曾用中文商品名】 敌灭灵、伟除特、斯代克、斯迪克、斯盖特、蜕宝、卫扑、易凯、雄威、灭幼脲1号。

【产品特性】 除虫脲纯品为白色结晶，原粉为白色至黄色结晶粉末。熔点 230～232℃（分解）。溶解度：水 0.08 毫克/千克（pH5.5，200℃），丙酮 6.5 克/千克（20℃），二甲基甲酰胺 104 克/千克（25℃），二噁烷 20 克/千克（25℃），中度溶于极性有机溶剂，微溶于非极性有机溶剂（小于 10 克/千克）。对光、热比较稳定，遇碱易分解，在酸性和中性介质中稳定。

【使用范围和防治对象】 除虫脲是一种特异性低毒杀虫剂，属苯甲酰类，对害虫具有胃毒和触杀作用，杀虫机理也是通过抑制昆虫的几丁质合成酶的合成，从而抑制幼虫、卵、蛹表皮几丁质的合成，使昆虫不能正常蜕皮、虫体畸形而死亡。害虫取食后造成积累性中毒，由于缺乏几丁质，幼虫不能形成新表皮，蜕皮困难，化蛹受阻；成虫难以羽化、产卵；卵不能正常发育、孵化的幼虫表皮缺乏硬度而死

亡，从而影响害虫整个世代，这就是除虫脲的优点之所在。除虫脲适用植物很广，可广泛使用于十字花科蔬菜、茄果类蔬菜、瓜类等蔬菜等多种植物。主要用于防治鳞翅目害虫，如菜青虫、小菜蛾、甜菜夜蛾、斜纹夜蛾、金纹细蛾、黏虫、茶尺蠖、棉铃虫、美国白蛾、松毛虫、卷叶蛾、卷叶螟等。

【使用技术或施用方法】

(1) 防治黏虫、棉铃虫、菜青虫、卷叶螟、夜蛾、巢蛾等害虫，每667平方米用除虫脲（有效成分）5～12.5克，3000～6000倍液喷雾。

(2) 防治菜青虫、小菜蛾，在幼虫发生初期，每667平方米用20%除虫脲悬浮剂15～20克，兑水喷雾。也可与拟除虫菊酯类农药混用，以扩大防治效果。

(3) 防治斜纹夜蛾，在产卵高峰期或孵化期，用20%除虫脲悬浮剂400～500毫克/千克的药液喷雾，可杀死幼虫，并有杀卵作用。

(4) 防治甜菜夜蛾，在幼虫初期用20%除虫脲悬浮剂100毫克/千克喷雾。喷洒要力争均匀、周到，否则防效差。

(5) 甘蓝害虫的防治

防治甘蓝豆野螟，每667平方米用20%除虫脲悬浮剂20～30毫升，喷雾。

防治甘蓝甘蓝夜蛾，每667平方米用20%除虫脲悬浮剂25～35毫升，喷雾。

防治甘蓝银纹夜蛾，每667平方米用20%除虫脲悬浮剂25～35毫升，喷雾。

防治甘蓝烟青虫，每667平方米用20%除虫脲悬浮剂20～30毫升，喷雾。

防治甘蓝潜蝇，每667平方米用20%除虫脲悬浮剂20～30毫升，喷雾。

【毒性】 除虫脲属低毒无公害农药。大鼠急性经口半致死中量（LD_{50}）大于5000毫克/千克，小鼠半致死中量（LD_{50}）大于2000毫克/千克；大鼠急性经皮半致死中量（LD_{50}）大于2000毫克/千克；大鼠急性吸入半致死浓度（LC_{50}）大于2.5毫克/千克（4小时）。大鼠2年喂养无作用剂量为每天75毫克/千克，狗1年喂养无作用剂量为每天0.5毫克/千克。皮肤致敏试验阴性。动物试验未见致畸、致突变作用。虹鳟鱼半致死浓度（LC_{50}）大于32×10^{-9}毫克/千克（96小时）。蜜蜂经口半致死中量（LD_{50}）为0.1毫克/只；对家蚕、鱼类毒性大。

【注意事项】

（1）除虫脲属脱皮激素，施药宜早，不宜在害虫高、老龄期施药，掌握在幼虫低龄期为好；在幼虫高龄期施药效果差，应增加用药量。

（2）悬浮剂储运过程中会有少量分层，因此使用时应先将药液摇匀，以免影响药效。

（3）除虫脲药液不要与碱性物接触，以防分解。

（4）蜜蜂和蚕对除虫脲敏感，因此养蜂区、蚕业区谨慎使用，如果使用一定要采取保护措施。沉淀摇起，混匀后再配用。

（5）除虫脲对甲壳类（虾、蟹幼体）有害，应注意避免污染养殖水域。

25. 溴氰菊酯

【中、英文通用名】溴氰菊酯，deltamethrin（DM）

【有效成分】【化学名称】α-氰基苯氧基苄基(1R,3R)-3-(2,2-二溴乙烯基)-2,2-二甲基环丙烷羧酸酯

【含量与主要剂型】2.5%乳油、25克/升乳油；25%水分散片剂、2.5%微乳剂。

【曾用中文商品名】敌杀死、氰苯菊酯、扑虫净、克敌、康素灵、凯安保、凯素灵、天马、骑士、金鹿、保棉丹、增效百虫灵。

【产品特性】原药为白色粉末，无味，用异丙醇重结晶为斜方晶系针状结晶，含量98%以上的原药为无色结晶粉末。熔点101～102℃，沸点300℃。蒸气压2帕（25℃）。20℃水中溶解度为0.002毫克/千克，溶于丙酮、二甲基甲酰胺、二甲苯、苯。40℃储存三个月无分解，在酸性介质中稳定，在碱性介质中易分解。对塑料制品有腐蚀性。

【使用范围和防治对象】 溴氰菊酯是菊酯类杀虫剂中毒力最高的一种，对害虫的毒效可达滴滴涕的100倍，西维因的80倍，马拉硫磷的550倍，对硫磷的40倍。具有触杀和胃毒作用，触杀作用迅速，击倒力强，没有熏蒸和内吸作用，在高浓度下对一些害虫有驱避作用。持效期长（7～12天）。配制成乳油或可湿性粉剂，为中等杀虫剂。溴氰菊酯适用作物非常广泛，可广泛应用于十字花科蔬菜、瓜类蔬菜、豆类蔬菜、茄果类蔬菜、芦笋、油菜、甜菜等多种植物。对棉铃虫、红铃虫、菜青虫、小菜蛾、斜纹夜蛾、烟青虫、食叶甲虫类、蚜虫类、盲椿类、椿象类、叶蝉类、食心虫类、潜叶蛾类、刺蛾类、毛虫类、尺蠖类、造桥虫类、黏虫类、螟虫类、蝗虫类等多种害虫均具有很好的杀灭效果。

【使用技术或施用方法】

主要以乳油兑水喷雾，用于蔬菜上防治各种蚜虫、棉铃虫、棉红铃虫、菜青虫、小菜蛾、斜纹夜蛾、甜菜夜蛾、黄守瓜、黄条跳甲、刺蛾、大豆食心虫、豆荚螟、豆野蛾、豆天蛾、芝麻天蛾、芝麻螟、菜粉蝶、斑粉蝶、烟青虫、甘蔗螟虫、麦田黏虫、刺蛾等。从害虫盛发初期或卵孵化盛期开始用药，及时均匀、周到喷雾。对钻蛀性害虫应在幼虫蛀入植物之前施药。一般每667平方米使用2.5%溴氰菊酯乳油或25克/升溴氰菊酯乳油或2.5%溴氰菊酯微乳剂40～50毫升，或2.5%溴氰菊酯可湿性粉剂40～50克，或50克/升溴氰菊酯乳油20～25毫升，或25%溴氰菊酯水分散片剂4～5克，兑水30～60升喷雾。

【毒性】 溴氰菊酯属于中毒毒类。皮肤接触可引起刺激症状，出现红色丘疹。急性中毒时，轻者有头痛、头晕、恶心、呕吐、食欲不振、乏力，重者还可出现肌束震颤和抽搐。对人的皮肤及眼黏膜有刺激作用，对鱼和蜜蜂剧毒。对滴滴涕产生抗药性的昆虫，对溴氰菊酯表现有交互抗药性。

【注意事项】

（1）溴氰菊酯在气温低时防效更好，因此使用时应避开高温天气。

（2）喷施溴氰菊酯时要均匀周到，特别是防治豆夹螟、姜螟等钻蛀性害虫，应掌握在幼虫蛀入果荚或茎内之前及时用药防治。否则，效果偏低。

（3）使用该类农药时，要尽可能减少用药次数和用药量，或与有机磷等非菊酯类农药交替使用或混用，有利于减缓害虫抗药性产生。

（4）溴氰菊酯不可与碱性物质混用，以免降低药效。

（5）溴氰菊酯对螨蚧类的防效甚低，不可专门用作杀螨剂，以免害螨猖獗为害。最好不单一用于防治棉铃虫、蚜虫等抗性发展快的害虫。

（6）溴氰菊酯对鱼、虾、蜜蜂、家蚕毒性大，用该药时应远离其饲养场所，以免损失严重。

（7）注意安全间隔期，叶菜类收获前15天禁用溴氰菊酯。

（8）误服中毒后，应立即送医院治疗处理。

26. 马拉硫磷

【中、英文通用名】马拉硫磷，malathion

【有效成分】【化学名称】*O*,*O*-二甲基-*S*-[1,2-二(乙氧基羰基)乙基]二硫代磷酸酯

【含量与主要剂型】45%马拉硫磷乳油、25%马拉硫磷油剂、70%优质马拉硫磷乳油（防虫磷）。

【曾用中文商品名】马拉松、马拉赛昂、杀虫剂4049。

【产品特性】马拉硫磷纯品为无色或淡黄色油状液体，有蒜臭味；工业品带深褐色，有强烈气味。不稳定，在pH5.0以下有活性，pH7.0以上都容易水解失效，pH12以上迅速分解，遇铁、铝等金属时也能促其分解。对光稳定，但对热稳定性稍差。常温加热会发生异构化作用，150℃加热24小时90%转化为甲硫基异构体。

【使用范围和防治对象】马拉硫磷具有良好的触杀、胃毒和一定的熏蒸作用，无内吸作用。进入虫体后氧化成马拉氧磷，从而更能发挥毒杀作用，而进入温血动物时，则被在昆虫体内所没有的羧酸酯酶水解，因而失去毒性。马拉硫磷毒性低，残效期短，对咀嚼式口器的害虫有效。适用于防治烟草、蔬菜、茶和桑树等作物上的害虫，也可用于防治仓库害虫。

【使用技术或施用方法】

(1) 豆类作物害虫的防治防治 大豆食心虫、大豆造桥虫、豌豆象、豌豆和管蚜、黄条跳甲，用45%马拉硫磷乳油1000倍液喷雾，每667平方米喷液量75～100千克。

(2) 蔬菜害虫的防治防治 菜青虫、菜蚜、黄条跳甲等，用45%马拉硫磷乳油1000倍液喷雾。

【毒性】马拉硫磷属低毒杀虫剂。原药雌鼠急性经口半致死中量（LD_{50}）为1751.5毫克/千克，雄大鼠经口半致死中量（LD_{50}）为1634.5毫克/千克，大鼠经皮半致死中量（LD_{50}）为4000～6150毫克/千克，对蜜蜂高毒，对眼睛、皮肤有刺激性。

【注意事项】

(1) 马拉硫磷易燃，在运输、储存过程中注意防火，远离火源。

(2) 中毒症状为头痛、头晕、恶心、无力、多汗、呕吐、流涎、视力模糊、瞳孔缩小、痉挛、昏迷、肌纤颤、肺水肿等。中毒时应立即送医院诊治，给病人皮下注射1～2毫克阿托品，并立即催吐。上呼吸道刺激可饮少量牛奶及苏打。眼睛受到沾染时用温水冲洗。皮肤发炎时可用20%苏打水湿绷带包扎。

27. 敌敌畏

【中、英文通用名】敌敌畏，*O*，*O*-dimethyl-*O*-2，2-dichlorovinylphosphate(DDVP)

【有效成分】【化学名称】*O*,*O*-二甲基-*O*-(2,2-二氯乙烯基)磷酸酯

【含量与主要剂型】80.0%、50.0%乳油、20%塑料缓释剂。

【曾用中文商品名】喷勃、卢克、铁卫、捆杀、胜途、鏊发、飞歌、赶走、红旺、金令、麦治、棉钻、正击、猛赛、砸蚜、胜屠、摧虫、诛掉、排除、查除、势除、烟除、烟打、豪攻、鲜蔬、洁可、可青、雷隆、令斩、勤打、违震、棚康、棚庆、歼蚜特、万事利、百扑灭、全乐走、奥卡虱、迈英德、妙扑劲、好家伙、碰碰佳、津九九、真可怕、速罢蚜、棚虫克、棚虫净、棚虫畏、熏虫灵、熏蚜没、扫虫

瑞坦、烟熏虫灭、熏蚜一号。

【产品特性】马拉硫磷纯品为无色至琥珀色液体，微带芳香味。制剂为浅黄色至黄棕色油状液体，纯品沸点74℃，挥发性大，室温下在水中溶解度1%，煤油中溶解度2%～3%，能溶于有机溶剂，易水解，在水溶液中缓慢分解，遇碱分解加快，对热稳定，对铁有腐蚀性。

【使用范围和防治对象】敌敌畏为广谱性杀虫、杀螨剂。具有触杀、胃毒和熏蒸作用。触杀作用比敌百虫效果好，对害虫击倒力强而快。对咀嚼口器和刺吸口器的害虫均有效。可用于蔬菜和多种农田作物。

【使用技术或施用方法】

（1）防治菜青虫、甘蓝夜蛾、菜叶蜂、菜蚜、菜螟、斜纹夜蛾，用80%敌敌畏乳油1500～2000倍液喷雾。

（2）防治二十八星瓢虫、烟青虫、粉虱、棉铃虫、小菜蛾、灯蛾、夜蛾，用80%敌敌畏乳油1000倍液喷雾。

（3）防治红蜘蛛、蚜虫用50%敌敌畏乳油1000～1500倍液喷雾。

（4）防治小地老虎、黄守瓜、黄曲条跳虫甲，用80%敌敌畏乳油800～1000倍液喷雾或灌根。

（5）防治温室白粉虱，用80%敌敌畏乳油1000倍液喷雾，可防治成虫和若虫，每隔5～7天喷药1次，连喷2～3次，即可控制为害。也可用敌敌畏烟剂熏蒸，方法是：于傍晚收工前将保护地密封熏烟，每667平方米用22%敌敌畏烟剂0.5千克。或在花盆内放锯末，喷洒80%敌敌畏乳油，放上几个烧红的煤球即可，每667平方米用乳油0.3～0.4千克。

【毒性】敌敌畏属中等毒杀虫剂。原药可燃，乳油易燃。原药雄大鼠经口半致死中量（LD_{50}）为80毫克/千克；雌大鼠经口半致死中量（LD_{50}）为56毫克/千克；雄大鼠经皮半致死中量（LD_{50}）为107毫克/千克；雌大鼠经皮半致死中量（LD_{50}）为75毫克/千克。雄大鼠无作用剂量为1000毫克/千克。青鳃鱼半数耐受极限（TLM）（24小时）为1毫克/千克，大翻车鱼2小时半致死浓度（LC_{50}）为1毫克/千克。80%敌敌畏可经口服、皮肤吸收或呼吸道吸入，对人畜中毒，对鱼类毒性较高，对蜜蜂剧毒。

【注意事项】

(1) 豆类和瓜类的幼苗易产生药害，敌敌畏使用浓度不能偏高。

(2) 敌敌畏对人畜毒性大，易被皮肤吸收而中毒。中午高温时不宜施药，以防中毒。

(3) 蔬菜收获前7天停止用敌敌畏。

(4) 敌敌畏不能与碱性农药混用。

(5) 敌敌畏水溶液分解快，应随配随用。

(6) 禽、鱼、蜜蜂对该品敏感，应慎用敌敌畏。

28. 二嗪磷

【中、英文通用名】 二嗪磷，diazinon

【有效成分】【化学名称】 *O*,*O*-二乙基-*O*-(2-异丙基-6-甲基-4-嘧啶基)硫代磷酸酯

【含量与主要剂型】 25%、40%、50%、60%乳油；2%粉剂、40%可湿性粉剂；5%、10%颗粒剂。

【曾用中文商品名】 二嗪农、地亚农。

【产品特性】 二嗪磷纯品是无色油状液体。沸点83～84℃/26.6帕，蒸气压12兆帕（25℃），相对密度1.11，难溶于水，在水中溶解度（20℃）为60毫克/千克，与乙醇、丙酮、二甲苯可混溶，并溶于石油醚。100℃以上易氧化，中性介质中稳定，碱性介质中缓慢水解，酸性介质中加速水解。

【使用范围和防治对象】 二嗪磷属非内吸性杀虫剂，具有良好的内吸传导作用，能够抑制昆虫体内的乙酰胆碱酯酶合成，对鳞翅目、同翅目等多种害虫有较好的防效。主要防治菜青虫、棉蚜、三化螟和地下害虫。用于控制大范围作物上的刺吸式口器害虫和食叶害虫，包括马铃薯、甜菜等。

【使用技术或施用方法】

(1) 防治菜青虫，在产卵高峰后1星期，幼虫2～3龄期防治。每667平方米用50%二嗪磷乳油40～50毫升（有效成分20～25克），兑水40～50千克喷雾。

（2）防治蚜虫，用药量和使用方法同菜青虫。

（3）防治圆葱潜叶蝇、豆类种蝇，每667平方米用50%二嗪磷乳油50～100毫升（有效成分25～50克），兑水50～100千克喷雾。

【毒性】二嗪磷属中等毒性杀虫剂，原药对大鼠急性经口半致死中量（LD_{50}）为300～850毫克/千克，小鼠为163毫克/千克；雌性大鼠急性经皮半致死中量（LD_{50}）为455毫克/千克；小鼠急性吸入半致死中量（LD_{50}）为630毫克/立方米。对家兔皮肤和眼睛有轻度刺激作用。在试验剂量下，对动物无致畸、致癌、致突变作用。鲤鱼半致死中量（LD_{50}）为3.2毫克/千克（48小时）。对蜜蜂高毒。

【注意事项】

（1）二嗪磷不可与碱性农药混用。本品不可与敌稗混用，也不可在施用敌稗前后两周内使用本品。

（2）作物收获前10天内，停止用二嗪磷。

（3）二嗪磷不能用铜、铜合金罐、塑料瓶盛装。储存时放置在阴凉干燥处。

（4）解毒剂有硫酸阿托品、解磷定等。

（5）二嗪磷对水生生物有极高毒性，可能对水体环境产生长期不良影响。

（6）如果是喷洒农药而引起中毒时，应立即使病人脱离现场，移至空气新鲜处。药物进入肠胃时，应立即使中毒者呕吐，口服1%～2%苏打水或用水洗胃，让病人休息，保持安静，送医院就医；中毒者呼吸困难时应输氧，严重者需做人工呼吸。解毒药有硫酸阿托品、解磷定等。

（7）鸭、鹅等家禽对二嗪磷很敏感，要防止家禽吞食施过药的植物。

29. 杀螟丹

【中、英文通用名】杀螟丹，cartap。

【有效成分】【化学名称】S,S'-[2-(二甲氨基)-1,3-丙烷二基]硫代氨基甲酸酯盐酸盐。

【含量与主要剂型】 50%可溶性粉剂。

【曾用中文商品名】 巴丹、派丹、克虫普、卡塔普、沙蚕胺。

【产品特性】 杀螟丹通常制成盐酸盐，外观白色晶体，有轻微奇臭味。183～183.5℃分解，熔点（原药）179～181℃。微溶于甲醇，难溶于乙醇，不溶于乙醚、丙酮、氯仿、苯等有机溶剂。在25℃的水中溶解度为200克/千克。1%的水溶液pH值为3～4。常温及酸性条件下稳定，在酸性介质中稳定，在碱性介质中不稳定，对铁等金属有腐蚀性。

【使用范围和防治对象】 杀螟丹是模拟沙蚕毒素合成的仿生性农药，胃毒作用强，同时具有触杀和一定拒食、杀卵等作用。对害虫击倒快，残效期长，杀虫广谱。杀螟丹能用于防治鳞翅目、鞘翅目、半翅目、双翅目等多种害虫和线虫，对捕食性螨类影响较小。杀螟丹是沙蚕毒系列仿生杀虫剂，它具有高效，低毒，低残留等特点。世界上使用30多年未产生抗性。它对鳞翅目，鞘翅目等害虫有极高的防治效果。主要用于菜青虫防治等。

【使用技术或施用方法】

小菜蛾、菜青虫等蔬菜害虫的防治，每667平方米用50%杀螟丹可溶性粉25～50克，兑水50～60千克喷雾。

【毒性】 杀螟丹属中等毒性杀虫剂。雄性大鼠急性经口半致死中量（LD_{50}）为345毫克/千克，雌性为325毫克/千克，小鼠急性经口半致死中量（LD_{50}）为192毫克/千克；大、小鼠急性经皮半致死中量（LD_{50}）大于1000毫克/千克；雄大鼠急性吸入半致死浓度（LC_{50}）大于4.5毫克/千克。在正常条件下对眼睛和皮肤无过敏反应。未见致癌、致畸、致突变作用。对鱼有毒，对蜜蜂和家蚕有毒，对鸟类低毒，对蜘蛛等无毒。

【注意事项】

（1）十字花科蔬菜幼苗对杀螟丹敏感，使用时小心。

（2）若杀螟丹中毒，应立即洗胃，从速就医。

30. 吡蚜酮

【中、英文通用名】 吡蚜酮，pymetrozine。

【有效成分】【化学名称】 4,5-二氢-6-甲基-4-(3-吡啶亚甲基氨基)-1,2,4-3(2*H*)-酮

【含量与主要剂型】 25%吡蚜酮可湿性粉剂。

【曾用中文商品名】 吡嗪酮。

【产品特性】 吡蚜酮为白色结晶粉末。溶解度（20℃）：水 0.27 克/千克；乙醇 2.25 克/千克；正己烷小于 0.01 克/千克。对光、热稳定，弱酸弱碱条件下稳定。

【使用范围和防治对象】 吡蚜酮属于吡啶类或三嗪酮类杀虫剂，是全新的非杀生性杀虫剂，该产品对多种作物的刺吸式口器害虫表现出优异的防治效果。作用于害虫体内血液中胺信号传递途径，从而导致类似神经中毒的反应，取食行为的神经中枢被抑制，通过影响流体吸收的神经中枢调节而干扰正常的取食活动，致使害虫无法正常进食，2～4 天后因饥饿而死亡。吡蚜酮对害虫具有触杀作用，同时还有内吸活性。防治范围为蚜虫科、飞虱科、粉虱科、叶蝉科等多种蔬菜害虫。

【使用技术或施用方法】

用药量：防治蔬菜蚜虫、温室粉虱，667 平方米用药 5 克；露天蔬菜蚜虫、飞虱 16～20 克/667 平方米；白粉虱、蚜虫 16～20 克/667平方米；防治蔬菜上棉蚜，每 667 平方米用 50%吡蚜酮水分散粒剂 20～30 克。

施药方法：667平方米用药量兑水 30 千克作常规喷雾或兑水 10 千克用弥雾机弥雾。

【毒性】 吡蚜酮大鼠经口半致死中量（LD_{50}）1710 毫克/千克，大鼠经皮半致死中量（LD_{50}）大于 2000 毫克/千克。吡蚜酮为对环境友好型杀虫剂，对天敌安全，适用于绿色有机作物。吡蚜酮有高度的选择性，对蜜蜂、鱼、虾、鸟类安全，几乎无毒性。吡蚜酮在环境中降解非常迅速。试验表明，它在土壤中的半衰期为 2～29 天。吡蚜酮及其主要代谢物在土壤中的淋溶性很低，仅存于表层土，在推荐剂量下，对地下水的污染可能性很小

【注意事项】

（1）喷雾时要均匀周到，尤其对目标害虫的危害部位。

（2）请按照农药安全使用准则使用吡蚜酮。避免药液接触皮肤、

眼睛和污染衣物，避免吸入雾滴。切勿在施药现场抽烟或饮食。在饮水、进食和抽烟前，应先洗手、洗脸。

（3）配药时，应戴防护手套和防护面罩。

（4）施药时，应穿长袖衣、长裤和靴子，戴帽子。

（5）施药后，彻底清洗防护用具，洗澡，并更换和清洗工作服。

（6）施药后12小时内，请勿进入施药区域。

（7）使用过的空包装，用清水冲洗三次后妥善处理。所有施药器具，用后应立即用清水或适当的洗涤剂清洗。

（8）切勿将吡蚜酮及其废液弃于池塘、河溪和湖泊等，以免污染水源。

（9）蜜源作物花期禁用，施药期间避免对周围蜂群产生影响，蚕室和桑园附近禁用。施药时远离水产养殖区，禁止在河塘等水体清洗施药器具。

31. 苯醚甲环唑

【中、英文通用名】 苯醚甲环唑，difenoconazole

【有效成分】【化学名称】 顺，反-3-氯-4-(4-甲基-2-1*H*-1,2,4-三唑-1-基甲基-1,3-二噁戊烷-2-基)苯基4-氯苯基醚（顺、反比例约为45∶55）。

【含量与主要剂型】 3%悬浮种衣剂、10%水分散粒剂、25%乳油、30%悬浮剂、37%水分散粒剂、10%可湿性粉剂。

【曾用中文商品名】 噁醚唑、显粹、思科、世高、噁醚唑、敌萎丹、二芬噁醚唑。

【产品特性】 该品为无色固体，熔点76℃，沸点220℃。溶解性(20℃)：水3.3毫克/千克，易溶于有机溶剂。在土壤中移动性小，缓慢降解。

【使用范围和防治对象】 苯醚甲环唑是三唑类杀菌剂中安全性比较高的内吸性杀菌，主要抑制病菌细胞麦角甾醇的生物合成，从而破坏细胞膜结构与功能，具保护和治疗作用。对子囊亚门、担子菌亚门和包括链格孢属、壳二孢属、尾孢霉属、刺盘抱属、球座菌属、茎点霉属、柱隔孢属、壳针孢属、黑星菌属在内的半知菌、白粉菌科、锈菌目和某些种传病原菌有持久的保护和治疗活性，主要用于蔬菜、马铃薯、豆类、瓜类等作物，对蔬菜和瓜果等多种真菌性病害具有很好的保护和治疗作用。

【使用技术或施用方法】

施药时间宜早不宜迟，应在发病初期进行喷药效果最佳。主要用作叶面处理剂和种子处理剂。其中10%苯醚甲环唑水分散颗粒剂主要用于茎叶处理，使用剂量为30～125克（有效成分）/公顷，10%苯醚甲环唑水分散颗粒剂主要用于防治番茄早疫病、西瓜蔓枯病、辣椒炭疽病、草莓白粉病等。

（1）番茄早疫病发病初期用800～1200倍液或每100千克水加制剂83～125克（有效浓度83～125毫克/千克），或每667平方米用制剂40～60克（有效成分4～6克）。

（2）辣椒炭疽病发病初期用800～1200倍液或每100千克水加制剂83～125克（有效浓度83～125毫克/千克），或每667平方米用制剂40～60克（有效成分4～6克）

【毒性】大鼠急性经口半致死中量（LD_{50}）为1453毫克/千克，兔急性经皮半致死中量（LD_{50}）大于2010毫克/千克。对兔皮肤和眼睛有刺激作用，对豚鼠无皮肤过敏。大鼠急性吸入半致死浓度（LC_{50}）（4小时）大于0.045毫克/升空气，野鸭急性经口半致死中量（LD_{50}）大于2150毫克/千克。虹鳟半致死浓度（LC_{50}）（96小时）为0.8毫克/千克。对蜜蜂无毒。

【注意事项】

（1）苯醚甲环唑不宜与铜制剂混用。因为铜制剂能降低它的杀菌能力，如果确实需要与铜制剂混用，则要加大苯醚甲环唑10%以上的用药量。苯醚甲环唑虽有内吸性，可以通过输导组织传送到植物全身，但为了确保防治效果，在喷雾时用水量一定要充足，要求均匀喷药。

（2）西瓜、草莓、辣椒喷液量为每667平方米用制剂50千克。施药应选早晚气温低、无风时进行。晴天空气相对湿度低于65%、气温高于28℃、风速大于每秒5米时应停止施药。

（3）苯醚甲环唑虽有保护和治疗双重效果，但为了尽量减轻病害造成的损失，应充分发挥其保护作用，因此施药时间宜早不宜迟，应在发病初期进行喷药效果最佳。

32. 异丙威

【中、英文通用名】 异丙威，isoprocarb

【有效成分】【化学名称】 邻异丙基苯基甲基氨基甲酸酯。

【含量与主要剂型】 2%异丙威粉剂、4%异丙威粉剂、2%灭扑散粉剂、20%异丙威乳油、75%可湿性粉剂、50%可湿性粉剂、5%热雾剂、4%颗粒、5%颗粒、5%粉剂、2%粉剂、4%粉剂、10%粉剂、20%乳油、8%增效乳油、10%烟剂、15%烟剂、20%烟剂。

【曾用中文商品名】 灭扑威、异灭威、灭扑散、叶蝉散、速死威、瓜舒、棚杀、天赐力、冲杀、行农、棚蚜愁、蚜虱毙、蚜虫清、熏宝、打灭、易死、凯丰、稻开心、大纵杀、虫迷踪、横剑、虱落、益扑、贴稻战、蝉虱怕。

【产品特性】 纯品为白色结晶状粉末。原粉为浅红色片状结晶，密度0.62，沸点128～129℃，熔点89～91℃，闪点156℃，分解温度为180℃，蒸气压0.13帕（25℃）。20℃时，在丙酮中溶解度为400克/千克，在甲醇中125克/千克，在二甲苯中小于50克/千克，在水中265毫克/千克。在碱性和强酸性中易分解，但在弱酸中稳定。对阳光和热稳定。

【使用范围和防治对象】 异丙威是一种触杀性兼有内吸作用的杀虫剂，属胆碱酯酶抑制剂，是具有触杀和胃毒作用的杀虫剂，速效、残效期短，用于防治蔬菜作物中的飞虱、叶蝉、蚜虫、臭虫等。对飞虱天敌、蜘蛛类安全，但对蜜蜂有害。

【使用技术或施用方法】

使用15%异丙威烟剂防治黄瓜蚜虫的效果较佳，且省工、省时、增效，生产中适用量250～300克/667平方米，药后11天防效均在90%以上。

【毒性】 异丙威属中等毒性杀虫剂，大鼠急性经口半致死中量（LD_{50}）为403～485毫克/千克，小鼠为487～512毫克/千克，兔子为500毫克/千克。雄性大鼠急性经皮半致死中量（LD_{50}）大于500

毫克/千克。雄大鼠急性吸入半致死中量（LD_{50}）大于0.4毫克/千克。对眼睛和皮肤刺激性极小，无明显累积毒性，动物无致癌、致畸、致突变作用，对鱼、蜜蜂有毒。

【注意事项】

(1) 异丙威不可以在薯类作物中使用，对薯类有药害。

(2) 本品与敌稗相克，在施用异丙威前后10天不得使用。

(3) 一定要注意安全用药，如果药液不慎溅入眼中，必须要使用大量清水快速冲洗。如吸入中毒，应将中毒者移到通风处躺下休息。如误服中毒，要给中毒者喝温盐水催吐。中毒严重者，可服用或注射阿托品，严禁使用吗啡。

33. 乙酰甲胺磷

【中、英文通用名】 乙酰甲胺磷，acephate

【有效成分】【化学名称】 *O*,*S*-二甲基乙酰基硫代磷酰胺酯。

【含量与主要剂型】 1%神农灭蟑螂饵剂；30%、40%乙酰甲胺磷乳油；25%乙酰甲胺磷可湿性粉剂；75%乙酰甲胺磷可溶性粉剂。

【曾用中文商品名】 杀虫灵、高灭磷。

【产品特性】 纯品为白色结晶，熔点为91℃。工业品为白色固体，纯度80%～90%，比重1.35，易溶于水、乙腈、甲醇、乙醇、丙酮等极性溶剂和二氯甲烷、二氯乙烷等卤代烃类。在苯、甲基苯环与二甲基苯环的混合溶液中溶解度较小。在碱性介质中极易分解。

【使用范围和防治对象】 本品属有机磷酸酯类农药。该类农药抑制体内胆碱酯酶，造成神经生理功能紊乱。乙酰甲胺磷为内吸杀虫剂，具有胃毒和触杀作用并可杀卵，有一定的熏蒸作用，是缓效型杀虫剂，在施药后初期作用效果缓慢，2～3天后效果显著，后效作用强，适用于蔬菜、油菜，防治多种咀嚼式、刺吸式口器害虫和害螨。

【使用技术或施用方法】

乙酰甲胺磷用于蔬菜害虫的防治，菜青虫在幼虫2～3龄期进行防治；小菜蛾在1～2龄幼虫盛发期防治；每667平方米用30%

乙酰甲胺磷乳油 80～120 毫升，兑水 40～50 千克喷雾。蚜虫每 667 平方米用 30%乙酰甲胺磷乳油 50～70 毫升，兑水 50～75 千克均匀喷雾。

【毒性】乙酰甲胺磷属低毒农药，原药大鼠急性经口半致死中量（LD_{50}）为 823 毫克/千克，兔经皮半致死中量（LD_{50}）为 2000 毫克/千克，小猎犬每天给药 1000 毫克/千克饲喂 1 年未发现任何病变；小鸡经口半致死中量（LD_{50}）为 852 毫克/千克；鲫鱼半数耐受极限（TLM）为 9550 毫克/千克，白鲢（48 小时）485 毫克/千克，红鲤鱼半数耐受极限（TLM）（48 小时）为 104 毫克/千克。

【注意事项】

（1）乙酰甲胺磷在蔬菜的安全间隔期为 7 天，秋冬季节为 9 天，每季最多使用 2 次。

（2）使用乙酰甲胺磷时应喷雾均匀，以利提高药效。

（3）处理乙酰甲胺磷时要穿戴好劳防用品，喷雾时应在上风，戴好口罩，防止吸入雾滴。用药后要用肥皂和清水冲洗干净。

（4）乙酰甲胺磷不宜在桑、茶树上使用。

（5）乙酰甲胺磷不可与碱性药剂混用，以免分解失效。

（6）乙酰甲胺磷易燃，严禁火种。在运输和储存过程中注意防火，远离火源。

34. 烯啶虫胺

【中、英文通用名】烯啶虫胺，nitenpyram

【有效成分】【化学名称】(E)-*N*-(6-氯-3-吡啶甲基)-*N*-乙基-*N*′-甲基-2-硝基亚乙基二胺。

【含量与主要剂型】95%原药、99%原药、3%乳油、20%可溶性粉剂、10%烯啶虫胺水剂、50%可溶性粒剂、10%可溶性粒剂。

【曾用中文商品名】无。

【产品特性】纯品为浅黄色结晶体，熔点 83～84℃，相对密度 1.40（26℃）。蒸气压 1.1×10^{-9} 帕（25℃）。溶解度（克/千克、20℃）：水（pH7）840、氯仿 700、丙酮 290、二甲苯 4.5。

【使用范围和防治对象】

烯啶虫胺是一种高效、广谱、新型烟碱类杀虫剂。其作用机理为主要作用于昆虫神经系统，对害虫的突触受体具有神经阻断作用，在自发放电后扩大隔膜位差，并最后使突触隔膜刺激下降，结果导致神经的轴突触隔膜电位通道刺激消失，致使害虫麻痹死亡。具有卓越的内吸和渗透作用，用量少，毒性低，持效期长，对作物安全无药害，广泛应用于园艺和农业上防治同翅目和半翅目害虫，可有效防治刺吸式口器害虫如白粉虱、蚜虫、梨木虱、叶蝉、蓟马等，持效期可达14天左右。

【使用技术或施用方法】

（1）防治蔬菜烟粉虱、白粉虱。用10％烯啶虫胺可溶性液剂稀释2000～3000倍液均匀喷雾，温室内使用时，要将周围的墙壁及棚膜等上喷洒药剂。

（2）防治蓟马和蚜虫。用10％烯啶虫胺可溶性液剂稀释3000～4000倍均匀喷雾。

（3）防治蔬菜上蚜虫。用药量为每667平方米15～20克兑水45～60千克，进行叶面喷雾。

【毒性】大鼠急性经口半致死中量（LD_{50}）为1680毫克/千克（雄），1575毫克/千克（雌）；小鼠急性经口半致死中量（LD_{50}）为867毫克/千克（雄），1281毫克/千克（雌）；大鼠急性经皮半致死中量（LD_{50}）大于2000毫克/千克；大鼠吸入半致死浓度（LC_{50}）（4小时）为5.8克/千克；本品对兔眼有轻微刺激，对兔皮肤无刺激。无致畸、致突变、致癌作用。

【注意事项】

（1）安全间隔期为7～14天，每个作物周期最多使用次数为4次。

（2）烯啶虫胺对蜜蜂、鱼类、水生物、家蚕有毒，用药时远离。

（3）烯啶虫胺不可与碱性物质混用。

（4）为延缓抗性，烯啶虫胺要与不同作用机制的其他药剂交替使用。

35. 高效氯氰菊酯

【中、英文通用名】高效氯氰菊酯，betacypermethrin

【有效成分】【化学名称】2,2-二甲基-3-(2,2-二氯乙烯基)环丙烷羧酸-α-氰基-(3-苯氧基)-苄酯。

【含量与主要剂型】95%原药、4.5%乳油、5%可湿粉剂。

【曾用中文商品名】高保、高冠、高打、高亮、高唱、金高、商乐、植乐、太强、赛诺、赛得、赛康、宇豪、拦截、益稼、田备、邦富、万钧、聚焦、三破、亮棒、牺命、超杀、拼杀、铲杀、西杀、伏杀、跳杀、畅杀、勇刺、狂刺、蛾刀、歼打、歼灭、斩灭、大顺、寒剑、乐邦、保士、科海、对劲、电灭、丰元、卫宝、点通、菜菊、妙菊、福禄、绿邦、绿丹、绿泽、绿爽、绿林、绿佬、朗绿、绿隆、乙太力、大灭灵、大决战、小卫士、瓢甲敌、好悦克、灭害特、利果兴、邦尼忙、杀敌通、普敌克、普虫杀、爱克杀、杀破狼、比杀力、金直击、三步倒、七把刀、福乐农、农喷乐、农人乐、农拜它、奇力灵、护田剑、祥宇剑、一刀准、一片倒、个个倒、莫格里、喷蔬田、焦虫水、净虫灵、选对灵、联诚克、攻下塔、死了得、号角星、钱满袋、保丰净丹、凯明怡园、中农捷捕、威敌高禄、百虫斩首、百蚜净清、横杀百虫、荔蛀春宁、前打后死、悦联兴绿宝、野田杀虫毒、青虫隔叶杀、辉丰菜老大、戊酸氰醚酯。

【产品特性】高效氯氰菊酯原药外观为白色至奶油色结晶体，易溶于芳烃、酮类和醇类。溶解度在pH7的水中，51.5微克/千克(5℃)、93.4微克/千克(25℃)、276.0微克/千克(35℃)微克/千克；异丙醇11.5毫克/毫升(20℃)，二甲苯749.8毫克/毫升(20℃)，二氯甲烷3878毫克/毫升(20℃)，丙酮2102毫克/毫升(20℃)，乙酸乙酯1427毫克/毫升(20℃)，石油醚13.1毫克/毫升(20℃)。在空气及阳光下及在中性及微酸性介质中稳定。强碱中水解。

【使用范围和防治对象】高效氯氰菊酯是一种拟除虫菊酯类杀虫剂，生物活性较高，是氯氰菊酯的高效异构体，具有触杀和胃毒作用。通过与害虫钠通道相互作用而破坏起神经系统的功能。杀虫谱广、击倒速度快，杀虫活性较氯氰菊酯高。适用于防治蔬菜多种害虫及卫生害虫。

【使用技术或施用方法】

高效氯氰菊酯主要通过喷雾防治各种害虫，一般使用4.5%的剂型或5%的剂型1500～2000倍液，或10%的剂型或100克/千克乳油3000～4000倍液，均匀喷雾，在害虫发生初期喷药效果最好。

（1）防治菜青虫、小菜蛾等，幼虫2～3龄期进行防治，每667平方米用4.5%高效氯氰菊酯乳油20～40毫升，加水40～50千克，均匀喷雾。

（2）防治菜蚜，在无翅蚜发生盛期防治，每667平方米用4.5%高效氯氰菊酯乳油20～30毫升，加水40～50千克，均匀喷雾。

【毒性】 4.5%乳油：大鼠急性经口半致死中量（LD_{50}）为853毫克/千克，急性经皮半致死中量（LD_{50}）为1830毫克/千克。5%可湿粉：小鼠急性经口半致死中量（LD_{50}）为2549毫克/千克，急性经皮半致死中量（LD_{50}）大于3000毫克/千克。该品对蜜蜂、鱼、蚕、鸟均为高毒，使用时应注意避免污染水源地、避免在蜜源作物开花期、避免污染桑园处使用。毒性低，安全性好：这一特点很适合现代无公害茶叶蔬菜生产的需要。低残留，高效氯氰菊酯对环境无污染，属于环境兼容性农药。

【注意事项】

（1）效氯氰菊酯没有内吸作用，喷雾时必须均匀、周到。

（2）安全采收间隔期一般为10天。

（3）高效氯氰菊酯对鱼、蜜蜂和家蚕有毒，不能在蜂场和桑园内及其周围使用，并避免药液污染鱼塘、河流等水域。

（4）高效氯氰菊酯在碱性条件下不稳定，忌与碱性农药混用。

36. 氰戊菊酯

【中、英文通用名】 氰戊菊酯，fenvalerate

【有效成分】【化学名称】 (S)-α-氰基-3-苯氧基苄基(S)-2-(4-氯苯基)-3-甲基丁酸酯。

【含量与主要剂型】 20%氰戊菊酯乳油。

【曾用中文商品名】 速灭杀丁、擂猎、高标、鸣杀、顺歼、锁蚜、奇治、绿友、菜棒、凌丰、正安、速夺、帅刀、孟刀、稳击扑击、力击、力尤、标榜、夯虫、银击、好夺、赛进、喷完、砍剁、太徒通、百灵鸟、稳化利、年成好、田老大、万丁死、速克死、快灭杀、安霍特、关功刀、悦联杀灭、辉丰虎净。

【产品特性】原药为褐色黏稠液体，室温下有部分结晶析出，相对密度为1.26（26℃），沸点大于200℃（1.0毫米汞柱），熔点59.0～60.2℃，蒸气压2.6×10^{-7}毫米汞柱（20℃）。对热、潮湿稳定，酸性介质中相对稳定，碱性介质中迅速水解。几乎不溶于水，易溶于二甲苯、丙酮、氯仿等有机溶剂。燃点420℃，闪点大于200℃，常温储存稳定性两年以上。

【使用范围和防治对象】氰戊菊酯为广谱高效杀虫剂，作用迅速，击倒力强，以触杀和胃毒作用为主，无内吸和熏蒸作用。对鳞翅目幼虫效果良好。对同翅目、直翅目、半翅目等害虫也有较好的效果，但对螨无效。适用于蔬菜作物。

【使用技术或施用方法】

（1）菜青虫、小菜蛾等蔬菜害虫的防治　菜青虫2～3龄幼虫发生期施药，每667平方米用20%氰戊菊酯乳油10～25毫升兑水喷雾。小菜蛾在3龄前每667平方米用20%氰戊菊酯乳油15～30毫升兑水喷雾。

（2）番茄病害的防治

防治番茄蚜虫，每667平方米用20%乳油30～50毫升，喷雾。

防治番茄白粉虱，每667平方米用20%乳油30～50毫升，喷雾。

防治番茄甜菜夜蛾，每667平方米用20%乳油30～50毫升，喷雾。

防治番茄斜纹夜蛾，每667平方米用20%乳油30～50毫升，喷雾。

防治番茄棉铃虫，每667平方米用20%乳油30～50毫升，喷雾。

防治番茄桃蚜，每667平方米用20%乳油30～50毫升，喷雾。

防治番茄无网蚜，每667平方米用20%乳油30～50毫升，喷雾。

防治番茄烟青虫，每667平方米用20%乳油30～50毫升，喷雾。

【毒性】氰戊菊酯属中等毒性杀虫剂，原药大鼠急性经口半致死中量（LD_{50}）为451毫克/千克，大鼠急性经皮半致死中量（LD_{50}）大于5000毫克/千克，大鼠急性吸入半致死浓度（LC_{50}）大于101毫克/立方米，，对兔皮肤有轻度刺激，对眼睛有中度刺激。没有致突变、致畸和致癌作用。对蜜蜂、鱼虾、家禽等毒性高，使用时注意不要污染河流、池塘、桑园和养蜂场。

【注意事项】

（1）蔬菜于菜青虫2～3龄幼虫时使药。

（2）虫害发生严重时用高量。

（3）大风天或预计1小时内降雨，请勿施药。

（4）氰戊菊酯不要与碱性农药等物质混用。

（5）氰戊菊酯对蜜蜂、鱼虾、家蚕等毒性高，使用时注意不要污染河流、池塘、桑园、养蜂场所。

（6）在害虫、害螨并发的作物上使用此药，由于对螨无效，对天敌毒性高，易造成害螨猖獗，所以要配合杀螨剂。

（7）在使用过程中如药液溅到皮肤上，应立即用肥皂清洗，如药溅到眼中，应立即用大量清水冲洗。如误食，可用催吐、洗胃治疗，对全身中毒初期患者，可用二苯甘醇酰脲或乙基巴比特对症治疗。

37. 吡丙醚

【中、英文通用名】吡丙醚，pyriproxyfen

【有效成分】【化学名称】4-苯氧苯基(RS)-2-(2-吡啶基氧)丙基醚。

【含量与主要剂型】0.5%吡丙醚颗粒剂、0.5%吡丙醚颗粒剂、10%可汗乳油。

【曾用中文商品名】灭幼宝、蚊蝇醚。

【产品特性】熔点45～47℃，储存条件：0～6℃，纯品为结晶。蒸气压0.29×10^{-3}帕（20℃），相对密度1.23（20℃）。溶解度（1000克水）为：二甲苯50克、己烷40克、甲醇20克

【使用范围和防治对象】吡丙醚是苯醚类扰乱昆虫生长的昆虫生长调节剂，属保幼激素类似物的新型杀虫剂，具有内吸转移活性、低毒，持效期长，对作物安全，对鱼类低毒，对生态环境影响小的特

点。对烟粉虱、介壳虫、小菜蛾、甜菜夜蛾、斜纹夜蛾、梨黄木虱、蓟马、番茄白粉虱等有良好的防治效果，同时本品对苍蝇、蚊虫等卫生害虫具有很好的防治效果，具有抑制蚊、蝇幼虫化蛹和羽化作用。蚊、蝇幼虫接触该药剂，基本上都在蛹期死亡，不能羽化。该药剂持效期长达 1 个月左右，且使用方便，无异味，是较好的灭蚊、蝇药物。

【使用技术或施用方法】

防治番茄白粉虱用吡丙醚 500 倍液喷雾。

【毒性】 按我国农药毒性分级标准，吡丙醚属低毒杀虫剂。原药大鼠急性经口半致死中量（LD_{50}）大于 5000 毫克/千克，大鼠急性经皮半致死中量（LD_{50}）大于 2000 毫克/千克，大鼠急性吸入半致死浓度（LC_{50}）大于 13000 毫克/立方米（4 小时）。对眼有轻微刺激作用，无致敏作用。

【注意事项】

（1）建议番茄每季最多使用 2 次，安全间隔期 7 天。

（2）吡丙醚宜在若虫孵化初期使用，对植株叶片正反面及枝干均匀喷雾。

（3）吡丙醚对桑蚕有毒，勿在桑园及蚕室附近使用。

（4）吡丙醚对鱼类及水生生物有毒，避免药液进入水体，注意远离虾、蟹养殖塘等水体施药，防止药液漂移污染邻近水域。不要在河塘、湖泊等水体中清洗施药器械。

（5）吡丙醚对眼睛有刺激性，使用时请注意防护。

（6）使用吡丙醚时应穿戴防护服和手套，避免吸入药液。施药期间不可吃东西和饮水。施药后应及时洗手和洗脸。

（7）建议吡丙醚与不同机制杀虫剂轮换使用。

（8）赤眼蜂等天敌放飞区域禁用。

（9）用过吡丙醚的容器应妥善处理，不可做他用，也不可随意丢弃。

38. 灭幼脲

【中、英文通用名】 灭幼脲，chlorbenzuron

【有效成分】【化学名称】1-(邻氯苯甲酰基)-3-(4-氯苯基)脲。

【含量与主要剂型】25%灭幼脲悬浮剂、25%阿维·灭幼脲悬浮剂、25%甲维盐·灭幼脲悬浮剂。

【曾用中文商品名】扑蛾丹、蛾杀灵、劲杀幼、灭幼脲3号、苏脲一号、一氯苯隆。

【产品特性】品为白色结晶，熔点199～201℃，密度0.74克/立方厘米，不溶于水，在丙酮中的溶解度为1克/100毫升。在中性或弱酸性介质中稳定，但在碱性介质中水解，易溶于*N*,*N*-二甲基甲酰胺和吡啶等有机溶剂，遇碱和较强的酸易分解，常温下储存稳定，对光热较稳定。

【使用范围和防治对象】灭幼脲为昆虫生产调节剂类杀虫剂，通过抑制昆虫体内几丁质的形成，导致昆虫不能正常蜕皮而死亡。主要表现为强烈的胃毒作用，兼有触杀作用。幼虫接触药液后，拒食，身体缩小，2天后开始死亡，3～4天达到死亡高峰。成虫接触药液后，产卵减少或不产卵或所产卵不能孵化，从根本上断绝成虫种群后代。灭幼脲用于防治大棚瓜菜、经济作物、园林花卉等多种鳞翅目害虫、半翅目害虫。

【使用技术或施用方法】本品的适用浓度为1500～2000倍液，在幼虫低龄期用药（3日龄前）每667平方米用本品20～60克，在虫害特别严重的地区，应加大药剂用量。

(1) 防治蔬菜菜青虫，每667平方米用20%悬浮剂24～48毫升，喷雾。

(2) 防治蔬菜小菜蛾，每667平方米用20%悬浮剂24～48毫升，喷雾。

(3) 防治蔬菜美洲斑潜蝇，每667平方米用20%悬浮剂80～100毫升，喷雾。

(4) 防治蔬菜拉美斑潜蝇，每667平方米用20%悬浮剂80～100毫升，喷雾。

(5) 防治蔬菜豆野螟，每667平方米用20%悬浮剂80～100毫升，喷雾。

(6) 防治蔬菜甜菜夜蛾，每667平方米用20%悬浮剂80～100毫升，喷雾。

（7）防治蔬菜斜纹夜蛾，每667平方米用20%悬浮剂80～100毫升，喷雾。

（8）防治蔬菜甘蓝夜蛾，每667平方米用20%悬浮剂80～100毫升，喷雾。

（9）防治蔬菜银纹夜蛾，每667平方米用20%悬浮剂80～100毫升，喷雾。

（10）防治蔬菜烟青虫，每667平方米用20%悬浮剂80～100毫升，喷雾。

（11）防治蔬菜潜蝇，每667平方米用20%悬浮剂80～100毫升，喷雾。另外，用灭幼脲1000倍液浇灌葱、蒜类蔬菜根部，可有效地杀死地蛆。

【毒性】据中国农药毒性分级标准，灭幼脲属低毒杀虫剂。大鼠急性经口半致死中量（LD_{50}）为50毫克/千克，小鼠急性经口半致死中量（LD_{50}）大于2000毫克/千克，对鱼类低毒，对天敌安全，对人畜及鸟类几乎无害。

【注意事项】

（1）灭幼脲在2龄前幼虫期进行防治效果最好，虫龄越大，防效越差。

（2）灭幼脲于施药3～5天后药效才明显，7天左右出现死亡高峰。忌与速效性杀虫剂混配，使灭幼脲类药剂失去了应有的绿色、安全、环保作用和意义。

（3）灭幼脲悬浮剂有沉淀现象，使用时要先摇匀后加少量水稀释，再加水至合适的浓度，搅匀后喷用。在喷药时一定要均匀。

（4）灭幼脲类药剂不能与碱性物质混用，以免降低药效，和一般酸性或中性的药剂混用药效不会降低。

39. 乙基多杀菌素

【中、英文通用名】乙基多杀菌素，spinetoram

【有效成分】【化学名称】乙基多杀菌素-J（$C_{42}H_{69}NO_{10}$）和乙基多杀菌素-L（$C_{43}H_{69}NO_{10}$）的混合物（比值3∶1）。

【含量与主要剂型】乙基多杀菌素60克/升悬浮剂。

【曾用中文商品名】艾绿士。

【产品特性】乙基多杀菌素原药的质量分数为81.2%，是带有霉味的灰白色固体，pH值为6.46（1%水溶液，23.1℃）；乙基多杀菌素-J（22.5℃）外观为白色粉末，乙基多杀菌素-L（22.9℃）外观为白色至黄色晶体，带苦杏仁味；熔解温度：乙基多杀菌素-J为143.4℃，乙基多杀菌素-L为70.8℃。沸腾前分解温度：乙基多杀菌素-J为297.8℃，乙基多杀菌素-L为290.7℃。溶解度（20℃）：甲醇、丙酮、乙酸乙酯、1,2-二氯乙烷、二甲苯等均大于250克/千克，*n*-辛醇为132克/千克，庚烷为61克/千克。水中溶解度：乙基多杀菌素-J为10.0毫克/千克，乙基多杀菌素-L为31.9毫克/千克。不易燃，(54±2)℃环境下，14天热储存稳定，冷、热、常温2年储存稳定。

【使用范围和防治对象】乙基多杀菌素是刺糖菌素类杀虫剂中的新成员，是天然菌株通过发酵而形成的生物源杀虫剂，绿色、环保、高效是其典型特征。主要是胃毒和触杀作用，渗透性强，其作用机理是作用于昆虫神经中烟碱型乙酰胆碱受体和*r*-氨基丁酸受体，致使虫体对兴奋性或抑制性的信号传递反应不敏感，影响正常的神经活动，直至死亡。主要用于防治鳞翅目幼虫、蓟马和潜叶蝇等，对小菜蛾、甜菜夜蛾、潜叶蝇、蓟马、斜纹夜蛾、豆荚螟有好的防治效果。

【使用技术或施用方法】

（1）乙基多杀菌素60克/升悬浮剂对甘蓝小菜蛾有较好防效。用药量为300～600毫升（制剂）/公顷或20～40毫升（制剂）/667平方米，使用方法为加水稀释后喷雾。该药速效性一般，持效时间为7天左右

（2）防治茄子蓟马的试验表明，喷施乙基多杀菌素60克/升乙基多杀菌素悬浮剂2000倍液，药后3天和5天的防效均稳定在96%以上，药后7天的防效仍在95%以上，表现出良好的速效性和持效性。

【毒性】乙基多杀菌素原药大鼠急性经口、经皮半致死中量（LD_{50}）大于5000毫克/千克，急性吸入LC_{50}大于5.5毫克/千克；对兔眼睛有刺激性，皮肤无刺激性；对人及哺乳动物低毒，无慢性毒性。对鸟类、鱼类、蚯蚓和水生植物低毒；在实际应用中，对蜜蜂几乎无毒；对田间有益节肢动物的影响是轻微的、短暂的；适用于有害

生物综合治理。

【注意事项】

（1）乙基多杀菌素在甘蓝作物上使用的推荐安全间隔期为 7 天，每个作物周期的最多使用次数为 3 次。

（2）乙基多杀菌素在茄子上使用的推荐安全间隔期为 5 天，每个作物周期的最多使用次数为 3 次。

（3）乙基多杀菌素在水稻上使用的推荐安全间隔期为 21 天，每个作物周期的最多使用次数为 2 次。

（4）乙基多杀菌素对蜜蜂、家蚕等有毒。施药期间应避免影响周围蜂群，禁止在开花植物花期、蚕室和桑园附近使用，施药期间应密切关注对附近蜂群的影响。禁止在河塘等水域内清洗施药器具，不可污染水体，远离水产养殖区、河塘等水体施药。鱼或虾蟹套养稻田禁用，施药后的田水不得直接排入水体。赤眼蜂等天敌放飞区禁用。

（5）建议与其他不同作用机制的杀虫剂轮换使用，以延缓抗性产生。

（6）用过的容器应妥善处理，不可做他用，也不可随意丢弃。

（7）使用乙基多杀菌素应采取安全防护措施，穿防护服、戴口罩、手套；使用过程中不得饮食，施药后及时清洗暴露部位皮肤。

（8）孕妇、哺乳期妇女及过敏者禁用。使用中有任何不良反应请及时就医。

40. 氯噻啉

【中、英文通用名】氯噻啉，imidaclothiz

【有效成分】【化学名称】1-(5-氯-噻唑基甲基)-*N*-硝基亚咪唑-2-基胺。

【含量与主要剂型】氯噻啉 10%（可湿性粉剂）。

【曾用中文商品名】无。

【产品特性】熔点为 146.8～147.8℃；溶解度（25℃）：水中 5 克/千克、乙腈中 50 克/千克、二氯甲烷中 20～30 克/千克、甲苯中 0.6～1.5 克/千克、二甲基亚砜中 260 克/千克。通常条件下储存稳定。

【使用范围和防治对象】

氯噻啉是一种新烟碱类杀虫剂，活性是一般新烟碱类杀虫剂（如啶虫咪、吡虫啉）活性的20倍。氯噻啉不受温度高的限制，克服了啶虫脒、吡虫啉等产品在温度较低时防效差的缺点。因为氯噻啉为新型单剂农药品种，目前在国内没有大范围使用，害虫对其没有抗药性。具有内吸、渗透作用，对刺吸式口器害虫防治效果较好。可用在多种作物上除防治水稻叶蝉、飞虱、蓟马外，还对鞘翅目、双翅目和鳞翅目害虫有效。

【使用技术或施用方法】

（1）防治十字花科蔬菜蚜虫，每667平方米用氯噻啉10～20克喷雾。

（2）防治番茄（大棚）白粉虱，每667平方米用氯噻啉15～30克喷雾，有较好的防治效果。

【毒性】氯噻啉毒性低，符合无公害农业生产要求，杀虫谱广。

【注意事项】

（1）氯噻啉对家蚕毒性高，施药时防止漂移到桑叶上；对蜜蜂有毒，施药时避开作物开花期。蚕室与桑园附近禁用。

（2）施药前后应将喷雾器清洗干净。

（3）施药时应穿戴好手套等防护用品，使用后用肥皂洗净手和脸。

（4）安全间隔期及施药次数：番茄7天，2次；甘蓝7天，4次。

（5）建议与不同作用机制的杀虫剂混合或轮换使用。

41. 烯啶虫胺

【中、英文通用名】烯啶虫胺，nitenpyram

【有效成分】【化学名称】(E)-*N*-(6-氯-3-吡啶甲基)-*N*-乙基-*N'*-甲基-2-硝基亚乙基二胺。

【含量与主要剂型】烯啶虫胺10%（水剂）。

【曾用中文商品名】吡虫胺。

【产品特性】纯品为浅黄色结晶体，熔点83～84℃，相对密度1.40（26℃）。蒸气压1.1×10^{-9}帕（25℃）。溶解度（20℃）：水

(pH7) 840 克/千克、氯仿 700 克/千克、丙酮 290 克/千克、二甲苯 4.5 克/千克。

【使用范围和防治对象】 烯啶虫胺是一种高效、广谱、新型烟碱类杀虫剂。其作用机理为主要作用于昆虫神经，对害虫的突触受体具有神经阻断作用，在自发放电后扩大隔膜位差，并最后使突触隔膜刺激下降，结果导致神经的轴突触隔膜电位通道刺激消失，致使害虫麻痹死亡。具有卓越的内吸和渗透作用，用量少，毒性低，持效期长，对作物安全无药害等优点，广泛应用于黄瓜、茄子、萝卜、番茄、马铃薯、甜瓜、西瓜等上防治同翅目和半翅目害虫，持效期可达 14 天左右。

【使用技术或施用方法】

防治蔬菜烟粉虱，白粉虱和蓟马，每背包水（15 千克）加 10% 烯啶虫胺水剂 15～20 毫升，均匀喷雾，最好下午用药，若用弥雾机效果更佳。

【毒性】 大鼠急性经口半致死中量（LD_{50}）1680 毫克/千克（雄），1575 毫克/千克（雌）；小鼠急性经口半致死中量（LD_{50}）为 867 毫克/千克（雄），1281 毫克/千克（雌）；大鼠急性经皮半致死中量（LD_{50}）大于 2000 毫克/千克；大鼠吸入半致死浓度（LC_{50}）（4 小时）为 5.8 克/千克；本品对兔眼有轻微刺激，对兔皮肤无刺激。无致畸、致突变、致癌作用。

【注意事项】

（1）安全间隔期为 7～14 天，每个作物周期最多使用次数为 4 次。

（2）烯啶虫胺对蜜蜂、鱼类、水生物、家蚕有毒，用药时远离。

（3）烯啶虫胺不可与碱性物质混用。

（4）为延缓抗性，烯啶虫胺要与不同作用机制的其他药剂交替使用

42. 联苯菊酯

【中、英文通用名】 联苯菊酯，bifenthrin

【有效成分】【化学名称】（1R,S)-顺式-(Z)-2,2-二甲基-3-(2-氯-

3,3,3-三氟-1-丙烯基)环丙烷羧酸-2-甲基-3-苯基苄酯。

【含量与主要剂型】 96%联苯菊酯原药。

【曾用中文商品名】 天王星、虫螨灵、毕芬宁、氟氯菊酯。

【产品特性】 纯品为白色固体，在水中溶解度为0.1毫克/千克，溶于丙酮、氯仿、二氯甲烷、乙醚、甲苯、庚烷。微溶于戊烷、甲醇。原药在25℃稳定1年以上。在pH5～9（21℃）下稳定21天，在土壤中半衰期（DT_{50}）为65～125天。

【使用范围和防治对象】 联苯菊酯是一种高效合成除虫菊酯类杀虫、杀螨剂。具有触杀、胃毒作用，无内吸、熏蒸作用。杀虫谱广，对螨也有较好防效。作用迅速。在土壤中不移动，对环境较为安全，残效期长。可用于防治菜蚜、菜青虫、温室白粉虱、小菜蛾、茄子红蜘蛛等20多种害虫。

【使用技术或施用方法】

（1）防治棉红蜘蛛，在成、若螨发生期，用10%联苯菊酯乳油3.4～6毫升/100平方米兑水7.5～15千克或4.5～6毫升/100平方米兑水7.5千克喷雾。并可兼治棉蚜、造桥虫、卷叶虫、刺蛾、蓟马等。防治茶尺蠖、茶毛虫、茶细蛾，用10%乳油4000～10000倍液喷雾。

（2）对十字花科、葫芦科等蔬菜上的蚜虫、粉虱、红蜘蛛等在成、若虫发生期，用1000～1500倍药液细喷雾。

（3）防治蔬菜害虫，害虫发生时，每667平方米用10%联苯菊酯乳油30～40毫升，兑水40～60千克，可防治茄子红蜘蛛。用10%联苯菊酯乳油3000～4000倍液，可防治菜蚜。

【毒性】 联苯菊酯对人畜毒性中等，对鱼类毒性很高。对大鼠急性经口毒性半致死中量（LD_{50}）为54.5毫克/千克，对兔急性经皮毒性半致死中量（LD_{50}）大于2000毫克/千克。对皮肤和眼睛无刺激作用，无致畸、致癌、致突变作用。对鸟类低毒，对鹌鹑急性经口毒性半致死中量（LD_{50}）为1800毫克/千克，对野鸭大于4450毫克/千克。

【注意事项】

（1）联苯菊酯不能与碱性农药混用。

（2）联苯菊酯对鱼、虾、蜜蜂有较大毒性，使用时，要远离养蜂区，不要将残留药液倒入河塘鱼池。

(3) 鉴于菊酯类农药频繁使用会使害虫产生抗药，因此要同其他农药交替使用，以延缓抗药产生，一季作物拟使用1～2次。

43. 敌百虫

【中、英文通用名】 敌百虫，trichlorphon，powder

【有效成分】【化学名称】 *O*,*O*-二甲基-(2,2,2-三氯-1-羟基乙基)膦酸酯。

【含量与主要剂型】 5%、8%敌百虫可湿性粉剂；90%敌百虫原粉；50%、80%敌百虫可溶性粉剂；80%、95%敌百虫晶体；25%敌百虫油剂。

【曾用中文商品名】 敌百虫兽用、精制敌百虫。

【产品特性】 纯品为白色结晶粉末。在25℃时，在水中的溶解度为154克/千克，可溶于苯、乙醇和大多数氯化烃，不溶于石油，微溶于乙醚和四氯化碳。在室温下稳定，但在高温下遇水分解，在碱性溶液中可迅速脱去氯化氢而转化为毒性更大的敌敌畏。

【使用范围和防治对象】 敌百虫是一种毒性低、杀虫谱广的有机磷杀虫剂。在弱碱液中可变成敌敌畏，但不稳定，很快分解失效。对害虫有很强的胃毒作用，兼有触杀作用，对植物具渗透性，但无内吸传导作用。适用于咀嚼式口器害虫，对蝇类特效，还可用于家畜寄生虫、卫生害虫等的防治。

【使用技术或施用方法】

(1) 喷雾防治菜粉蝶、小菜蛾、甘蓝夜蛾，每667平方米用80%敌百虫晶体或可溶性粉剂80～100克（有效成分64～80克），兑水50千克喷雾。

(2) 土壤用药防治地老虎、蝼蛄，每667平方米用80%敌百虫可溶性粉剂有效成分50～100克，先以少量水将敌百虫溶化，然后与4～5千克炒香的棉仁饼或菜籽饼拌匀，亦可与切碎鲜草20～30千克拌匀制成毒饵，在傍晚撒施于作物根部诱杀害虫。

【毒性】 按我国农药毒性分级标准，敌百虫属低毒杀虫剂。大白鼠急性经口半致死中量（LD_{50}）为560～630毫克/千克。

【注意事项】

（1）豆类作物对敌百虫特别敏感，容易产生药害，不宜使用。

（2）敌百虫固体配药时先磨碎并用温水溶化后再用水稀释使用。

44. 辛硫磷

【中、英文通用名】辛硫磷，phoxim

【有效成分】【化学名称】O,O-二乙基-O-α-氰基苯叉氨基硫代磷酸酯

【含量与主要剂型】50%辛硫磷乳油；5%、10%辛硫磷颗粒剂；2%辛硫磷粉剂。

【曾用中文商品名】肟硫磷、倍腈松。

【产品特性】纯品为浅黄色油状液体。20℃时溶解度：水中为7毫克/升，二氯甲烷中大于500克/千克，异丙醇中大于600克/千克，较少溶于石油醚。在中性及酸性介质中稳定，在碱性介质中易分解。对光敏感，在阳光下很快分解失效，在黑暗或遮光下分解慢。残效期2～3天，但在土中残效期可达1～2个月。

【使用范围和防治对象】辛硫磷是一种高效低毒有机磷杀虫剂，以触杀和胃毒为生，无内吸作用。杀虫谱广，击倒力强，对鳞翅目幼虫很有效。在田间使用，因对光不稳定，很快分解失效，所以残效期很短，残留危险性极小，叶面喷雾一般残效期仅2～3天，但该药施入土中，其残效期很长，可达1～2个月。适合于防治地下害虫，特别是防治蛴螬、蝼蛄有良好的效果，对危害蔬菜作物的多种鳞翅目害虫的幼虫也有良好作用效果，对虫卵也有一定的杀伤作用。也适于防治仓库和卫生害虫。

【使用技术或施用方法】

（1）喷雾　一般每667平方米用50%辛硫磷乳油30～75毫升，兑水50～75千克喷雾，防治棉蚜、菜青虫、蓟马、黏虫等；每667平方米用25克（有效成分），兑水50千克喷雾。

（2）土壤用药　可用50%辛硫磷乳油100克（有效成分50克），防治蛴螬效果很好，并能兼治蝼蛄、金针虫；用50%辛硫磷乳油1000倍液（有效浓度500毫/千克）浇灌根际土壤，可防治地老虎，

15分钟后即有中毒幼虫爬出地面；50%辛硫磷乳油2000倍液（有效浓度250毫克/千克）灌根防治韭菜、葱、蒜等蔬菜田的根蛆，效果也很好。

【毒性】 按我国农药毒性分级标准，辛硫磷属低等毒性杀虫剂。大白鼠急性经口半致死中量（LD_{50}）为1976～2170毫克/千克，对鱼类毒性大，对蜜蜂有毒，对七星瓢虫的卵、幼虫、成虫均有杀伤作用。

【注意事项】

（1）黄瓜、菜豆对辛硫磷敏感，50%辛硫磷乳油500倍液喷雾有药害，1000倍液时也可能有轻微药害，甜菜对辛硫磷也敏感，高粱对辛硫磷也较敏感，不宜使用。

（2）辛硫磷在光照下易分解，应在阴凉避光处储存。在田间喷雾时最好在傍晚进行。

45. 吡虫啉

【中、英文通用名】 吡虫啉，imidacloprid

【有效成分】【化学名称】 1-(6-氯吡啶-3-基甲基)-*N*-硝基亚咪唑烷-2-基胺

【含量与主要剂型】 1.1%胶饵；2.5%和10%可湿性粉剂；5%乳油；20%浓可溶性粉剂。

【曾用中文商品名】 咪蚜胺、灭虫精、扑虱蚜、蚜虱净、海正吡虫啉、一遍净、大功臣、康复多、必林、海利尔佳巧、拌无忧、万里红、金点子、刺打、刺蓟、卓耀等。

【产品特性】 纯品为白色晶体，熔点为143.8℃（结晶体Ⅰ）、136.4℃（结晶体Ⅱ），蒸气压0.2微帕（20℃），相对密度1.543（20℃），分配系数为0.57（22℃）。溶解度：水0.51克/千克（20℃），二氯甲烷50～100克/千克，异丙醇1～2克/千克，甲苯0.5～1克/千克，正己烷小于0.1克/千克，pH5～11稳定。

【使用范围和防治对象】 吡虫啉是硝基亚甲基类内吸杀虫剂，是烟酸乙酰胆碱酯酶受体的作用体，干扰害虫运动神经系统使化学信号传递失灵，无交互抗性问题。用于防治刺吸式口器害虫及其抗性品系。吡虫啉是新一代氯代尼古丁杀虫剂，具有广谱、高效、低毒、低残留，害虫不易产生抗性，对人、畜、植物和天敌安全等特点，并有触杀、胃毒和内吸多重药效。害虫接触药剂后，中枢神经正常传导受阻，使其麻痹死亡。速效性好，药后 1 天即有较高的防效，残留期长达 25 天左右。药效和温度呈正相关，温度高，杀虫效果好。主要用于防治刺吸式口器害虫。

【使用技术或施用方法】

（1）喷雾　蔬菜作物一般每 667 平方米用有效成分 3～10 克，兑水喷雾。施药时注意防护，防止接触皮肤和吸入药粉、药液，用药后要及时用清水洗洁暴露部位。不要与碱性农药混用。不宜在强阳光下喷雾，以免降低药效。安全间隔期 20 天。如防治粉虱、斑潜蝇等害虫，可用 10％吡虫啉 4000～6000 倍液喷雾，或用 5％吡虫啉乳油 2000～3000 倍液喷雾。

（2）土壤用药　以 600 克/升/48％悬浮剂/悬浮种衣剂为例，大粒作物如豌豆、豇豆、菜豆、四季豆等 40 毫升兑水 20～50 毫升包衣 667 平方米地种子；小粒作物如菜籽等用 40 毫升兑水 10～20 毫升包衣 1～1.5 千克种子；地下结果、块茎类作物如姜、大蒜、山药等一般用 40 毫升兑水 1.5～2 千克分别包衣 1667 平方米地种子；芹菜、葱、黄瓜、番茄、辣椒等移栽类蔬菜作物：带营养土移栽的，40 毫升，拌碎土 15 千克充分和营养土搅拌均匀；不带营养土移栽的，40 毫升水以漫过作物根部为标准。移栽前浸泡 2～4 小时后用剩余的水兑碎土搅拌成稀泥，再蘸根移栽。

【毒性】

按我国农药毒性分级标准，吡虫啉属低毒杀虫剂。大鼠急性经口半致死中量（LD_{50}）为 450 毫克/千克，急性经皮半致死中量（LD_{50}）大于 5000 毫克/千克。急性吸入半致死浓度（LC_{50}）（4 小时）大于 5323 毫克/立方米，对兔眼睛和皮肤无刺激作用。对蚯蚓等有益动物和天敌无害，对环境较安全。

【注意事项】

（1）吡虫啉不可与碱性农药或物质混用，应储存于干燥、通风处。

（2）使用吡虫啉不可污染养蜂、养蚕场所及相关水源。

（3）适期用药，收获前两周禁止用药。

（4）吡虫啉为低毒杀虫剂，使用时仍应注意安全防护；如发生中毒，应及时送医院对症治疗。

46. 抗蚜威

【中、英文通用名】 抗蚜威，pirimicarb

【有效成分】【化学名称】 5,6-二甲基-2-二甲氨基-4-嘧啶基-二甲基氨基甲酸酯

【含量与主要剂型】 50％抗蚜威可湿性粉剂、50％抗蚜威水分散粒剂。

【曾用中文商品名】 劈蚜雾、灭定威、辟蚜威、抗蚜威、比加普、壁蚜雾。

【产品特性】 原药为白色无臭结晶体，水中溶解度为 0.27 克/100 毫升。易溶于醇、酮、酯、芳烃、氯化烃等多种有机溶剂：甲醇 23 克/100 毫升，乙醇 25 克/100 毫升，丙酮 40 克/100 毫升；遇强酸、强碱或紫外光照射易分解。在一般条件下储存较稳定，对一般金属设备不腐蚀。

【使用范围和防治对象】 抗蚜威是具有触杀、熏蒸和渗透叶面作用的氨基甲酸酯类选择性杀蚜虫剂，能防治对有机磷杀虫剂产生抗性的、除棉蚜外的所有蚜虫。该药剂杀虫迅速，施药后数分钟即可迅速杀死蚜虫，因而对预防蚜虫传播的病毒病有较好的作用。残效期短，对作物安全，不伤天敌，是害虫综合防治的理想药剂。抗蚜威对瓢虫、食蚜蝇、蚜茧蜂等蚜虫天敌没有不良影响，因保护了天敌而有效地延长对蚜虫的控制期。抗蚜威对蜜蜂安全，用于防治大白菜、萝卜等蔬菜制种田的蚜虫时，可提高蜜蜂授粉率，增加产量。

【使用技术或施用方法】

防治白菜、甘蓝、豆类蔬菜上的蚜虫，每 667 平方米用 50％抗蚜威水分散粒剂 10～18 克（有效成分 5～9 克），兑水 30～50 千克喷雾。

【毒性】 大鼠急性经口半致死中量（LD_{50}）为 68～147 毫克/千克，小鼠为 107 毫克/千克。大鼠急性经皮半致死中量（LD_{50}）大于

500毫克/千克。2年慢性毒性试验表明，大鼠无作用剂量为每天12.5毫克/千克，狗为1.8毫克/千克。对动物无致畸、致癌、致突变作用。在三代繁殖和神经毒性试验中未见异常情况。多数鱼类半致死浓度（LC_{50}）为32～40毫克/千克，对蜜蜂安全。

【注意事项】

（1）抗蚜威对温度的反应，当20℃以上时有熏蒸作用，15℃以下时，基本上无熏蒸作用，只有触杀作用，15～20℃之间，熏蒸作用随温度上升而增强，因此在低温时，喷雾更要均匀周到，否则影响防治效果，喷药时应选无风、温暖的天气，以提高药效。

（2）抗蚜威对棉蚜基本无效，不要用于防治棉蚜。

（3）施药后24小时内，禁止家畜进入施药区。

（4）必须用金属容器装盛抗蚜威。

47. 啶虫脒

【中、英文通用名】啶虫脒，acetamiprid

【有效成分】【化学名称】*N*-(*N*-氰基-乙亚胺基)-*N*-甲基-2-氯吡啶-5-甲胺

【含量与主要剂型】3%啶虫脒乳油，20%啶虫脒乳油。

【曾用中文商品名】乙虫脒、啶虫咪、吡虫清、快益灵、蚜克、诺洁。

【产品特性】外观为白色晶体，熔点为101.0～103.3℃，蒸气压大于1.33×10^{-6}帕（25℃）。25℃时在水中的溶解度4200毫克/升，能溶于丙酮、甲醇、乙醇、二氯甲烷、氯仿、乙腈、四氢呋喃等。在pH7的水中稳定，pH9时，于45℃逐渐水解，在日光下稳定。

【使用范围和防治对象】

啶虫脒是吡啶类化合物，是一种新型杀虫剂。它除了具有触杀和胃毒作用之外，还具有较强的渗透作用，且显示速效的杀虫力，残效期长，可达20天左右。本品对人、畜低毒，对天敌杀伤力小，对鱼毒性较低，对蜜蜂影响小，适用于防治果村、蔬菜上半翅目害虫；用颗粒剂做土壤处理，可防治地下害虫。

【使用技术或施用方法】

啶虫脒主要通过喷雾防治害虫，具体使用倍数或用药量因制剂含量不同而异。在50～100毫克/千克的浓度下，可有效地防治菜蚜，并可杀卵。在蔬菜作物上，一般每667平方米使用1.5～2克有效成分的制剂，兑水30～60升喷雾。均匀、周到喷药，可以提高药剂的防治效果。

【毒性】按我国农药毒性分级标准，该药属中等毒性杀螨剂。大鼠急性口服半致死中量（LD_{50}）为217毫克/千克（雄），146毫克/千克（雌）；小鼠198毫克/千克（雄），184毫克/千克（雌）；大鼠急性经皮半致死中量（LD_{50}）大于2000毫克/千克（雄、雌）。

【注意事项】

（1）啶虫脒对桑蚕有毒性，所以若附近有桑园，切勿喷洒在桑叶上。

（2）啶虫脒不可与强碱剂（波尔多液、石硫合剂等）混用。

（3）使用啶虫脒时，应避免直接接触药液，配戴相应的防护用品。

（4）啶虫脒对人、畜毒性低，但万一误饮，应立即到医院洗胃，并保持安静。

48. 噻嗪酮

【中、英文通用名】噻嗪酮，buprofezin

【有效成分】【化学名称】2-叔丁基亚氨基-3-异丙基-5-苯基-3,4,5,6-四氢-2H-1,3,5-噻二嗪-4-酮

【含量与主要剂型】10%、25%、50%噻嗪酮可湿性粉剂；1%、1.5%噻嗪酮粉剂，40%噻嗪酮胶悬剂，2%噻嗪酮颗粒剂。

【曾用中文商品名】扑虱灵、稻虱净。

【产品特性】噻嗪酮为白色晶体，蒸气压1.25×10^{-3}帕（25℃），熔点104.5～105.5℃，在25℃时水中的溶解度为0.9毫克/升。易溶于有机溶剂，其溶解度：氯仿中520克/千克，苯中370克/千克，甲苯中320克/千克，丙酮中240克/千克，乙醇中80克/千克，己烷中20克/千克（均为25℃）。

【使用范围和防治对象】噻嗪酮属昆虫生长调节剂类杀虫剂，通过抑制壳多糖合成和干扰新陈代谢，使害虫不能正常蜕皮和变态而逐渐死亡。具有高活性、高选择性、长残效期的特点。主要用于蔬菜作物的害虫防治，对鞘翅目、部分同翅目以及蜱螨目具有持效性杀幼虫活性。可有效地防治马铃薯上的大叶蝉科，蔬菜上的粉虱科。

【使用技术或施用方法】

防治蔬菜粉虱，马铃薯叶蝉等，在若虫盛孵期喷药1～2次，用25%噻嗪酮可湿性粉剂1500～2000倍稀释液喷雾，两次喷药间隔15天左右。该药对白菜、萝卜比较敏感，使用时应注意。

【毒性】按我国农药毒性分级标准，噻嗪酮为低毒杀虫剂。大白鼠急性经口半致死中量（LD_{50}）为2198～2355毫克/千克，急性经皮半致死中量（LD_{50}）大于5000毫克/千克，急性吸入半致死中量（LD_{50}）大于457毫克/千克。由于食盐的半致死中量（LD_{50}）为3000毫克/千克，BPA的急性毒性程度与食盐同。对人的眼睛和皮肤有极轻微刺激作用。对鱼类及鸟类毒性低。

【注意事项】

（1）噻嗪酮应加水稀释后均匀喷洒，不可用毒土法施药。

（2）噻嗪酮药液不宜直接接触白菜、萝卜，否则将出现褐斑及绿叶白化等药害。

49. 氟啶脲

【中、英文通用名】氟啶脲，chlorfluazuron

【有效成分】【化学名称】1-[3,5-二氯-4-(3-氯-5-三氟甲基-2-吡啶氧基)苯基]-3-(2,6-二氟苯甲酰基)脲

【含量与主要剂型】5%乳油、50克/升乳油、50%乳油。

【曾用中文商品名】抑太保、定虫脲，氟伏虫脲，方通蛾、洽益旺、诺谱信、红太阳、施普乐、冠龙、克胜、博魁、标正美雷等。

【产品特性】白色结晶，熔点226.5℃（分解），20℃时溶解度水小于0.01毫克/千克，己烷小于0.01克/千克、正辛醇1克/千克、二甲苯2.5克/千克、甲醇2.5克/千克、甲苯6.6克/千克、异丙醇

7 克/千克、二氯甲烷 22 克/千克、丙酮 55 克/千克、环己酮 110 克/千克（20℃），在光和热下稳定。

【使用范围和防治对象】氟啶脲是一种昆虫生长调节剂类低毒杀虫剂，以胃毒作用为主，兼有触杀作用，无内吸性。其杀虫机制主要是抑制几丁质合成，阻碍昆虫正常蜕皮，使卵的孵化、幼虫蜕皮以及蛹发育畸形，成虫羽化受阻，最终导致害虫死亡。该药药效高，但作用速度较慢，幼虫接触药剂后不会很快死亡，但取食活动明显减弱，一般在药后 5～7 天才能达到防效高峰。该药适用于多种瓜果蔬菜，对鳞翅目害虫具有特效防治作用。可防治十字花科蔬菜的小菜蛾、甜菜夜蛾、菜青虫、银纹夜蛾、斜纹夜蛾、烟青虫等，茄果类及瓜果类蔬菜的棉铃虫、甜菜夜蛾、烟青虫、斜纹夜蛾等，豆类蔬菜的豆荚螟、豆野螟等。

【使用技术或施用方法】

（1）十字花科蔬菜的小菜蛾、甜菜夜蛾、菜青虫、银纹夜蛾、烟青虫等鳞翅目害虫的防治

在卵孵化盛期至低龄幼虫期均匀喷药，7 天左右 1 次，特别注意喷洒叶片背面，使叶背要均匀着药；害虫发生偏重时最好与速效性杀虫剂混配使用。一般每 667 平方米次使用 5%氟啶脲乳油或 50 克/升氟啶脲乳油 80～100 毫升，或 50%氟啶脲乳油 8～10 毫升，兑水 30～60 千克均匀喷雾；或使用 5%氟啶脲乳油或 50 克/升氟啶脲乳油 500～700 倍液，或 50%氟啶脲乳油 5000～7000 倍液均匀喷雾。

（2）茄果类及瓜果类蔬菜的棉铃虫、甜菜夜蛾、烟青虫、斜纹夜蛾等鳞翅目害虫的防治　在害虫卵孵化盛期至幼虫钻蛀为害前或低龄幼虫期开始均匀喷药，7 天左右 1 次，害虫发生偏重时最好与速效性杀虫剂混配使用。一般使用 5%氟啶脲乳油或 50 克/升氟啶脲乳油 400～600 倍液，或 50%氟啶脲乳油 4000～6000 倍液均匀喷雾。

（3）豆类蔬菜的豆夹螟、豆野螟等鳞翅目害虫的防治　在害虫卵孵化盛期至幼虫钻蛀为害前喷药，重点喷洒花蕾、嫩荚等部位，早、晚喷药效果较好。一般使用 5%氟啶脲乳油或 50 克/升氟啶脲乳油 600～800 倍液，或 50%氟啶脲乳油 6000～8000 倍液喷雾。

【毒性】按我国农药毒性分级标准，氟啶脲属低毒性杀虫剂。急性经口半致死中量（LD_{50}）大于 8500 毫克/千克，急性经皮半致死

中量（LD_{50}）大于1000毫克/千克，吸入半致死浓度（LC_{50}）大于（等于）20毫克/千克；对眼睛无刺激；对皮肤有轻微刺激。

【注意事项】

（1）氟啶脲无内吸传导作用，施药必须均匀周到，要使药液湿润全部枝叶，才能发挥药效，适期较一般有机磷、除虫菊酯类杀虫剂提早3天左右，在低龄幼虫期喷药，钻蛀性害虫宜在产卵高峰盛期施药效果好。

（2）氟啶脲对蜜蜂、鱼类等水生生物、家蚕有毒，施药期间应避免对周围蜂群的影响、蜜源作物花期、蚕室和桑园附近禁用。远离水产养殖区施药，禁止在河塘等水体中清洗施药器具。

（3）氟啶脲与碱性药剂混用。

（4）如果在药液中加入0.03%有机硅或0.1%洗衣粉，可显著提高药效。

50. 氟虫脲

【中、英文通用名】氟虫脲，flufenoxuron

【有效成分】【化学名称】1-[4-(2-氯-α、α、α-三氟-对甲苯氧基)-2-氟苯基]-3-(2,6-二氟苯甲酰）脲

【含量与主要剂型】5%氟虫脲乳油。

【曾用中文商品名】氟芬隆。

【产品特性】原药为无臭白色结晶，该药在25℃时的溶解度：水中为4毫克/升；溶于丙酮、二甲苯、二氯甲烷等有机溶剂，丙酮中为82克/升，二甲苯中为6克/升，二氯甲烷中为24克/升。性质稳定，在20℃时水中半衰期为288天（pH7），在土壤中强烈地被吸附。

【使用范围和防治对象】氟虫脲是酰基脲类杀虫杀螨剂，具有触杀和胃毒作用，其作用机制是抑制昆虫表皮几丁质的合成，使昆虫下能正常脱皮或变态而死亡。成虫接触药后，产的卵即使孵化幼虫也会很快死亡。对叶螨属、全爪螨属多种害螨有效，杀幼螨效果好，不能直接杀死成螨，但接触药的雌成螨产卵量减少，可导致不育或所产的卵不孵化。能防治鳞翅目、鞘翅目、双翅目、半翅目、螨类等害虫。

主要用于防治蔬菜上的害虫、害螨，对叶螨类、锈螨类（锈蜘蛛）、潜叶蛾、小菜蛾、菜青虫、食心虫类、夜蛾类及蝗虫类等害虫，均具有很好的效果。

【使用技术或施用方法】

（1）小菜蛾在叶菜苗期生长前期，1～2 日龄幼虫盛发期，或叶菜生长中后期，如莲座后期至包心期，2～3 龄幼虫盛发期，用 5%氟虫脲乳油 1000～2000 倍液（有效浓度 25～50 毫克/千克）喷雾，药后 15～20 天防效可达 90%以上。防治对菊酯类农药产生抗性的小菜蛾亦有良好效果。

（2）菜青虫在 2～3 日龄幼虫盛发期，用 5%氟虫脲乳油 2000～3000 倍液（有效浓度 17～25 毫克/千克）喷雾，药后 15～20 天效果可达 90%左右。

（3）豆荚螟在豇豆、菜豆等开花盛期，幼虫孵化初盛期，每 667 平方米用 5%氟虫脲乳油 50～75 毫升（有效成分 2.5～3.75 克），兑水 50～75 千克均匀喷雾。在早晨和傍晚花瓣展开时用药，隔 10 天再喷 1 次，全期共喷药 2 次，能有效防止豆荚被害。

（4）茄子红蜘蛛在若螨发生盛期，平均每叶螨数 2～3 头时，用 5%氟虫脲乳油 1000～2000 倍液（有效浓度 25～50 毫克/千克）喷雾，药后 20～25 天的防治效果达 90%～95%。

【毒性】 按我国农药毒性分级标准，氟虫脲属低毒杀虫杀螨剂。大白鼠急性经口半致死中量（LD_{50}）均大于 3000 毫克/千克，野鸭大于 2000 毫克/千克；大鼠急性经皮半致死中量（LD_{50}）大于 2000，对皮肤无刺激作用，对眼睛稍有刺激作用。大鼠 90 天饲喂试验的无作用剂量为 200 毫克/千克饲料，无致突变和致畸作用。对鱼类低毒，蓝鳃鱼和虹鳟鱼半致死浓度（LC_{50}）（96 小时）大于 100 毫克/千克。对蜜蜂的接触半致死浓度（LC_{50}）大。

【注意事项】

（1）氟虫脲施药时间应比有机磷、拟除虫菊酯类农药提前 3 天左右。

（2）氟虫脲忌与碱性农药混用，可以间隔开施药。

（3）氟虫脲禁止在桑园使用。

51. 灭蝇胺

【中、英文通用名】灭蝇胺，cyromazine

【有效成分】【化学名称】*N*-环丙基-1,3,5-三嗪-2,4,6-三胺

【含量与主要剂型】10%悬浮剂、20%可溶性粉剂、50%可湿性粉剂、50%可溶性粉剂、70%可湿性粉剂、70%水分散粒剂、75%可湿性粉剂。

【曾用中文商品名】环丙氨腈、蝇得净、赛诺吗嗪、环丙胺嗪。

【产品特性】白色或淡黄色固体，熔点219～223℃，蒸气压大于0.13毫帕（20℃），20℃时相对密度为1.35克/立方厘米。溶解性（20℃）：水11000毫克/千克（pH7.5），稍溶于甲醇和乙醇。310℃以下稳定，在pH5～9时，水解不明显，70℃以下28天内未观察到水解。

【使用范围和防治对象】灭蝇胺是一种三嗪类昆虫生长调节剂类低毒杀虫剂，有非常强的选择性，主要对双翅目昆虫有活性。其作用机理是使双翅目昆虫幼虫和蛹在形态上发生畸变，成虫羽化不全或受抑制。该药具有触杀和胃毒作用，并有强内吸传导性，持效期较长，但作用速度较慢。适用于多种瓜果蔬菜，主要对"蝇类"害虫具有良好的杀虫作用。目前瓜果蔬菜生产中主要用于防治各种瓜果类、茄果类、豆类及多种叶菜类蔬菜的美洲斑潜蝇、南美斑潜蝇、豆秆黑潜蝇、葱斑潜叶蝇、三叶斑潜蝇等多种潜叶蝇，韭菜及葱、蒜的根蛆（韭菜赤眼草蚊）等。灭蝇胺对人、畜无毒副作用，对环境安全。

【使用技术或施用方法】

（1）喷雾　各种瓜果蔬菜的多种潜叶蝇的防治从初见虫道时开始喷药，7～10天1次，连喷2次，喷雾必须均匀周到。一般使用10%灭蝇胺悬浮剂300～400倍液，或20%灭蝇胺可溶性粉剂600～800倍液，或50%灭蝇胺可湿性粉剂或50%灭蝇胺可溶性粉剂1500～2000倍液，或70%灭蝇胺可湿性粉剂或70%灭蝇胺水分散粒剂2000～2500倍液，或75%灭蝇胺可湿性粉剂2500～3000倍液均匀喷雾。

（2）土壤用药　防治韭菜根蛆时，在害虫发生初期或每次收割一天后用药液浇灌或顺垄淋根一次；防治葱、蒜根蛆时，在害虫发生初

期用药液浇灌或顺垄淋根。一般使用10%灭蝇胺悬浮剂400倍液，或20%灭蝇胺可溶性粉剂800倍液，或50%灭蝇胺可湿性粉剂或50%灭蝇胺可溶性粉剂2000倍液，或70%灭蝇胺可湿性粉剂或70%灭蝇胺水分散粒剂3000倍液，或75%灭蝇胺可湿性粉剂3500倍液浇灌或淋根，淋根用药时，用药液量要尽量充足，以使药液充分淋渗到植株根部。

【毒性】 按我国农药毒性分级标准，灭蝇胺属低毒杀虫剂。大鼠急性经口半致死中量（LD_{50}）为3387毫克/千克，大鼠急性经皮半致死中量（LD_{50}）大于3100毫克/千克。

【注意事项】

（1）灭蝇胺不能与碱性药剂混用。

（2）注意灭蝇胺与不同作用机理的药剂交替使用，以减缓害虫抗药性的产生。

（3）喷药时，若在药液中混加0.03%的有机硅或0.1%的中性洗衣粉，可显著提高药剂防效。

（4）灭蝇胺应存放于阴凉、干燥处。

52. 多杀霉素

【中、英文通用名】 多杀霉素，spinosad

【有效成分】【化学名称】 多杀菌素A、多杀菌素D

【含量与主要剂型】 2.5%、48%悬浮剂。

【曾用中文商品名】 多杀菌素、催杀、菜喜。

【产品特性】 浅灰白色晶体，带有一种类似于轻微陈腐泥土的气味，熔点：A型84～99.5℃，D型161.5～170℃。密度0.512克/立方厘米（20℃）。水中溶解度：A型pH值为5、7、9时分别为270毫克/千克、235毫克/千克和16毫克/千克，D型pH值为5、7、9时分别为28.7毫克/千克、0.332毫克/千克和0.053毫克/千克。在水溶液中pH为7.74，对金属和金属离子在28天内相对稳定。在环境中通过多种途径组合的方式进行降解，主要为光解和微生物降解。

【使用范围和防治对象】 多杀霉素被认为是烟酸乙酰胆碱受体的

作用体，可以持续激活靶标昆虫乙酰胆碱烟碱型受体，也可以影响γ-氨基丁酸（GABA）受体，可使害虫迅速麻痹、瘫痪，最后死亡。其杀虫速度可与化学农药相媲美。对害虫具有快速的触杀和胃毒作用，对叶片有较强的渗透作用，可杀死表皮下的害虫，残效期较长，对一些害虫具有一定的杀卵作用。无内吸作用。能有效防治鳞翅目、双翅目和缨翅目害虫，也能很好地防治鞘翅目和直翅目中某些大量取食叶片的害虫种类，对刺吸式害虫和螨类的防治效果较差。对捕食性天敌昆虫比较安全，因杀虫作用机制独特，目前尚未发现与其他杀虫剂存在交互抗药性的报道。对植物安全无药害，适合于蔬菜上使用。杀虫效果受下雨影响较小。

【使用技术或施用方法】

（1）蔬菜害虫防治小菜蛾，在低龄幼虫盛发期用2.5%多杀霉素悬浮剂1000～1500倍液均匀喷雾，或每667平方米用2.5%多杀霉素悬浮剂33～50毫升兑水20～50千克喷雾。

（2）防治甜菜夜蛾，于低龄幼虫期，每667平方米用2.5%多杀霉素悬浮剂50～100毫升兑水喷雾，傍晚施药效果最好。

（3）防治蓟马，于发生期，每667平方米用2.5%多杀霉素悬浮剂33～50毫升兑水喷雾，或用2.5%多杀霉素悬浮剂1000～1500倍液均匀喷雾，重点在幼嫩组织，如花、幼果、顶尖及嫩梢等部位。

【毒性】原药对雌性大鼠急性口服半致死中量（LD_{50}）大于5000毫克/千克，雄性大鼠为3738毫克/千克，小鼠大于5000毫克/千克，兔急性经皮半致死中量（LD_{50}）大于5000毫克/千克。对皮肤无刺激，对眼睛有轻微刺激，2天内可消失。多杀菌素在环境中可降解，无富集作用，不污染环境。

【注意事项】

（1）多杀霉素可能对鱼或其他水生生物有毒，应避免污染水源和池塘等。

（2）多杀霉素应储存在阴凉干燥处。

（3）最后一次施药离收获的时间为7天。避免喷药后24小时内遇降雨。

（4）应注意个人的安全防护，如溅入眼睛，立即用大量清水冲洗。如接触皮肤或衣物，用大量清水或肥皂水清洗。如误服不要自行引吐，切勿给不清醒或发生痉挛患者灌喂任何东西或催吐，应立即将患者送医院治疗。

53. 虫螨腈

【中、英文通用名】 虫螨腈，chlorfenapyr

【有效成分】【化学名称】 4-溴-2-(4-氯苯基)-1-乙氧基甲基-5-三氟甲基吡咯-3-腈

【含量与主要剂型】 10%悬浮剂、30%虫螨腈。

【曾用中文商品名】 溴虫腈、除尽、专攻。

【产品特性】 原药外观为淡黄色固体，有效成分含量94.5%。能溶于丙酮、乙醚、二甲亚砜、四氢呋喃、乙腈、醇类等有机溶剂，不溶于水。

【使用范围和防治对象】 虫螨腈是一种芳基取代吡咯化合物，具有独特的作用机制。它作用于昆虫体内细胞的线粒体上，通过昆虫体内的多功能氧化酶起作用，主要抑制二磷酸腺苷（ADP）向三磷酸腺苷（ATP）的转化，而三磷酸腺苷储存细胞维持其生命机能所必需的能量。虫螨腈对钻蛀、刺吸和咀嚼式害虫及螨类有优良的防效，通过胃毒及触杀作用于害虫，在植物叶面渗透性强，有一定的内吸作用，可用于防治小菜蛾、菜青虫、甜菜夜蛾、斜纹夜蛾、菜螟、菜蚜、斑潜蝇、蓟马等多种蔬菜害虫。这药可单独使用，也可与其他杀虫剂混用。

【使用技术或施用方法】

防治小菜蛾、菜青虫、甜菜夜蛾、斜纹夜蛾、菜螟、菜蚜、斑潜蝇、蓟马等多种蔬菜害虫，于低龄幼虫期或虫口密度较低时每667平方米用10%虫螨腈悬浮剂30毫升，虫龄较高或虫口密度较大时每667平方米用40～50毫升，加水喷雾。每茬菜最多可喷2次，间隔10天左右。

【毒性】 按我国农药毒性分级标准，该药属低毒杀虫剂。大鼠急性经口半致死中量（LD_{50}）为459毫克/千克（雌），223毫克/千克（雄）。兔急性经皮半致死中量（LD_{50}）大于（等于）2000毫克/千克。对兔眼睛有轻度刺激作用。

【注意事项】

（1）每茬菜最多只允许使用虫螨腈2次，以免产生抗药性；在十字花科蔬菜上的安全间隔期暂定为14天，在黄瓜、莴苣、烟草、瓜菜内上应谨慎使用。

（2）应注意安全保管，使用时注意防护。

（3）虫螨腈对鱼有毒，不能将药液直接洒到水及水源处。

（4）虫螨腈不慎将药剂接触皮肤或眼睛，应立即用肥皂和大量清水冲洗，或去医院治疗。

（5）虫螨腈无特殊解毒剂，应对症治疗，催吐只能在专业人员监督下进行。

54. 虫酰肼

【中、英文通用名】虫酰肼，tebufenozide

【有效成分】【化学名称】*N*-叔丁基-*N*-(4-乙基苯甲酰基)-3,5-二甲基苯甲酰肼

【含量与主要剂型】20%虫酰肼胶悬剂，20%虫酰肼可湿性粉剂。

【曾用中文商品名】米螨、虫酰肼悬浮剂。

【产品特性】虫酰肼纯品为白色粉末。熔点191℃；在其他溶剂中溶解度不大，94℃下储存7天稳定，25℃、pH值为7水溶液中光照稳定。蒸气压为3×10^{-8}毫米汞柱（25℃）。分配系数为4.25（pH7）。

【使用范围和防治对象】虫酰肼属蜕皮激素类杀虫剂，通过干扰昆虫的正常发育使害虫蜕皮而死，杀虫活性高，选择性强，对所有鳞翅目幼虫均有效，对抗性害虫棉铃虫、菜青虫、小菜蛾、甜菜夜蛾等有特效。并有极强的杀卵活性，对人、哺乳动物、鱼类和蚯蚓安全无害，对眼睛和皮肤无刺激性，对高等动物无致畸、致癌、致突变作用，对哺乳动物、鸟类、天敌均十分安全。主要用于防治蔬菜上的蚜科、叶蝉科、鳞翅目、斑潜蝇属、叶螨科、缨翅目、鳞翅目幼虫。

【使用技术或施用方法】

防治蔬菜作物的抗性害虫小菜蛾、菜青虫、甜菜夜蛾及其他鳞翅目害虫，用20%虫酰肼悬浮剂1000～2500倍液喷雾。

【毒性】 急性口服半致死中量（LD_{50}）大鼠、小鼠大于5000毫克/千克；急性经皮半致死中量（LD_{50}）大鼠大于5000毫克/千克；眼刺激、皮肤刺激极少；诱变性为阴性；环境毒性：野鸭8天日食量半致死浓度（LC_{50}）大于5000毫克/千克，虹鳟鱼96小时半致死浓度（LC_{50}）为5.7毫克/千克，水蚤属48小时半致死浓度（LC_{50}）为3.8毫克/千克，蜜蜂96小时接触半致死中量（LD_{50}）大于234微克/只，对蜜蜂生长无影响；在实验室条件下，对食肉瓢虫、食肉螨和一些食肉黄蜂和蜘蛛等进行试验，显示阴性。

【注意事项】

（1）虫酰肼对卵效果差，在幼虫发生初期喷药效果好。

（2）虫酰肼对鱼和水生脊椎动物有毒，对蚕高毒，用药时不要污染水源。

（3）严禁在桑蚕养殖区使用虫酰肼。

55. 抑食肼

【中、英文通用名】 抑食肼

【有效成分】【化学名称】 *N*-苯甲酰基-*N′*-叔丁基苯甲酰肼

【含量与主要剂型】 20%、25%可湿性粉剂；胶悬剂（239.7克/千克），5%颗粒剂。

【曾用中文商品名】 虫死净。

【产品特性】 抑食肼纯品为白色或无色晶体，无味，熔点174～176℃，蒸气压0.24帕（25℃）。在水中的溶解度约50毫克/升，环乙酮约50克/升，异亚丙基丙酮约150克/升。分配系数（正辛醇/水）为212。

【使用范围和防治对象】 抑食肼是昆虫生长调节剂，对鳞翅目、鞘翅目、双翅目幼虫具有抑制进食、加速蜕皮和减少产卵的作用。本品对害虫以胃毒作用为主，施药后2～3天见效，持效期长，无残留，适用于蔬菜上多种害虫和菜青虫、斜纹夜蛾、小菜蛾等的防治。

【使用技术或施用方法】 叶面喷雾和其他施药方法均可降低幼虫和成虫的取食能力，还能抑制其产卵。如防治蔬菜（叶菜类）菜青虫、斜纹夜蛾，以150～195克/公顷剂量兑水120～150千克喷雾，防治小菜蛾的用量为240～375克/公顷兑水200～250千克喷雾。20%抑食肼悬浮剂防治甘蓝菜青虫时，用量为195～300克/公顷兑水200～300千克喷雾。

【毒性】按我国农药毒性分级标准，抑食肼属中等毒杀虫剂。大鼠急性经口半致死中量（LD_{50}）为271毫克/千克，小鼠急性经口半致死中量（LD_{50}）为501毫克/千克（雄）、681毫克/千克（雌），大鼠急性经皮半致死中量（LD_{50}）大于5000毫克/千克。对家兔眼睛有轻微刺激作用，对皮肤无刺激作用。大鼠蓄积系数大于5，为轻度蓄积性。三项致突变试验为阴性。在土壤中的半衰期为27天。

【注意事项】

（1）抑食肼速效性稍差，应在害虫发生初期施用，且最好不要在雨天施药。

（2）由于抑食肼持效期长，在蔬菜收获前7～10天内禁止施药。

（3）抑食肼不能与碱性物质混用。

（4）抑食肼作用缓慢，施药后2～3天后见效。

（5）在干燥阴凉通风良好处保存，严防受潮、暴晒。

56. 阿维菌素

【中、英文通用名】阿维菌素，abamectin

【有效成分】【化学名称】$C_{48}H_{72}O_{14}(B_1a) \cdot C_{47}H_{70}O_{14}(B_1b)$

【含量与主要剂型】0.5%、0.6%、1.0%、1.8%、2%、3.2%、5%乳油；0.15%、0.2%高渗乳油；1%、1.8%可湿性粉剂；0.5%高渗微乳油等。

【曾用中文商品名】阿巴美丁，阿佛菌素，白螨净，杀虫素，阿灵，辛阿乳油。

【产品特性】阿维菌素原药精粉为白色或黄色结晶，含B_1a大于（等于）90%，蒸气压小于20千帕，熔点150～155℃，21℃时溶解度在水中7.8微克/升、丙酮中100克/千克、甲苯中350克/千克、异丙醇70克/千克，氯仿25克/千克、乙醇20克/千克、甲醇19.5克/千克、环己烷6克/千克、煤油0.5克/千克、水10微克/千克。分配系数为9.9×10^3。在25℃，pH5～9时不会水解。在常温下储存稳定。在日光下迅速分解，半衰期约4小时。农药上常用的是阿维菌素油膏，是阿维菌素精粉提炼后的附属品，二甲苯溶解乳油含量在3%～7%之间。

【使用范围和防治对象】 阿维菌素对螨类和昆虫具有胃毒和触杀作用，不能杀卵。作用机制与一般杀虫剂不同的是干扰神经生理活动，刺激释放γ-氨基丁酸，而氨基丁酸对节肢动物的神经传导有抑制作用。螨类成虫、若虫和昆虫幼虫与阿维菌素接触后即出现麻痹症状，不活动、不取食，2～4天后死亡。因不引起昆虫迅速脱水，所以阿维菌素致死作用较缓慢。

主要用于防治蔬菜等作物上害虫。对小菜蛾、潜叶蛾、红蜘蛛等抗性害虫有特效。

【使用技术或施用方法】

(1) 防治小菜蛾、菜青虫，在低龄幼虫期使用1000～1500倍2%阿维菌素乳油+1000倍1%甲维盐，可有效地控制其为害，药后14天对小菜蛾的防效仍达90%～95%，对菜青虫的防效可达95%以上。

(2) 防治金纹细蛾、潜叶蛾、潜叶蝇、美洲斑潜蝇和蔬菜白粉虱等害虫，在卵孵化盛期和幼虫发生期用3000～5000倍1.8%阿维菌素乳油+1000倍高氯喷雾，药后7～10天防效仍达90%以上。

(3) 防治甜菜夜蛾，用1000倍1.8%阿维菌素乳油，药后7～10天防效仍达90%以上。

(4) 防治蔬菜作物的叶螨、瘿螨和各种抗性蚜虫，使用4000～6000倍1.8%阿维菌素乳油喷雾。

(5) 防治蔬菜根结线虫病，按每667平方米用500毫升，防效达80%～90%。

【毒性】 按我国毒性分级标准，阿维菌素属高毒杀虫剂。大白鼠急性经口半致死中量（LD_{50}）为10毫克/千克，急性经皮半致死中量（LD_{50}）为380毫克/千克，急性吸入半致死浓度（LC_{50}）为5.76毫克/千克。对人的眼睛有轻度刺激，对鱼类中毒，对蜜蜂高毒，对鸟类低毒。

【注意事项】

(1) 施药时要有防护措施，戴好口罩等。

（2）阿维菌素对鱼高毒，应避免污染水源和池塘等。

（3）阿维菌素对蚕高毒，桑叶喷药后40天还有明显毒杀蚕作用。

（4）阿维菌素对蜜蜂有毒，不要在开花期施用。

（5）阿维菌素不能与碱性农药混用。

（6）储存阿维菌素应远离高温和火源。

（7）收获前20天停止施药。

57. 甲氨基阿维菌素苯甲酸盐

【中、英文通用名】 甲氨基阿维菌素苯甲酸盐，emamectin benzoate

【有效成分】【化学名称】 4″-表-甲氨基-4′-脱氧阿维菌素苯甲酸盐

【含量与主要剂型】 目前在国内登记的有0.2%、0.5%、0.8%、1%、1.5%、2%、2.2%、3%、5%、5.7%等多种含量制剂，还有3.2%甲维氯氰复制制剂。

【曾用中文商品名】 威克达、抗蛾斯、饿死虫、菜乃馨、五星级、连城剑、壹马定、真过劲、扫青风、金主力、禾悦、万庆、云除、方除、猛除、除将、顶击、好打、狠打、赫达、佳研、欧品、品胜、宁捕、科满、横刀、捉刀、尊魁、虫拚、通吊、九巧、蛾巧、蛾毁、定康、高护、凯强、强势、奥翔、黑办、举天、天岳、豪行、日清、清盎、菜健、菜鑫、世扬、勇敌、正能、证妙、恒高、猎擒、世美、希泽、突斩、欢茶、点将、贵合、主力、重磅、勇帅、博净、博园、铃断、红烈、旺尔、铁捷、索能、三令、绿荫、冠雄、卡都、上顶、顶端、维盾、扶植、图胜、野田祝福、京博泰利、京博保尔、京博金保尔、钱江妙乐、甲威虫敌、外尔凯欧、京博灵驭、爱诺卫赢、领先克千虫。

【产品特性】 甲氨基阿维菌素苯甲酸盐原药为白色或淡黄色结晶粉末，熔点141～146℃；溶于丙酮和甲醇、微溶于水、不溶于已烷；在通常储存的条件下稳定。受到酸度过高或者过低、光照等因素影响，甲氨基阿维菌素苯甲酸盐很容易降解。它是从发酵产品阿维菌素B_1开始合成的一种新型高效半合成抗生素杀虫剂，它具有超高效、低毒（制剂近无毒）、低残留、无公害等生物农药的特点。

【使用范围和防治对象】 甲氨基阿维菌素苯甲酸盐对很多害虫具有其他农药无法比拟的活性，广泛用于蔬菜上的多种害虫的防治，尤其对鳞翅目、双翅目超高效，如小菜蛾黏虫、甜菜夜蛾、旱地贪夜蛾、粉纹夜蛾、甘蓝银纹夜蛾、菜粉蝶、菜心螟、甘蓝横条螟、番茄天蛾、马铃薯甲虫、墨西哥瓢虫等。

【使用技术或施用方法】

（1）防治棉铃虫、卷叶蛾类、潜叶蛾类、小菜蛾、甜菜夜蛾、斜纹夜蛾等害虫，在卵孵化盛期至低龄幼虫期施药，每667平方米用30～50毫升兑水30～50千克喷雾或用1000～2000倍液喷雾；

（2）防治潜叶蛾类（如金纹细蛾），在发生初期用1.9%甲氨基阿维菌素苯甲酸盐乳油3000～4000倍液喷雾。

【毒性】 甲氨基阿维菌素苯甲酸盐原药中高毒，制剂低毒（近无毒）；中毒后早期症状为瞳孔放大，行动失调，肌肉颤抖，严重时导致呕吐。

【注意事项】

（1）甲氨基阿维菌素苯甲酸盐不宜与碱性物质混用。

（2）甲氨基阿维菌素苯甲酸盐无内吸作用，喷雾时力求均匀周到。

（3）甲氨基阿维菌素苯甲酸盐对钻蛀性和潜叶性害虫宜在卵孵化期或幼龄期使用。

（4）存放于阴凉干燥处。

58. 茚虫威

【中、英文通用名】 茚虫威，indoxairconditioningarb

【有效成分】【化学名称】 7-氯-2,3,4a,5-四氢-2-[甲氧基羰基(4-三氟甲氧基苯基)氨基甲酰基]茚并[1,2-e][1,3,4-]噁二嗪-4a-羧酸甲酯

【含量与主要剂型】 30%茚虫威水分散粒剂、15%茚虫威悬浮剂。

【曾用中文商品名】 安打、全垒打。

【产品特性】 熔点88.1℃；蒸气压小于1.0×10^{-5}帕（20～

25℃）；相对密度为 1.03（20℃）；水中溶解度（20℃）小于 0.5 毫克/千克；其他溶剂中溶解度：甲醇 0.39 克/千克、乙腈 76 克/千克、丙酮 140 克/千克。水溶液稳定性半衰期（DT50）大于 30 天（pH5）；30 天（pH7）、约 2 天（pH9）。茚虫威原药通常控制在 95%以上，水分要求在 1.0%以下，pH 值控制在 4.0～7.0，丙酮不溶物要求在 0.5%以下。

【使用范围和防治对象】具有触杀和胃毒作用，对各龄期幼虫都有效，适用于防治甘蓝、花椰类、芥蓝、番茄、辣椒、黄瓜、小胡瓜、茄子、莴苣、马铃薯等作物上的甜菜夜蛾、小菜蛾、菜青虫、斜纹夜蛾、甘蓝夜蛾、棉铃虫、烟青虫、卷叶蛾类、叶蝉、金刚钻、马铃薯甲虫。

【使用技术或施用方法】

（1）防治小菜蛾、菜青虫　在 2～3 龄幼虫期。每 667 平方米用 30%茚虫威水分散粒剂 4.4～8.8 克或 15%茚虫威悬浮剂 8.8～13.3 毫升兑水喷雾。

（2）防治甜菜夜蛾　低龄幼虫期每 667 平方米用 30%茚虫威水分散粒剂 4.4～8.8 克或 15%茚虫威悬浮剂 8.8～17.6 毫升兑水喷雾。根据害虫危害的严重程度，可连续施药 2～3 次，每次间隔 5～7 天。清晨、傍晚施药效果更佳。

（3）防治棉铃虫　每 667 平方米用 30%茚虫威水分散粒剂 6.6～8.8 克或 15%茚虫威悬浮剂 8.8～17.6 毫升兑水喷雾。依棉铃虫危害的轻重，每次间隔 5～7 天，连续施药 2～3 次。

【毒性】按中国农药毒性分级标准，茚虫威属低毒杀虫剂。30%茚虫威水分散粒剂大鼠急性经口半致死中量（LD_{50}）为 1867 毫克/千克（雄）、687 毫克/千克（雌）；大鼠急性经皮半致死中量（LD_{50}）大于 5000 毫克/千克。无致癌、致畸和致突变作用。对哺乳动物、家畜低毒，同时对环境中的非靶生物等有益昆虫非常安全，在作物中残留低，用药后第 2 天即可采收。尤其是对多次采收的作物如蔬菜类也很适合。

【注意事项】

（1）施用茚虫威后，害虫从接触到药液或食用含有药液的叶片到其死亡会有一段时间，但害虫此时已停止对作物取食和为害。

（2）茚虫威需与不同作用机理的杀虫剂交替使用，每季作物上建议使用不超过 3 次，以避免抗性的产生。

（3）药液配制时，先配置成母液，再加入药桶中，并应充分搅拌。配制好的药液要及时喷施，避免长久放置。

（4）应使用足够的喷液量，以确保作物叶片的正反面能被均匀喷施。

59. 氯虫苯甲酰胺

【中、英文通用名】氯虫苯甲酰胺，chlorantraniliprole

【有效成分】【化学名称】3-溴-*N*-4-氯-2-甲基-6-[(甲氨基甲酰基)苯]-1-(3-氯吡啶-2-基)-1*H*-吡唑-5-甲酰胺

【含量与主要剂型】20%氯虫苯甲酰胺悬浮剂，5%氯虫苯甲酰胺悬浮剂。

【曾用中文商品名】无。

【产品特性】氯虫苯甲酰胺纯品外观为灰白色结晶粉末，熔点208～210℃，分解温度330℃，密度（20℃）1.51 克/毫升，溶解度（20～25℃）：水 1.023 毫克/千克、丙酮 3.446 毫克/千克、甲醇 1.714 毫克/千克、乙腈 0.711 毫克/千克、乙酸乙酯 1.144 毫克/千克。蒸气压（20℃）6.3×10^{-12} 帕，无挥发性，Henry 定律常数（20℃）3.2×10^{-9} 帕/立方米，油水分配系数（20℃，pH7）为 2.86，离解常数 pK_a（20℃）为 10.88。

【使用范围和防治对象】氯虫苯甲酰胺高效广谱，对鳞翅目的夜蛾科、螟蛾科、蛀果蛾科、卷叶蛾科、粉蛾科、菜蛾科、麦蛾科、细蛾科等均有很好的控制效果，还能控制鞘翅目象甲科，叶甲科；双翅目潜蝇科；烟粉虱等多种非鳞翅目害虫。

【使用技术或施用方法】

氯虫苯甲酰对于鳞翅目夜蛾科、菜蛾科蔬菜害虫及双翅目潜蝇科、烟粉虱等多种害虫的防治，于低龄幼虫期 667 平方米用 5%氯虫苯甲酰胺悬浮剂 200 克/升常规喷雾。

【毒性】氯虫苯甲酰胺大鼠急性经口、经皮半致死中量（LD_{50}）均大于 5000 毫克/千克，急性吸入半致死浓度（LC_{50}）大于 5.1 毫克/千克；对兔皮肤、眼睛无刺激性；豚鼠皮肤变态反应（致敏性）试验结果为无致敏性；原药大鼠90天慢性喂养毒性试验最大无作用剂量雄性为1188毫克/千克，雌性为1526毫克/千克；4项致突变试验（Ames试验、小鼠骨髓细胞微核试验、人体外周血淋巴细胞染色体畸变试验、体外哺乳动物细胞基因突变试验）结果均为阴性，未见致突变作用。对鱼中毒，鸟和蜜蜂低毒。对家蚕剧毒。使用时注意：禁止在蚕室及桑园附近使用；禁止在河塘等水域中清洗施药器具。

【注意事项】

（1）氯虫苯甲酰胺在菜用大豆上使用的安全采收间隔期为7天，每季作物最多使用2次。

（2）为避免氯虫苯甲酰胺抗药性的产生，一季作物或一种害虫宜使用2～3次，每次间隔时间在15天以上。

（3）氯虫苯甲酰胺对家蚕和水溞高毒，施药期间应避免对周围蜂群的影响，蚕室和桑园附近禁用，禁止在河塘等水域内清洗施药用具。

（4）氯虫苯甲酰胺不可与强酸、强碱性物质混用。

（5）对哺乳动物、有益节肢动物、鱼和蜜蜂低毒，对施药人员安全。

（6）使用氯虫苯甲酰胺时采取相应的安全防护措施，穿防护服、戴手套等。施药期间不可吃东西和饮水，施药后应及时洗手和洗脸。

（7）赤眼蜂等天敌放飞区域禁用氯虫苯甲酰胺。

60. 噻螨酮

【中、英文通用名】噻螨酮，hexythiazox

【有效成分】【化学名称】5-(4-氯苯基)-3-(*N*-环己基氨基甲酰)-4-甲朗基噻唑烷-2-酮

【含量与主要剂型】5%噻螨酮乳油、5%噻螨酮可湿性粉剂。

【曾用中文商品名】尼索朗。

【产品特性】原药为浅黄色或白色结晶，熔点108～108.5℃，20℃时蒸气压为338.6×10^{-8}帕，水中溶解度为0.5毫克/千克，在有机溶剂中的溶解度：甲醇206克/千克、二甲苯362克/千克、氯仿

1380 克/千克、己烷 3.9 克/千克、丙酮 160 克/千克，50℃下保存 3 个月不分解。

【使用范围和防治对象】对多种植物害螨具有强烈的杀卵、杀幼若螨的特性，对成螨无效，但对接触到药液的雌成虫所产的卵具有抑制孵化的作用。对叶螨防效好，对锈螨、瘿螨防效较差。可与波尔多液、石硫合剂等多种农药混用。以触杀作用为主，对植物组织有良好的渗透性，无内吸性作用。环境温度高低不影响使用效果，一般施药后 10 天才能显示出较好的防效，持效期可保持 50 天左右。

【使用技术或施用方法】

（1）防治柑橘红蜘蛛　在红蜘蛛发生始盛期，平均每叶有螨 2～3 头时，用 5%噻螨酮乳油或 5%噻螨酮可湿性粉剂 1500～2000 倍液均匀喷雾。

（2）防治蔬菜、花卉作物叶螨　在幼若螨发生始盛期，平均每叶有螨 3～5 头时，用 5%噻螨酮乳油或 5%噻螨酮可湿性粉剂 1500～2000 倍液均匀喷雾。

【毒性】按我国农药毒性分级标准，噻螨酮属低毒杀螨剂。大白鼠急性经口半致死中量（LD_{50}）大于 5000 毫克/千克。对人的眼睛有轻微刺激作用，对鱼中等毒，对蜜蜂、害虫天敌安全。

【注意事项】

（1）噻螨酮对成螨效果差，见药效速度慢，喷药防治时应掌握在螨卵孵化至幼若螨盛发期进行。

（2）噻螨酮无内吸性，要求喷药均匀周到。

（3）为延缓抗药性产生，噻螨酮应与其他杀螨剂轮换使用。

61. 炔螨特

【中、英文通用名】炔螨特，propargite

【有效成分】【化学名称】2-(4-特丁基苯氧基)-环己基丙-2-炔基亚硫酸酯

【含量与主要剂型】25%炔螨特乳油，40%炔螨特乳油，57%炔螨特乳油，73%炔螨特乳油。

【曾用中文商品名】克螨特、丙炔螨特。

【产品特性】炔螨特纯品为深琥珀色黏稠液，160℃分解，相对密度1.14，折射率1.5223，不溶于水，溶于大多数有机溶剂，炔螨特40%乳油为深褐色轻微黏滞流体。工业原药为深琥珀色黏性流体，相对密度1.085～1.115，闪点28℃。25℃时水中溶解度632毫克/千克，易溶于丙酮、乙醇、苯等多种有机溶剂。

【使用范围和防治对象】炔螨特是一种低毒广谱性有机硫杀螨剂，具有触杀和胃毒作用，无内吸和渗透传导作用。对成螨、若螨有效，杀卵的效果差。该药在温度20℃以上条件下药效可提高，但在20℃以下随低温递降。可用于防治蔬菜上的害螨。

【使用技术或施用方法】

炔螨特用于茄子、豇豆红蜘蛛等蔬菜害虫的防治，在害螨盛发期施药，每667平方米用73%炔螨特乳油30～50毫升（有效成分22～37克），兑水75～100千克，均匀喷雾。

【毒性】我国农药毒性分级标准，克螨特为低毒杀螨剂。大白鼠急性经口半致死中量（LD_{50}）为4029毫克/千克，急性吸入半致死浓度（LC_{50}）为0.05毫克/千克。兔子急性经半致死中量（LD_{50}）为2940毫克/千克。对兔子的眼睛和皮肤有强烈刺激性。在试验剂量下，对动物未见致畸、致突变和致癌作用。对鱼高毒，对蜜蜂低毒。

【注意事项】

(1) 炔螨特不能与波尔多液及强碱农药混合使用外，可与一般农药混用。

(2) 在高温、高湿条件下喷雾洒高浓度的克螨特对某些作物的幼苗和新梢嫩叶有药害，为了作物安全，对25厘米以下的瓜、豆、棉苗等，73%乳油的稀释倍数不宜低于3000倍，对柑橘新梢不宜低于2000倍。

(3) 炔螨特对人的皮肤和眼睛有刺激作用，施药时要注意安全。

(4) 炔螨特对鱼类毒性大，使用时应防止污染鱼塘、河流。

(5) 施用时必须戴安全防护用具，若不慎接触眼睛或皮肤时，应立即用清水冲洗；若误服，应立即饮下大量牛奶、蛋白或清水，送医院治疗。

(6) 炔螨特为触杀性农药，无组织渗透作用，故需均匀喷洒作物叶片的两面及果实表面。

62. 印楝素

【中、英文通用名】印楝素，azadirachtin

【有效成分】【化学名称】印楝素-A，印楝素-B，印楝素-C，印楝素-D，印楝素-E，印楝素-F，印楝素-G，印楝素-I

【含量与主要剂型】0.3%印楝素。

【曾用中文商品名】无。

【产品特性】印楝素及其类似物是一类高度氧化的柠檬类化合物，已鉴定出10多个主要的活性化合物。纯品为白色非结晶物质，对光、热不稳定。易溶于甲醇、乙醇、丙酮和二甲亚砜等极性有机溶剂。原药外观为深棕色半固体状，相对密度1.1～1.3。制剂外观为棕色均相液体，相对密度0.9～0.98，pH值4.5～7.5。

【使用范围和防治对象】植物源杀虫剂，对昆虫具有强烈的拒食作用。鳞翅目害虫对其敏感。昆虫经印楝素处理后出现幼（若）虫蜕皮延长及不完全，体型畸形，或在蜕皮时死亡。但印楝素的毒力相对较低，作用也较缓慢，且持效期较短（5～7天），但它具有很好的内吸传导作用。印楝素可用于防治舞毒蛾、日本金龟甲、烟芽夜蛾、谷实夜蛾、斜纹夜蛾、小菜蛾、潜叶蝇、草地夜蛾、沙漠蝗、非洲飞蝗等害虫。

【使用技术或施用方法】

（1）大棚西芹　在盛发期防治美洲斑潜蝇、白粉虱、小菜蛾等虫害，用0.3%印楝素1000倍液喷施，或用0.3%印楝素300～500倍液混配有机叶面肥喷施，或在喷施其他非碱性物质时，将印楝素以1000～1500倍液混配喷施，防控害虫可达20～30天。

（2）露地甘蓝　在上午日出后甘蓝田出现交配的小菜蛾、菜粉蝶、甘蓝夜蛾低飞时，于当天午后用0.3%印楝素800～1200倍液喷雾。在菜青虫、小菜蛾等幼虫未散堆或在1～2龄期用0.3%印楝素1000倍液；3～4龄期用800～1000倍液；5～6龄期500倍液加上1.8%阿维菌素1000倍液喷雾。

（3）番茄、茄子　在第二穗花蕾将要开放时，用0.3%印楝素1000倍液喷雾，或混配其他非碱性杀菌剂、叶面肥等喷雾。在棉铃虫、烟青虫、螨类、蚜虫的初现期，用0.3%印楝素1000～1200倍液喷雾，害虫盛发期用500～800倍液，间隔5天再喷1次。对于茄子红蜘蛛，在喷雾印楝素时混入尿素和1.8%阿维菌素1500倍液喷雾。

(4) 瓜类 在定植苗时，在浇灌的水中加入1/800的印楝素防病时，结合喷施非碱性杀菌剂混入0.3%印楝素1200～1500倍液，即可同时防治苗期病虫。在瓜蚜、黄守瓜、金龟子类等幼龄期，用0.3%印楝素800倍液加上20%氰戊菊酯乳油2000～3000倍液，间隔7～10天喷1次。

【毒性】 印楝素为环境和谐的天然源农药。按美国环保局的规定，印楝素及其制剂属于Ⅳ类化合物，即毒性危险可忽略。按照我国农药登记分级标准，印楝素属于低毒类农药。印楝素对哺乳动物毒性低，对鸟类和蜜蜂毒性低，对蚯蚓和土壤微生物的影响小，对捕食性、寄生性天敌和一些有益生物的影响小。易光解、水解及土壤降解，难吸附、较难淋溶，不易造成地下水污染。

【注意事项】

(1) 印楝素在低龄幼虫期喷药效果最佳。

(2) 比常规用药提前一周。

(3) 印楝素不能与碱性农药、碱水混用。

(4) 远离火源。

63. 苦参碱

【中、英文通用名】 苦参碱，matrine

【有效成分】【化学名称】 主要为氧化苦参碱

【含量与主要剂型】 0.3%苦参碱水剂、1%苦参碱醇溶液、0.2%苦参碱水剂、1.1%苦参碱粉剂、1%苦参碱可溶性液剂。

【曾用中文商品名】 母菊碱、苦甘草、苦参草、苦豆根、西豆根、苦平子、野槐根、山槐根、干人参、苦骨、绿宝清、百草一号、绿宝灵、维绿特、碧绿。

【产品特性】 苦参碱是由豆科植物苦参的干燥根、植株、果实经乙醇等有机溶剂提取制成的，是生物碱。一般为苦参总碱，其主要成分有苦参碱、槐果碱、氧化槐果碱、槐定碱等多种生物碱，以苦参碱、氧化苦参碱含量最高。纯品外观为白色粉末。

【使用范围和防治对象】苦参碱是天然植物农药，害虫一旦触及本药，即麻痹神经中枢，继而虫体蛋白质凝固，堵死虫体气孔，害虫窒息而死。本品对各种作物上的黏虫、菜青虫、蚜虫、红蜘蛛有明显的防治效果。对蔬菜刺吸式口器昆虫蚜虫、鳞翅目昆虫菜青虫、茶毛虫、小菜蛾，以及茶小绿叶蝉、白粉虱等都具有理想的防效。另外对蔬菜霜霉、疫病、炭疽病也有很好的防效。

【使用技术或施用方法】

（1）防治菜青虫　在成虫产卵高峰后7天左右，幼虫3龄前进行防治，每667平方米用商品量50～120毫升（有效成分0.5～1.2克），加水40～50千克，均匀喷雾。本品对低龄幼虫效果好，对4～5龄幼虫敏感性差。

（2）防治菜蚜　在蚜虫发生期施药，用药量及使用方法同菜青虫。喷药时应叶背、叶面均匀喷雾，着重喷叶背。

【毒性】苦参碱为低毒杀虫剂。原药大鼠急性经口、经皮半致死中量（LD_{50}）均大于5000毫克/千克。对动物和鱼类安全。

【注意事项】

（1）严禁与碱性药混用。

（2）本品速效性差，应在害虫低龄期施药防治。

64. 苏云金杆菌

【中、英文通用名】苏云金杆菌，bacillus thuringiensis

【有效成分】【化学名称】杀虫晶体蛋白cry簇。苏云金芽孢杆菌是一种可以形成芽孢的革兰氏阳性细菌，其自身产生一种对昆虫具专一毒杀力的杀虫晶体蛋白（insecticidal crystal proteins，ICPs），又称为δ-内毒素。根据它们的鞭毛蛋白抗原性质，划分为不同血清型或亚种。该细菌对昆虫的致病性与分子量从27～140千道尔顿不等的杀虫晶体蛋白的产生密切相关。而现在已知的87种编码杀虫晶体蛋白的基因又被分为cry簇（cry1～32）和cyt簇（cyt1，cyt2）

【含量与主要剂型】2000单位/毫克颗粒剂、2000单位/微升悬浮剂、8000单位/毫克可湿性粉剂、8000单位/微升悬浮剂、16000单位/毫克可湿性粉剂、32000单位/毫克可湿性粉剂、100亿活芽孢/克可湿性粉剂、100亿活芽孢/毫升悬浮剂。

【曾用中文商品名】 7216杀虫菌、BT生物农药、BT（BT）杀虫剂、敌宝、康多惠、快来顺、敌宝、蛾将、锐星、劲狮、拂康、金云、联除、好丰、明月、茶旺、惠旺、猛增、迅攻、触螟、苏泰、点杀、环杀、科敌、蝼敌、豪斩、斩吊、吊黑、恒绿、双贝、贝亿、兆亿、比力、力扁、力道、迅灭、优打、广打、久打、百纳、柔刀、泰极、康雀、山雀、奇喜、万喜、万颜、高点、虫击、震击、锐击、锐壮、益尔-甘雨、永胜、海生、青翠、赛功、凯绿、绿灵、绿卓、捉敌、普拿、祈福、比尼、安卡、方欣、福通、富泰、千胜、统抓、稳抓、顺诺、三捷、采虫、九鲤、多害特、阔达秀、助农宝、苏杀顽、苏特灵、苏得利、苏蛾蛾、菌杀敌、绿得利、绿浦安、见大利、青虫灵、农林丰、劳吉特、使吉清、杀尔多、生态宝、加克多、金喷头、虫死定、虫冒死、虫卵克、虫坐牢、众虫净、益万农、棒棒宝、蛾铃多克、天宇生得、康欣倍特、苏杀虫净、菜虫特杀、强敌313、强敌三一五、强敌三一六、令天下。

【产品特性】 原药为黄褐色固体。其悬浮剂外观为灰白色液体，有腥臭味，pH值6.0～8.0。可湿性粉剂外观为浅灰色粉剂，在低于25℃干燥通风的情况下可储存两年。

【使用范围和防治对象】 苏云金杆菌可做微生物源低毒杀虫剂，广泛应用于十字花科蔬菜、茄果类蔬菜、瓜类蔬菜等多种植物；主要用于防治鳞翅目害虫，如菜青虫、小菜蛾、甜蛾、斜纹夜蛾、甘蓝夜蛾、烟青虫、玉米螟、稻纵卷叶螟、二化螟。

【使用技术或施用方法】

（1）用100亿个/克的菌粉，每667平方米用50克兑水100千克喷洒，可以防治菜粉蝶。用菌粉（100亿个/克）1000倍液或用Bt乳剂300倍液防治烟青虫；用Bt乳剂1000倍液可在卵孵盛期防治菜青虫或小菜蛾。

（2）每667平方米用0.1%氯氰菊酯的复方Bt乳剂100克，兑水100千克喷雾，对菜青虫、斜纹夜蛾等蔬菜害虫的防治效果较好，对蚜茧蜂和狼珠等天敌无害，但对瓢虫幼虫有一定影响。

【毒性】按我国农药毒性分级标准，苏云金杆菌属低毒杀虫剂。大鼠急性经口半致死中量（LD_{50}）大于 4640 毫克/千克，大鼠急性经皮半致死中量（LD_{50}）大于 2150 毫克/千克。对鼠和家兔皮肤无刺激作用，对眼睛无刺激作用。

【注意事项】

（1）苏云金杆菌主要用于防治鳞翅目害虫的幼虫，施用期一般比使用化学农药提前 2～3 天。对害虫的低龄幼虫效果好。20℃以上施药效果最好。

（2）苏云金杆菌可湿性粉剂对蚕毒力很强，在养蚕地区使用时，必须注意勿与蚕接触，养蚕区与施药区一定要保持一定的距离，以免使蚕中毒死亡。

（3）苏云金杆菌可湿性粉剂应保存在低于 25℃的干燥阴凉仓库中，防止曝晒和潮湿，以免变质。

（4）苏云金杆菌对蜜蜂、家蚕有毒，施药期间应避免对周围蜂群的影响，蜜源作物花期、蚕室和桑园附近禁用；对鱼类等水生生物有毒，远离水产养殖区施药，禁止在河塘等水体中清洗施药器具。

（5）苏云金杆菌不能与内吸性有机磷杀虫剂或杀菌剂混合使用（如乐果、甲基内吸磷、稻丰散、伏杀硫磷、杀虫畏）及碱性农药等物质混合使用。

（6）使用苏云金杆菌时应穿戴防护服和手套，避免吸入药液。施药期间不可吃东西和饮水。施药后应及时洗手和洗脸。

（7）孕妇和哺乳期妇女避免接触。

（8）建议与其他作用机制不同的杀虫剂轮换使用，以延缓抗性产生。

65. 白僵菌

【中、英文通用名】白僵菌，beauveria bassiana

【有效成分】【化学名称】毒素，白僵菌产生白僵菌素、纤细素和卵孢素等

【含量与主要剂型】高孢粉 1000 亿个/克，粉剂为平均活孢子 80 亿个/克，幅度 50 亿～120 亿个/克，孢子萌发率 90%以上，水分

5%以下。颗粒剂含活孢子50亿个/克，油悬浮剂100亿个/毫升。

【曾用中文商品名】球孢白僵菌、小球孢白僵菌、布氏白僵菌。

【产品特性】白僵菌是一种真菌性杀虫剂，其孢子接触害虫后产生芽管，通过皮肤侵入其体内长成菌丝，并不断繁殖使害虫新陈代谢紊乱致死。白僵菌菌落为白色粉状物，产品为白色或灰白色粉状物。菌体遇到较高的温度自然死亡而失效。其杀虫有效物质是白僵菌的活孢子。孢子可借风、昆虫等继续扩散，侵染其他害虫。白僵菌需要有适宜的温湿度（24～28℃，相对湿度90%左右，土壤含水量5%以上）才能使害虫致病。害虫感染白僵菌死亡的速度缓慢，经4～6天后才死亡。白僵菌与低剂量化学农药（25%对硫磷微胶囊、48%乐斯本等）混用有明显的增效作用。

【使用范围和防治对象】白僵菌分生孢子可防治蛴螬、蝗虫、马铃薯甲虫、蚜虫、叶蝉、飞虱、多种鳞翅目幼虫（如玉米螟、松毛虫、桃小食心虫、二化螟等）。

【使用技术或施用方法】

（1）菌粉用水溶液稀释配成菌液，每毫升菌液含孢子1亿以上。用菌液在蔬菜上喷雾。

（2）菌粉与2.5%敌百虫粉均匀混合，每克混合粉含活孢子1亿以上，在蔬菜上喷粉。

（3）将病死的昆虫尸体收集研磨，配成每毫升含活孢子1亿以上（每100个虫尸加工后，兑水80～100千克）即可在蔬菜上喷雾。

【毒性】用50亿/克活孢子制剂大白鼠腹腔注射和灌胃半致死中量（LD_{50}）分别为（0.6±0.1）克/千克和10.0克/千克，而用纯孢子腹腔注射大白鼠半致死中量（LD_{50}）为（128±12）毫克/千克，为低毒类微生物农药，对人、畜无致病作用，属弱的变态反应源，无“三致”问题。该制剂对人畜无毒，但对蚕有害。

【注意事项】

（1）白僵菌在养蚕区不宜使用。

（2）白僵菌菌液配好后要于2小时内用完，以免过早萌发而失去侵染能力，颗粒剂也应随用随拌。

（3）白僵菌不能与化学杀菌剂混用。

（4）储存在阴凉干燥处。

（5）人体接触过多，有时会产生过敏性反应，出现低烧，皮肤刺痒等，施用时注意皮肤的防护。

66. 四聚乙醛

【中、英文通用名】 四聚乙醛，metaldehyde

【有效成分】【化学名称】 2,4,6,8-四甲基-1,3,5,7-四氧杂环辛烷

【含量与主要剂型】 99%四聚乙醛原药、5%四聚乙醛颗粒剂、6%四聚乙醛颗粒剂、6%威·醛颗粒剂、10%四聚乙醛颗粒剂、15%四聚乙醛颗粒剂、50%四聚乙醛可湿性粉剂、80%四聚乙醛可湿性粉剂。

【曾用中文商品名】 密达、灭旱螺、蜗火星、梅塔、灭蜗灵、蜗牛敌。

【产品特性】 本品为白色针状结晶，相对密度1.27，熔点246℃，在115℃时升华，蒸气压为6.6帕（25℃）。难溶于水，能溶于苯和氯仿，受热或遇酸易解聚。在土壤中的半衰期1.4～6.6天，不光解，不水解。

【使用范围和防治对象】 四聚乙醛为杀螺剂，主要用于防治各种作物地的蜗牛、蛞蝓。四聚乙醛对蜗牛和蛞蝓具有很强的诱惑力，蜗牛和蛞蝓被诱食后，使这些生物体内乙酰胆碱酯酶大量释放，破坏螺体内特殊的黏液，导致神经麻痹而死亡。

【使用技术或施用方法】

防治蔬菜、棉花地蜗牛、蛞蝓，每667平方米用6%四聚乙醛颗粒剂0.5～0.6千克，均匀撒施，使蜗牛、蛞蝓易于接触药剂。种苗地在撒种子后施药，移植地在移植后施药。

【毒性】 按我国农药毒性分级标准，该药为中等毒性杀螺剂。大鼠急性经口半致死中量（LD_{50}）为283毫克/千克，急性经皮半致死中量（LD_{50}）大于5000毫克/千克，急性吸入半致死浓度（LC_{50}）大于15毫克/升，小鼠急性经口半致死中量（LD_{50}）为425毫克/千克。对兔皮肤无刺激性，对眼睛有轻微刺激性。对豚鼠无致敏作用。在试验剂量下，无致畸、致突变和致癌作用，大鼠两年喂养试验无作

用剂量2.5毫克/千克。该药对鱼低毒，虹鳟鱼半致死浓度（LC_{50}）（96小时）为75毫克/千克，水蚤半致死浓度（LC_{50}）（48小时）大于90毫克/千克，绿藻半致死浓度（LC_{50}）（96小时）为73.5毫克/千克。对鸟低毒，鸭经口半致死中量（LD_{50}）为1030毫克/千克，鹌鹑：181毫克/千克。对蜜蜂微毒，每公顷用300克蜜蜂无死亡。

【注意事项】

（1）施过四聚乙醛的田地中不要践踏。

（2）注意施药气候，低温（低于15℃）或高温（高于35℃），螺的活动能力减弱，影响药效。施药后下大雨，药粒易被冲散流失，影响药效，必须补施药；小雨影响不大。

67. 鱼藤酮

【中、英文通用名】鱼藤酮，rotenone

【有效成分】 **【化学名称】**2R-(2aα,6aα,12aα)-1,2,12a-四氢-8,9-二甲氧基-2-(1-甲基乙烯基)苯并吡喃[3,4-b]糠酰[2,3-h]苯并吡喃-6(6aH)-酮

【含量与主要剂型】2.5%、5%、7%鱼藤酮乳油，4%鱼藤酮粉剂。

【曾用中文商品名】鱼藤氰。

【产品特性】鱼藤酮系植物鱼藤中的有效成分。纯品为白色结晶体，溶于苯、丙酮、三氯乙烯、乙醚等有机溶剂，微溶于石油醚，不溶于水，在碱性溶液中易分解失效，在日光下、空气中、高温下逐渐分解为无毒物质。残效期3～5天。

【使用范围和防治对象】鱼藤酮对害虫有很强的触杀和胃毒作用，也有一定驱避作用。对蚜虫及鳞翅目幼虫有特效，可防治茶叶、桑树、蔬菜、果树、烟草等作物多种害虫。对某些甲虫也有效。

【使用技术或施用方法】

（1）防治菜青虫、小菜蛾、茶螟、黄条跳甲、猿叶虫、黄守瓜、甘蓝夜蛾，每667平方米用2.5%鱼藤酮乳油100～150毫升，加水50千克喷雾；或每667平方米用4%鱼藤酮粉剂0.5千克，在早晨露水未干时喷洒。

(2) 防治斜纹夜蛾，每667平方米用制剂4%鱼藤酮乳油80～120毫升兑水30千克喷雾。

(3) 防治棉蚜、菜蚜、烟蚜、瓜蚜、豆蚜、高粱蚜，用2.5%鱼藤酮乳油400～600倍稀释液喷雾，按各种作物喷足药量。

(4) 防治蔬菜跳甲，每667平方米用制剂4%鱼藤酮乳油80～160毫升兑水30千克喷雾。

【毒性】 按我国农药毒性分级标准，鱼藤酮属中等毒性杀虫剂。小白鼠急性经口半致死中量（LD_{50}）为132毫克/千克。对鱼类高毒。

【注意事项】

(1) 鱼藤酮对鱼类毒性大，避免在养鱼河塘邻近农田使用，不可在养鱼场所使用。

(2) 鱼藤酮忌与碱性物质混用，以免分解失效。

(3) 储存于阴凉、干燥处，以防分解。

(4) 十字花科蔬菜的安全采收间隔期为3天。

68. 甲氧虫酰肼

【中、英文通用名】 甲氧虫酰肼，methoxyfenozide

【有效成分】【化学名称】 *N*-叔丁基-*N′*-(3-甲基-2-甲苯甲酰基)-3,5-二甲基苯甲酰肼

【含量与主要剂型】 24%悬浮剂。

【曾用中文商品名】 氧虫酰肼、雷通。

【产品特性】 纯品为白色粉末，熔点202～205℃。20℃时水溶解度小于1毫克/千克。其他溶剂中溶解度：二甲基亚砜11克/千克，环己酮9.9克/千克，丙酮9克/千克，在水中的溶解度小于1毫克/千克，25℃时储存稳定。

【使用范围和防治对象】 甲氧虫酰肼是一种新型特异性苯酰肼类低毒杀虫剂，对鳞翅目害虫具有高度选择杀虫活性，以触杀作用为主，并具有一定的内吸作用。该药属仿生型蜕皮激素类，害虫取食药剂后，即产生蜕皮反应开始蜕皮，由于不能完全蜕皮而导致幼虫脱水、饥饿而死亡。该药与抑制害虫蜕皮的药剂的作用机制相反，可在

害虫整个幼虫期用药进行防治。甲氧虫酰肼主要用于防治鳞翅目害虫的幼虫，如甜菜夜蛾、甘蓝夜蛾、斜纹夜蛾、菜青虫、棉铃虫、金纹细蛾、美国白蛾、松毛虫、尺蠖等，适用作物如十字花科蔬菜、茄果类蔬菜、瓜类等。

【使用技术或施用方法】

防治甜菜夜蛾、斜纹夜蛾等蔬菜害虫，在卵孵化盛期和低龄幼虫期施药，用24%甲氧虫酰肼悬浮剂10～20克/667平方米，兑水40～50千克喷雾。

【毒性】 大小鼠急性经口半致死中量（LD_{50}）大于5000毫克/千克，大鼠急性经皮半致死中量（LD_{50}）大于2000毫克/千克（24小时），大鼠吸入半致死浓度（LC_{50}）为4.3毫克/千克，对皮肤无刺激性，对兔眼睛有轻微刺激。无致畸、致突变、致癌作用。鹌鹑和野鸭半致死浓度（LC_{50}）大于5620毫克/千克，大翻车鱼半致死浓度（LC_{50}）为4.3毫克/千克（96小时），水蚤半致死浓度（LC_{50}）为3.8毫克/千克（48小时）。蚯蚓半致死浓度（LC_{50}）为1213毫克/千克土壤，蜜蜂100微克/只安全。

【注意事项】

（1）甲氧虫酰肼施药时期应掌握在卵孵化盛期或害虫发生初期。

（2）为防止抗药性产生，害虫多代重复发生时建议与其他作用机理不同的药剂交替使用。

（3）甲氧虫酰肼对鱼类毒性中等。

69. 双甲脒

【中、英文通用名】 双甲脒，amitraz

【有效成分】【化学名称】 *N′*-(2,4-二甲基苯基)-*N*-{[(2,4-二甲基苯基)亚氨基]甲基}-*N′*-甲基亚甲氨基胺

【含量与主要剂型】 20%双甲脒乳油。

【曾用中文商品名】 螨克、双虫脒、阿米曲、杀伐螨、果螨杀、虫螨胱、二甲脒、三亚螨。

【产品特性】 双甲脒原药为白色或浅黄色固体，密度1.128克/立方厘米（20℃），熔点88～89℃，蒸气压5×10^{-5}帕（20℃），相对

密度0.3，饱和蒸气浓度60微克/立方米（20℃）。能溶于丙酮、二甲苯、甲醇等有机溶剂，丙酮中500克/千克，甲苯中300克/千克；在水中溶解度为1毫克/千克。不易燃、不易爆，在中性或碱性时较稳定，20℃时在pH7水中的半衰期为6小时，在酸性介质中不稳定，在潮湿环境中长期存放将慢慢分解变质。

【使用范围和防治对象】双甲脒系广谱杀螨剂，主要是抑制单胺氧化酶的活性。具有触杀、拒食、驱避作用，也有一定的内吸、熏蒸作用。适用于各类作物的害螨。对同翅目害虫也有较好的防效。

【使用技术或施用方法】

双甲脒用于茄子、豆类红蜘蛛等蔬菜害螨的防治，用20%双甲脒乳油1000～2000倍液喷雾。西瓜、冬瓜红蜘蛛，用20%双甲脒乳油2000～3000倍液喷雾。

【毒性】原药对大鼠急性经口半致死中量（LD_{50}）为600毫克/千克（800毫克/千克），小鼠为1600毫克/千克，大鼠急性经皮半致死中量（LD_{50}）大于1600毫克/千克（雌性大于4640毫克/千克），兔大于200毫克/千克，大鼠急性吸入半致死中量（LD_{50}）大于65毫克/千克。对动物皮肤、眼睛无刺激作用。大鼠亚急性经口无作用剂量每天3～12毫克/千克，慢性经口无作用剂量为每天2.5～10毫克/千克。动物试验未发现致癌、致畸、致突变作用。对鱼类有毒，鲤鱼半致死浓度（LC_{50}）为1.17毫克/千克（48小时），虹鳟鱼为2.7～4毫克/千克（48小时）。对蜜蜂、鸟等天敌低毒。

【注意事项】

（1）双甲脒不要与碱性农药混合使用。

（2）双甲脒在气温低于25℃以下使用，药效发挥作用较慢，药效较低，高温天晴时使用药效高。

（3）双甲脒在推荐使用浓度范围，对棉花、柑橘、茶树和苹果无药害，对天敌及蜜蜂较安全。

（4）若中毒，应速送医院治疗。

第二章 无公害蔬菜常用杀菌剂

1. 农用链霉素

【中、英文通用名】 农用链霉素，streptomycin

【有效成分】【化学名称】 $C_{21}H_{39}N_7O_{12}$

【含量与主要剂型】 15%可湿性粉剂、20%可湿性粉剂、72%可湿性粉剂。

【曾用中文商品名】 盐酸链霉素。

【产品特性】 原药为白色无定形粉状末，易溶于水，不溶于大多数有机溶剂。在阴凉、干燥条件下储存稳定期两年以上。

【使用范围和防治对象】 农用链霉素为放线菌所产生的代谢产物，杀菌谱广，特别是对多种细菌性病害效果较好（对真菌也有防治作用），具有内吸作用，能渗透到植物体内，并传导到其他部位，防治大白菜软腐病、瓜类霜霉病等。

【使用技术或施用方法】

农用链霉素主要用于喷雾，也可作灌根和浸种消毒等。

(1) 防治大白菜软腐病、大白菜甘蓝黑腐病、黄瓜细菌性角斑病、甜椒疮痂病、软腐病、菜豆细菌性疫病、火烧病，用200毫克/千克农用链霉素药液喷雾，于发病初期开始，每隔7～10天喷

1次，连喷2～3次。

(2) 防治番茄、甜（辣）椒青枯病，用100～150毫克/千克农用链霉素药液，于发病初期灌根，每株灌药液0.25千克，每隔6～8天灌一次，连灌2次。

(3) 防治番茄溃疡病，按1克农用链霉素加水15升，于移栽时每株浇灌药液150毫升。

(4) 防治黄瓜细菌性角斑病，用农用链霉素220毫克/千克浸种30分钟，取出后催芽播种。

【毒性】 原药对大白鼠急性口服的致死中量半致死中量（LD_{50}）大于9000毫克/千克，对人与家畜低毒，可引起皮肤过敏反应。

【注意事项】

(1) 生物农药杀虫杀菌比化学农药致死过程缓慢，应提倡早期防治，即在病虫害发生初期喷施。

(2) 多数生物农药遇到强烈阳光照射会产生分解，降低药效，应选择在午后或阴天喷施，药后遇雨重喷一次。

(3) 农用链霉素不能与生物药剂，如杀虫杆菌、青虫菌、7210等混合使用。

(4) 使用农用链霉素浓度一般不超过220毫克/千克，以防产生药害。

(5) 农用硫酸链霉素与抗生素农药混用，避免和碱性农药、污水混合，否则易失效。

2. 苯噻氰

【中、英文通用名】 苯噻氰，busan

【有效成分】【化学名称】 2-硫氰基甲基硫代苯并噻唑

【含量与主要剂型】 30%乳油。

【曾用中文商品名】 倍生、佳生。

【产品特性】 琥珀色或暗红色黏稠液体，密度1.38克/毫升(25℃)，微弱气味。溶解性：甲醇中7%，乙醇中5%，二甲基甲酰胺中完全溶解，水中33毫克/千克（25℃）。闪点大于93℃，冰点小于－5℃。在通常储存条件下稳定，长时间处在60℃以上环境里会分解，100℃以上高温环境里放置4小时后会快速热分解。在水中易均匀分散，在酸性及弱碱性溶剂中较稳定，pH小于（等于）8.5。

【使用范围和防治对象】苯噻氰是一种广谱性的苯并噻唑类杀菌剂。施药方式多样化，可作蔬菜茎叶喷雾。若作种子保护剂，能预防及治疗经由土壤或种子传播的蔬菜真菌性、细菌性多种病害。对于种子拌种、浸种和喷雾治疗炭疽病、稻瘟病、猝倒病、立枯病和柑橘溃疡等病害有特效，与常规药物无交互抗性。

【使用技术或施用方法】

（1）浸种　用30%苯噻氰乳油1000倍药液，对黄爪、甜椒等浸种6小时，然后带药液催芽直至播种，可防治立枯病、炭疽病、黄瓜细菌性角斑病等蔬菜多种病害。

（2）叶面喷雾　每公顷用30%苯噻氰乳油750毫升，兑水750千克稀释成1000倍药液，应对多种蔬菜在发病初期进行均匀喷雾，可有效防治苗期立枯病、瓜类炭疽病、甜椒炭疽病，黄瓜细菌性角斑病等。

（3）根部浇灌　用倍生30%苯噻氰乳油1000～1500倍稀释液浇灌植株根茎部，可有效防治番茄、辣椒、茄子及瓜类多种苗期猝倒病、立枯病、瓜类枯萎病等。

【毒性】急性毒性半致死中量（LD_{50}）为2000毫克/千克（大鼠经口），大于5000毫克/千克（大鼠经皮）；10000毫克/千克（兔经皮）；445毫克/千克（小鼠经口）。

【注意事项】

（1）苯噻氰在25℃时，土壤pH为7.0的条件下，药效半衰期为68天，可见其残毒期较长。

（2）苯噻氰切勿接触眼睛与皮肤。眼睛接触药后，立即用清水冲洗15～30分钟，皮肤接触药后，尽快用肥皂与清水洗净。对误食中毒者，首先催吐解救，再口服大量牛奶、面粉糊等解毒，重症者应尽早送医院诊治处理。

（3）苯噻氰对鱼类高毒，切勿污染河流水源。

（4）苯噻氰储存要远离食品、饲料及儿童活动区，对剩余药剂及空容器应妥善处理。

3. 甲霜灵锰锌

【中、英文通用名】 甲霜灵锰锌，metalaxyl mancozeb

【有效成分】【化学名称】 甲霜灵（metalaxyl)+代森锰锌（mancozeb）

【含量与主要剂型】 72%可湿性粉剂（8%甲霜灵+64%代森锰锌)、60%可湿性粉剂（10%甲霜灵+50%代森锰锌)、58%可湿性粉剂（10%甲霜灵+48%代森锰锌)、36%悬浮剂（4%甲霜灵+32%代森锰锌)。

【曾用中文商品名】 甲霜·锰锌、康正雷、宝大森、宝多生、露速净、农丰喜、农士旺、普霜霖、普霜娇、霜必康、霜即熔、霜太克、诺毒霉、瑞森霉、瑞利德、速治宁、雷克宁、波菌登、菌统思、蓝兴隆、高乐尔、倍得丰、稳好、刺霜、敌霜、医霜、博霜、霜伏、霜愈、霜安、霜息、菌息、病飞、辣克、瑞旺、瑞尔、索除、劳特、和禾、激活、诛除、驱逐、润蔬、润亮、亮葡、亮雷、高雷、超雷、冠雷、佳雷、佳信、叶佳、叶盾、小矾、西里、剑诺、强诺、万歌、固宁、奇秀、喜秀、霉愈、福门、舒坦、玛贺、进金、赛福、双福、风潮、金诺毒霉、国光艾德、雷多米尔-锰锌。

【产品特性】 甲霜灵锰锌观为黄色至浅绿色粉末，相对密度0.2～0.25，在正常条件储存稳定期约为3年。有效成分甲霜灵大于（等于）10%、代森锰锌大于（等于）48%，细度（44毫克/千克通过率）大于（等于）99%，pH6.5～8.5，悬浮率大于（等于）65%，湿润时间小于（等于）60秒。

【使用范围和防治对象】 由于甲霜灵是内吸性杀菌剂，代森锰锌是保护性杀菌剂，所以甲霜灵锰锌具有内吸保护作用。目前除应用于黄瓜、白菜、莴苣、油菜、绿菜花、菜心、紫甘蓝等，烟草病害的防治，还可用来防治葡萄霜霉病，炭疽病，啤酒花霜霉病，油菜霜霉病及洋葱霜霉病、灰霉病。

【使用技术或施用方法】

(1) 防治黄瓜、白菜、莴苣、油菜、绿菜花、菜心、紫甘蓝、樱桃萝卜、介蓝等的霜霉病，于发病初期，每667平方米用58%甲霜灵锰锌可湿性粉剂 100～150 克，兑水 50～75 千克喷雾，或用 58%甲霜灵锰锌可湿性粉剂 500～600 倍液喷雾，或用 53%甲霜·锰锌水分散性粒剂 95～120 克，兑水喷雾。7～14 天喷 1 次，连喷 2～4 次。移栽的蔬菜在定植前若发现有病叶，应先喷药后移栽。防治黄瓜、辣（甜）椒、韭菜疫病，可采取喷药结合灌根的方法。当发现中心病株时立即喷 58%甲霜灵锰锌可湿性粉剂 500 倍液，每 667 平方米喷药液 50～60 千克；灌根每株用药液 300～400 毫升。对辣椒疫病，还可在定植前用药浸根 10 分钟，再每穴浇 50～100 毫升药水，有很好的预防效果。防治番茄晚疫病，番茄、茄子、辣椒等苗期猝倒病，辣椒早疫病、黑斑病，油菜黑斑病、白锈病等，发病初期，喷 58%甲霜灵锰锌可湿性粉剂 500 倍液，7～10 天喷 1 次，连喷 2～4 次。防治豌豆根腐病，重点喷茎根部。

（2）防治甜菜软腐病、霜霉病，发病初期，喷 58%甲霜灵锰锌可湿性粉剂 500 倍液，7～10 天喷 1 次，共 2～3 次。

【毒性】 甲霜灵锰锌属低毒杀菌剂。对眼睛有轻度刺激性，对皮肤有中度刺激性。雷多米尔·锰锌 58%、72%可湿性粉剂大鼠急性经口半致死中量（LD_{50}）为 5.2 克/千克。

【注意事项】

（1）甲霜灵锰锌虽为混配制剂，使用时还是尽量与不同类型的药剂交替使用，以防病菌产生抗药性。

（2）放在通风干燥处保存，甲霜灵锰锌不能与杀虫剂、除草剂在一起存放。

（3）甲霜灵锰锌目前尚无解毒特效药，在使用时应注意劳动保护，手和皮肤沾着药液后，应用清水冲洗干净。用过的包装应妥善处理。

4. 甲霜灵

【中、英文通用名】 甲霜灵，metalaxyl

【有效成分】【化学名称】 D,L-*N*-(2,6-二甲基苯基)-*N*-(2-甲氧基乙酰)丙氨酸甲酯

【含量与主要剂型】 5%颗粒剂、25%可湿性粉剂、35%拌种剂、

30%甲霜噁霉灵水剂、50%瑞毒霉加铜可湿性粉剂、58%瑞毒霉锰锌粉剂等。

【曾用中文商品名】 阿普隆、保种灵、瑞毒霉、瑞毒霜、甲霜安、雷多米尔、氨丙灵。

【产品特性】 甲霜灵为白色粉末，微有挥发性，在中性及弱酸性条件下较稳定，遇碱易分解。可湿性粉剂外观为白色至米色粉末，pH 值为 5～8，不易燃；种子处理制剂为紫色粉末，pH 值为 6～9，均在常温下储存稳定 2 年以上。工业品熔点为 63.5～72.30℃，沸点 295.9℃（101 千帕），25℃时蒸气压为 0.75 毫帕，相对密度 1.20（20℃）。溶解度（25℃）：水中 8.4 克/千克（22℃），丙酮中 450 克/千克，乙醇中 400 克/千克，甲苯中 340 克/千克，正己烷中 11 克/千克，辛醇中 68 克/千克。在 300℃以下稳定，不易燃，不爆炸，无腐蚀性。

【使用范围和防治对象】 甲霜灵属苯基酰胺类高效、低毒、低残留、内吸性杀菌剂。其内吸和渗透力很强，施药后 30 分钟即可在植物体内上下双向传导，对病害植株有保护和治疗作用，且药效持续期长，主要抑制病菌菌丝体内蛋白质的合成，使其营养缺乏，不能正常生长而死亡。对病害具有保护、治疗及内吸等杀菌作用，耐雨水冲刷，持效期 10～14 天。主要用于防治蔬菜作物由藻菌纲真菌引起的病害，对疫霉属所致马铃薯晚疫病、番茄疫病，假霜霉属引起的黄瓜和啤酒花霜霉病，单轴霉属所致葡萄霜霉病，霜霉属引起的洋葱霜霉病，以及由腐霉属引起的各种猝倒病及种腐病等 20 多种病害，都具有良好防治效果。

【使用技术或施用方法】

（1）一般用 25%甲霜灵可湿性粉剂 750 倍液，防治黄瓜霜霉病和疫病，茄子、番茄及辣椒的棉疫病，十字花科蔬菜白锈病等，每隔 10～14 天喷 1 次，用药次数每季不得超过 3 次。

（2）马铃薯晚疫病的防治，初见叶斑时，每 667 平方米用 25%甲霜灵可湿性粉剂 500 倍液喷雾，每隔 10～14 天喷 1 次，不得超过 3 次。

【毒性】 甲霜灵属于低毒性杀菌剂。原药大鼠急性经口半致死中量（LD_{50}）为 669 毫克/千克，急性经皮半致死中量（LD_{50}）大于

3100毫升/千克。对眼睛和皮肤有轻度刺激作用，对鸟类、鱼类、蜜蜂毒性较低，虹鳟鱼半数耐受极限（TLM）为100毫克/千克（96小时）。

【注意事项】

（1）单一长期使用甲霜灵，病菌易产生抗性。使用多元复配药剂效果较好。

（2）蔬菜采收前10天内停止使用甲霜灵。

5. 噻菌灵

【中、英文通用名】噻菌灵，thiabendazole

【有效成分】【化学名称】2-(4-噻唑基)-1*H*-苯并咪唑

【含量与主要剂型】45%悬浮液，60%、90%可湿性粉剂，42%胶悬剂。

【曾用中文商品名】特克多、涕必灵、硫苯唑。

【产品特性】原药为灰白色无味粉末，有效成分含量为98.5%，在高温、低温水中及酸碱溶液中均稳定。噻菌灵为白色粉末状，在室温下不挥发，在水中溶解度随pH变化而改变，在25℃气温下pH2时的溶解度约1%，pH5～12时的溶解度低于50毫克/千克。在室温下的溶解度：丙酮中4.2克/千克，乙醇中7.9克/千克，苯中230毫克/千克。该药悬浮制剂外观为奶油色黏液体，悬浮率大于85%，可与一般农药混用，对温度和酸碱度均稳定。

【使用范围和防治对象】噻菌灵属苯咪唑类杀菌剂，作用机制为抑制真菌有丝分裂过程中的微管蛋白的形成。高效、广谱、内吸性杀菌剂，兼有保护和治疗作用。能向顶传导，但不能向基传导。持效期长，与苯并咪唑类杀菌剂有交互抗性。

【使用技术或施用方法】

（1）防治瓜类白粉病、蔬菜灰霉病等，每公顷可用特克多45%噻菌灵悬浮剂1500毫升，兑水1500千克稀释成1000倍液，在发病初期或坐果前期进行均匀喷雾1次。大棚蔬菜定植前用500倍液浇沟施药防病效果良好。

（2）防治芹菜斑枯病、菌核病等，每公顷用45%噻菌灵悬浮剂750～1350毫升，兑水750～1350千克稀释成1000倍液，在发病初期及时均匀喷雾。

【毒性】 噻菌灵属于低毒性杀菌剂。大鼠急性经口半致死中量（LD_{50}）为 3330 毫克/千克，小鼠为 3810 毫克/千克，幼鼠为 3300 毫克/千克，兔子为 3850 毫克/千克。对皮肤无刺激性。大鼠 2 年饲喂试验无作用剂量为每天 40 毫克/千克，以每天 80 毫克/千克对大鼠饲喂 2 年繁殖无影响。动物试验未见致癌、致畸、致突变作用。对鱼类有一定毒效，虹鳟鱼半致死浓度（LC_{50}）为 5.5 毫克/千克（48 小时）、3.5 毫克/千克（96 小时）；蓝鳃鱼半致死浓度（LC_{50}）为 18.5 毫克/千克（48 小时）、4.0 毫克/千克（96 小时）。对鸟低毒。

【注意事项】

（1）噻菌灵对鱼类有毒，不要污染池塘和水源。

（2）原药密封保存，远离儿童，空瓶应妥善处理。

6. 乙烯菌核利

【中、英文通用名】 乙烯菌核利，vinclozolin

【有效成分】【化学名称】 3-(3,5-二氯苯基)-5-乙烯基-5-甲基-2,4-噁唑烷二酮

【含量与主要剂型】 50%可湿性粉剂。

【曾用中文商品名】 农利灵、灰霉利、烯菌酮。

【产品特性】 纯品为白色结晶体。当温度 108℃时，蒸气压 13.3×10^{-6} 帕。20℃时溶解度：丙酮中 43.5%，氯仿中 31.9%，苯中 14.6%，水中 0.1%。在 0.1 摩尔/升盐酸及中性水溶液中稳定，在碱性溶液能慢慢水解。工业品为白色至灰色，纯度大于 96%，熔点 106～108℃，具有微弱芳香味，在水中形成悬浮液，扩散性能良好。

【使用范围和防治对象】 它是一种广谱保护性和触杀性杀菌剂，对蔬菜、观赏植物等植物上由灰葡萄孢属（*Botrytis* spp.）、核盘菌属、链核盘菌属等病原真菌引致的病害具有显著的预防和治疗作用。

【使用技术或施用方法】

（1）防治油菜菌核病病菌、白粉黑斑病、花卉、茄子、黄瓜灰霉病，在发病初期，每次每 667 平方米用 50%乙烯菌核利可湿性粉剂 75～100 克，兑水喷雾，间隔 7～10 天再喷 1 次，共 3～4 次。

（2）番茄灰霉病、早疫病的防治　每次每667平方米用50%乙烯菌核利可湿性粉剂75～100克，兑水喷雾，间隔7～10天再喷1次，共3～4次。

【毒性】乙烯菌核利属于低毒性杀菌剂，原药大白鼠急性口服致死中量（LD_{50}）大于10000毫克/千克，制剂涂皮半致死中量（LD_{50}）大于2500毫克/千克，急性吸入半致死浓度（LC_{50}）大于29.1毫克/升。对兔眼睛无刺激作用，对兔皮肤有中等刺激作用。在试验剂量下无慢性毒性。对蜜蜂和鸟类低毒，对水生生物安全。

【注意事项】

（1）不慎溅入眼睛应迅速用大量清水冲洗，误服中毒应立即服用医用活性炭。

（2）可与多种杀虫、杀菌剂混用。

（3）施药植物要在4～6片叶以后，移栽苗要在缓苗以后才能使用。

（4）低湿、干旱时要慎用。

7. 可杀得

【中、英文通用名】可杀得，kocide

【有效成分】【化学名称】氢氧化铜

【含量与主要剂型】77%可杀得可湿性粉剂、61.4%干悬浮剂。

【曾用中文商品名】可杀得2000、可杀得3000。

【产品特性】可杀得的有效成分为氢氧化铜，是一种新型的铜基杀菌剂，原药为由特殊方法制成的多孔针形晶体。药液配兑后稳定，扩散性好，喷洒后黏附性强，耐雨水冲刷，能够稳定地缓慢释放出杀菌成分Cu^{2+}，对人畜较安全。

【使用范围和防治对象】可杀得广谱性，以预防保护作用为主，要在发病之前和发病初期使用。该药与内吸性杀菌剂交替使用，防治效果会更好。适于防治蔬菜多种真菌及细菌性病害，对植物生长有刺激作用。

【使用技术或施用方法】

（1）防治番茄早疫病、晚疫病，甜辣椒疫病、炭疽病，一般用

77%可杀得可湿性粉剂500～800倍液喷雾处理。

（2）防治黄瓜疫病、霜霉病、炭疽病、细菌性角斑病，常用77%可杀得可湿性粉剂600～800倍液喷雾可有效控制。

【毒性】 可杀得属低毒农药。大鼠急性口服致死中量（LD_{50}）为1000毫克/千克。

【注意事项】

（1）蔬菜苗期采用安全浓度喷药防病，应慎用或不用可杀得。

（2）可杀得可与非强碱或强酸性农药谨慎混用。

（3）用药的时间最好在发病前及发病初期，如果病害发生较重再用药，则需增加喷药次数，效果也不很理想。

（4）可杀得虽属低毒农药，但在应用过程中要遵循一般农药使用规则，操作人员要做好防护。

（5）药剂应储存在阴凉干燥通风处，有效期2年。

8. 蜡质芽孢杆菌

【中、英文通用名】 蜡质芽孢杆菌，bacillus cereus

【有效成分】【化学名称】 蜡质芽孢杆菌的分泌物及SOD酶

【含量与主要剂型】 8亿个/克、20亿个/克、90亿个/克、300亿个/克可湿性粉剂。

【曾用中文商品名】 叶扶力、叶扶力2号、BC752菌株。

【产品特性】 蜡质芽孢杆菌在细菌分类学上属于芽孢杆菌属，是革兰氏阳性菌，杆状；外观为灰白色或浅灰色粉末，与假单芽孢菌混合制剂为淡黄色或浅棕色乳液体，略带黏性，有特殊腥味，密度1.08克/立方厘米，细度90%通过325目筛，水分含量小于（等于）5%，悬浮率大于（等于）85%，pH6.5～8.4，45℃以下稳定。

【使用范围和防治对象】 本剂为蜡质芽孢杆菌活体吸附粉剂。蜡质芽孢杆菌能通过体内的SOD酶，调节作物细胞微生境，维持细胞正常的生理代谢和生化反应，提高抗逆性，加速生长，提高产量和品质。

【使用技术或施用方法】

（1）拌种　对油菜和各种蔬菜作物，每1000克种子，用蜡质芽孢杆菌15～20克拌种，然后播种。如果种子先浸种后拌蜡质芽孢杆菌菌粉时，应在拌药后晾干再进行播种。

（2）喷雾 对油菜及蔬菜等作物，在旺长期，每667平方米用蜡质芽孢杆菌100～150克，兑水30～40千克均匀喷雾。据在油菜上试验，可增加油菜分枝数、角果数及籽粒数，促进增产，并对立枯病、霜霉病有防治作用，明显降低发病率。

【毒性】 蜡质芽孢杆菌属低毒生物农药，其原液对大鼠急性经口半致死中量（LD_{50}）大于7000亿菌体/千克，大鼠90天亚慢性喂养试验，剂量为100亿菌体/(千克·天)，未见不良反应。用100亿菌体/千克对兔急性经皮和眼睛试验，均无刺激性反应。对人、畜和天敌安全，不污染环境。

【注意事项】

（1）蜡质芽孢杆菌为活体细菌制剂，保存时避免高温，50℃以上易造成菌体死亡。

（2）蜡质芽孢杆菌应储存在阴凉、干燥处，切勿受潮，避免阳光暴晒。

（3）蜡质芽孢杆菌保质期2年，在有效期内及时用完。

（4）使用蜡质芽孢杆菌期间应避免对周围蜂群的影响，蜜源作物花期、蚕室和桑园附近禁用。远离水产养殖区施药，禁止在河塘等水体中清洗施药器具。

（5）使用蜡质芽孢杆菌时应穿戴防护服和手套，避免吸入药液。施药期间不可吃东西和饮水。施药后应及时洗手和洗脸。

（6）蜡质芽孢杆菌打开即用，勿再存放。

（7）建议与其他作用机制不同的杀菌剂轮换使用，以延缓抗性产生。

（8）孕妇及哺乳期妇女禁止接触蜡质芽孢杆菌。

9. 二氰蒽醌

【中、英文通用名】 二氰蒽醌，dithianon

【有效成分】【化学名称】 2,3-二腈基-1,4-二硫代蒽醌

【含量与主要剂型】 制剂有25%水剂、75%可湿性粉剂、22.7%

二氰蒽醌悬浮剂。

【曾用中文商品名】二噻农。

【产品特性】二氰蒽醌纯品是褐色结晶，熔点225℃；蒸气压0.066毫帕（25℃），工业品为黑褐色固体，含量大于95%。溶解度（25℃）：水0.5克/千克，丙酮10毫克/千克，苯8毫克/千克，氯仿12毫克/千克。分配系数为690，在80℃以下稳定，水溶液（0.1毫克/千克）在人造阳光下半衰期（DT_{50}）为19小时，在碱性条件下（pH大于7）下分解，不能与矿油喷雾剂混用。

【使用范围和防治对象】二氰蒽醌为保护性杀菌剂，通过与含硫基团反应和干扰细胞呼吸而抑制一系列真菌酶，最后导致病菌死亡。具很好的保护活性的同时，也有一定的治疗活性。对辣椒炭疽病有较好的防治效果。

【使用技术或施用方法】

田间防治辣椒炭疽病的试验结果表明，22.7%二氰蒽醌悬浮剂对辣椒炭疽病有较好的防效，在600～1000倍液范围内防效与浓度呈正相关，以600倍液喷施2次的效果最好，800倍液的防效次之，但二者无明显差异，为降低用药量成本，建议喷施浓度以800倍液为宜。

【毒性】二氰蒽醌属低毒杀菌剂，大鼠急性经口半致死中量（LD_{50}）为619毫克/千克（雄）、681毫克/千克（雌）；急性经皮半致死中量（LD_{50}）大于2150毫克/千克，对人、畜、蜜蜂、鱼等生物安全。

【注意事项】

（1）安全间隔期为7天，每季最多施药3次。

（2）二氰蒽醌不可与碱性农药等物质及矿物油雾剂混用。

（3）二氰蒽醌久置后可能有轻微分层现象，使用时振荡摇匀不影响药效。

（4）施药期间应避免对周围蜂群的影响，开花植物花期、蚕室和桑园附近禁用。远离水产养殖区施药，禁止在河塘等水体中清洗施药器具。

（5）建议二氰蒽醌与其他作用机制不同的杀菌剂轮换使用。

（6）施药时穿长衣长裤、戴手套、口罩等，此时不能饮食、吸烟等，施药后洗干净手脸等。

(7) 孕妇及哺乳期妇女禁止接触本品。

(8) 用过二氰蒽醌的容器应妥善处理，也不可随意丢弃。

10. 五氯硝基苯

【中、英文通用名】 五氯硝基苯，pentachloronitrobenzene

【有效成分】【化学名称】 $C_6Cl_5NO_2$；$Cl_5C_6NO_2$

【含量与主要剂型】 40%粉剂，40%、50%、75%可湿性粉剂。

【曾用中文商品名】 土粒散，五氯硝基苯原粉，硝基五氯苯，掘地生粉剂，土粒散粉剂，掘地生，把可塞的。

【产品特性】 纯品为白色无味结晶。工业品为白色或灰白色粉末。不溶于水，溶于有机溶剂，化学性质稳定，不易挥发、氧化和分解，也不易受阳光和酸碱的影响，但在高温干燥的条件下会爆炸分解，降低药效。

【使用范围和防治对象】 本品属有机氮保护性杀菌剂，无内吸性，用于土壤处理和种子消毒。对丝核菌引起的病害有较好的防效，其杀菌机制被认为是影响菌丝细胞的有丝分裂。对多种蔬菜的苗期病害及土壤传染的病害有较好的防治效果。

【使用技术或施用方法】

采用土壤处理主要方法如下。

(1) 防治黄瓜幼苗、茄科蔬菜幼苗等的猝倒病，每平方米苗床上用40%五氯硝基苯粉剂9克，再与4～5千克过筛干细土混匀，制成药土；先将苗床底水浇好，把1/3的药土撒于苗床上，播种后，再把余下的2/3药土撒于种子上，药土的厚薄要均匀一致。

(2) 每平方米苗床上用40%五氯硝基苯粉剂9～10克，与1千克过筛干细土混匀，制成药土，将药土均匀撒在畦面上，再耙入土中，然后播种，防治甜（辣）椒菌核病。

(3) 防治茄科蔬菜幼苗的立枯病，菜用大豆（镰刀菌）根腐病，甘蓝类的黑根病、黑胫病，将40%五氯硝基苯粉剂与50%福美双可湿性粉剂，按1∶1的比例混配成混合药剂，每平方米苗床上用混合药剂8～10克，再与过筛干细土3～5千克或10～15千克（后者为豆类用土量，用土量与种子大小有关），混匀后制成药土，以下步骤同（1）。

(4) 防治多种蔬菜苗期病害，将40%五氯硝基苯粉剂、50%福美双可湿性粉剂、25%甲霜灵可湿性粉剂等量混匀（各占1/3），制成混合药剂，每平方米苗床上用混合药剂8克，再与适量过筛干细土混匀（据种子大小而定土量），制成药土，以下步骤同（1）。

(5) 用40%五氯硝基苯粉剂1份，与细土100～200份拌匀，制成药土，将药土撒于病株根茎处，防治黄瓜白绢病。

(6) 每公顷用40%五氯硝基苯粉剂6.75千克，拌细土300～450千克，混匀制成药土，在发病初，将药土撒于植株根附近，防治油菜、莴苣等的菌核病、立枯病。

(7) 每公顷用40%五氯硝基苯粉剂10.5千克，拌细土225千克，混匀制成药土，将药土撒于株行间，防治菜豆菌核病。

(8) 每公顷用40%五氯硝基苯粉剂11.25千克，兑水150千克，再拌入1500千克细土中，混匀制成药土，将药土撒入播种穴中，再播种，防治萝卜黑腐病。

(9) 每公顷用40%五氯硝基苯粉剂15千克，与300千克细土拌匀，制成药土，在定植前，将药土撒于地面并耙入土中，防治黄瓜、西葫芦等的菌核病。

(10) 每公顷用40%五氯硝基苯粉剂22.5～37.5千克，进行土壤消毒，防治马铃薯疮痂病。

(11) 每公顷用40%五氯硝基苯粉剂30～45千克，与600～750千克细土混匀，制成药土，将药土施于定植穴内，再栽苗，防治白菜类根肿病。

(12) 每公顷用40%五氯硝基苯粉剂45～60千克，与细土600～750千克拌匀，制成药土，将药土施于播种沟内或定植穴内，防治萝卜根肿病。

(13) 每公顷用40%五氯硝基苯粉剂37.5～75千克，与细土600～750千克拌匀，制成药土，将药土施入播种沟内或定植穴内，防治甘蓝根肿病。

(14) 每公顷用40%五氯硝基苯粉剂82.5千克，兑水后进行土壤消毒，防治茄子猝倒病。

(15) 每平方米用40%五氯硝基苯粉剂8～10克，与适量细干土拌匀，配成药土，先把1/3的药土撒在苗床上，播种后再把2/3的药土覆盖在种子上，防治黄瓜（腐霉）根腐病。

（16）每立方米苗床土用40%五氯硝基苯粉剂150克，拌匀后装于营养钵或穴盘内育苗，防治黄瓜（腐霉）根腐病。

也可以灌根，拌种或涂抹。

（1）用40%五氯硝基苯可湿性粉剂600～800倍液，喷淋植株根茎部，防治辣椒白绢病。

（2）用75%五氯硝基苯可湿性粉剂700～1000倍液，灌根防治大白菜根肿病。

（3）用40%五氯硝基苯500倍悬浮液灌淋根部，防治萝卜根肿病。

（4）拌种，用40%五氯硝基苯粉剂拌种，用药量为种子质量的0.3%，防治萝卜根肿病。

（5）涂抹，用50%五氯硝基苯可湿性粉剂，兑水稀释为50倍液，并往药液中加入0.02%琼脂，涂抹茎上病斑，防治黄瓜菌核病。

【毒性】 五氯硝基苯属低毒杀菌剂，大鼠经口半致死中量（LD_{50}）为750毫克/千克；大鼠吸入半致死浓度（LC_{50}）为1400毫克/千克；大鼠腹腔半致死中量（LD_{50}）为5毫克/千克；小鼠口径半致死中量（LD_{50}）为1400毫克/千克；小鼠吸入半致死浓度（LC_{50}）为2毫克/千克；狗经口半致死中量（LD_{50}）为2500毫克/千克；兔子经口半致死中量（LD_{50}）为800毫克/千克；兔子皮肤半致死中量（LD_{50}）大于4毫克/千克；对人、畜、鱼低毒，在土壤残效期长。

【注意事项】

（1）不能随意加大五氯硝基苯用量，施药均匀，避免大量药剂与作物幼芽接触产生药害。

（2）在装卸、运输、使用五氯硝基苯时要穿防护衣、裤，戴口罩、手套，防止接触皮肤和从口鼻吸入。在操作时严禁吸烟、喝水、进食。

（3）储存时要注意防潮和日晒，保持通风良好，不得与食物、种子、饲料等混放。

（4）拌过五氯硝基苯的种子不能用作饲料或食用。

（5）五氯硝基苯不能与碱性药物混用。

（6）加工五氯硝基苯时应注意安全防护。避免孕妇及哺乳期妇女接触；工作时禁止吸烟和进食，工作结束后，应用肥皂和清水洗脸、手和裸露部位。在使用时如对眼引起红肿、流泪、结膜炎等，应立即去医院，请医生诊治。如误服等引起中毒，可采用对症治疗。

（7）禁止在河塘等水体中清洗药械。

11. 叶枯唑

【中、英文通用名】叶枯唑，bismerthlazol

【有效成分】【化学名称】N,N'-亚甲基-双（2-氨基-5-硫基-1,3,4-枯唑）

【含量与主要剂型】97%叶枯唑原药，15%、20%、25%叶枯唑可湿性粉剂。

【曾用中文商品名】噻枯唑、叶枯宁、叶青双、猛克菌、豪格、奥朴、统领、康驰、巴宁、比森、赛高、世品、艳丽、奔菌、裁菌、细美、奥歌、川研恩穗、病菌通灭、标正秀细。

【产品特性】叶枯唑纯品为白色长方柱状结晶或浅黄色疏松细粉，熔点（190±1）℃。溶于二甲基甲酰胺、二甲基亚砜、吡啶、乙醇、甲醇等有机溶剂，难溶于水。

【使用范围和防治对象】叶枯唑是高效、安全内吸性杀菌剂，具有良好的预防和治疗作用。主要用于防治植物细菌性病害，持效期长、药效稳定，对大白菜软腐病、番茄青枯病、马铃薯青枯病、番茄溃疡病等细菌性穿孔病等细菌性病害均具有很好的防治效果。

【使用技术或施用方法】

叶枯唑主要通过喷雾防治病害，有时也可用于灌根。

（1）喷雾　防治番茄、大白菜等病害时，一般每667平方米使用15%叶枯唑可湿性粉剂180～250克，或20%叶枯唑可湿性粉剂120～180克，或25%叶枯唑可湿性粉剂100～120克，兑水30～45升喷雾。

（2）灌根　防治番茄及马铃薯青枯病时，需要灌根防治病害，在病害发生前或发生初期开始灌药，一般使用15%叶枯唑可湿性粉剂300～400倍液，或20%叶枯唑可湿性粉剂400～500倍液，或25%

叶枯唑可湿性粉剂 500～600 倍液，每株浇灌药液 150～250 毫升，顺茎基部浇灌。

（3）防治姜瘟，在挖取老姜后，用 25%叶枯唑可湿性粉剂 1500 倍液淋蔸。

【毒性】叶枯唑属低毒性杀菌剂。无致癌、致畸、致突变作用。对鱼类安全。急性口服半致死中量（LD_{50}）：原药小鼠为 3180～6200 毫克/千克，原药大鼠急性经口半致死中量（LD_{50}）为 3160～8250 毫克/千克。大鼠以含 0.25 毫克/千克饲养一年无不良影响。

【注意事项】

（1）叶枯唑属于低毒农药，对施药人员虽无刺激作用，但仍需避免身体皮肤直接接触。施药时，严禁吸烟、吃东西。请自觉遵守《农药安全操作规程》。

（2）叶枯唑应掌握在初发病期使用，采用喷雾或弥雾。不宜用毒土法施药。

（3）孕妇、孩子禁与叶枯唑接触。

（4）放于阴凉干燥处，以免受潮。

12. 硫酸铜钙

【中、英文通用名】硫酸铜钙，coppercalciumsulphate

【有效成分】【化学名称】$CaCuSO_4$

【含量与主要剂型】77%可湿性粉剂。

【曾用中文商品名】多宁。

【产品特性】本品为铜钙制剂，pH 值为中性偏酸，可与大多数不含金属离子的杀虫杀螨剂混用。

【使用范围和防治对象】硫酸铜钙是一种广谱保护性铜素杀菌剂，其杀菌机制是通过释放的铜离子与病原真菌或细菌体内的多种生物基团结合，形成铜的络合物等物质，使蛋白质变性，从而阻碍和抑制代谢，导致病菌死亡。独特的“铜钙”化合物，遇水时缓慢释放出杀菌的铜离子，与病菌的萌发、侵染同步，杀菌、防病及时彻底，并对真菌性和细菌性病害同时有效。该药颗粒微细，呈绒毛状结构，喷施后能均匀分布并紧密黏附在作物的叶片表面，耐雨水冲刷能力强。可广泛应用于对铜离子不敏感的多种蔬菜及多种经济作物上防治许多种真菌性与细菌性病害。如生姜的烂脖子病（腐霉茎基腐病）、姜瘟病，大蒜的根腐病、软腐病，多种瓜果蔬菜的疫病、猝倒病、立枯病、霜霉病、晚疫病、真菌性叶斑病、细菌性叶斑病，马铃薯晚疫病等。

【使用技术或施用方法】

硫酸铜钙使用方法多样，既可喷雾或喷淋防病，又可土壤用药消毒或浇灌，还可用于无性繁殖材料（种姜、种蒜等）的消毒处理。喷雾防治病害时，必须及时均匀周到。

（1）瓜果蔬菜的苗期病害　首先对育苗的苗床土或营养钵土进行消毒，一般按照每立方米育苗土使用77%硫酸铜钙可湿性粉剂20～30克均匀拌土，而后播种；然后在苗期发现病苗后或连阴2天后立即喷淋苗床，一般使用77%硫酸铜钙可湿性粉剂600～800倍液喷淋。

（2）瓜果蔬菜的根部病害　首先对育苗土进行消毒（方法同“瓜果蔬菜的苗期病害”）；然后在定植时对定植沟（穴）撒药消毒，一般每667平方米次使用77%硫酸铜钙可湿性粉剂1～1.5千克均匀撒施，混土后定植，也可在定植后使用77%硫酸铜钙可湿性粉剂600～800倍液浇灌定植药水；第三，从定植后30天左右开始进行药液灌根，20天左右1次，连灌2次左右，一般使用77%硫酸铜钙可湿性粉剂500～600倍液浇灌植株基部及周围土壤，每次每株浇灌药液200～250毫升。

（3）姜的腐霉茎基腐病、姜瘟病　栽种前进行土壤消毒，一般每667平方米次使用77%硫酸铜钙可湿性粉剂1～2千克均匀撒施于栽种沟内，混土后摆种；然后在生长期使用500～600倍液浇灌植株根茎基部及其周围土壤（顺水浇灌种植沟），每667平方米每次浇灌77%硫酸铜钙可湿性粉剂1千克，30天左右1次，连灌2次左右。另外，也可使用400～500倍液浸泡姜种1分钟，而后在播种沟内播种。

（4）蒜的根腐病、软腐病　首先按0.2%药种量使用77%硫酸铜钙可湿性粉剂拌种，或每667平方米使用77%硫酸铜钙可湿性粉剂1千克在播种前撒施于播种沟内；然后在冬前使用77%硫酸铜钙可湿性粉剂600～800倍液浇灌大蒜田，每667平方米次使用77%硫酸铜钙可湿性粉剂 1～1.5 千克。

(5) 黄瓜病害 以防治霜霉病为主，兼防炭疽病、细菌性叶斑病。首先在定植前 2～3 天喷药 1 次，然后从定植后 2～3 天开始连续喷药，7～10 天 1 次，与相应治疗性杀菌剂交替使用，重点喷洒叶片背面。一般使用 77%硫酸铜钙可湿性粉剂 600～800 倍液均匀喷雾。

(6) 冬瓜的炭疽病、疫病 从病害发生初期或初见病果时开始喷药，7 天左右 1 次，与相应治疗性杀菌剂交替使用，连喷 2～4 次，防治疫病时重点喷洒植株中下部及土壤表面。药剂喷施倍数同“黄瓜病害”。

(7) 番茄病害 防治晚疫病、褐腐病时，从初见病斑时开始喷药，7～10 天 1 次，与相应治疗性杀菌剂交替使用，连喷 4～6 次；防治细菌性溃疡病时，在每次整枝打杈前、后各喷药 1 次。一般使用 77%硫酸铜钙可湿性粉剂 500～600 倍液均匀喷雾。

(8) 茄子的疫病、绵疫病 从初见病斑时开始喷药，或从雨季到来前开始喷药，7 天左右 1 次，连喷 2～4 次，重点喷洒植株中下部及土壤表面。药剂喷施倍数同“番茄病害”。

(9) 辣椒病害 防治疫病、疮痂病、炭疽病时，从病害发生初期开始喷药，7 天左右 1 次，与相应治疗性杀菌剂交替使用，连喷 2～4 次；防治霜霉病时，从初见病斑时开始喷药，7 天左右 1 次，与治疗性杀菌剂交替使用，连喷 3～5 次，重点喷洒叶片背面。药剂喷施倍数同“番茄病害”。

(10) 芹菜叶斑病 从病害发生初期开始喷药，7 天左右 1 次，与治疗性杀菌剂交替使用，连喷 3～5 次。药剂喷施倍数同“番茄病害”。

(11) 马铃薯晚疫病 从马铃薯株高 25 厘米左右时或从初见病斑时开始喷药，7～10 天 1 次，与治疗性杀菌剂交替使用，连喷 4～6 次。一般每 667 平方米次使用 77%硫酸铜钙可湿性粉剂 100～120 克兑水 45～75 千克均匀喷雾。

(12) 马铃薯青枯病 从马铃薯株高 0～15 厘米时或田间初见病株时开始用药剂灌根，15 天左右 1 次，连灌 2～3 次。一般使用 77%硫酸铜钙可湿性粉剂 500～600 倍液浇灌。

【毒性】 低等毒性，对蜜蜂、鱼类、蚕有低毒。

【注意事项】

（1）硫酸铜钙安全间隔期黄瓜 10 天，每季最多使用 3 次；烟草 15 天，每季最多使用 3 次；大姜 30 天，每季最多使用 4 次。

（2）硫酸铜钙不能与含有其他金属元素的药剂和微肥混合使用，也不宜与强碱性和强酸性物质混用。

（3）大白菜、菜豆、莴苣、荸荠等对硫酸铜钙敏感，不宜使用。

（4）使用过硫酸铜钙的药械需清洗三遍，在洗涤药械和处理废弃物时不要污染水源。

（5）施药时穿防护衣、戴口罩，避免眼睛、皮肤接触、避免吸入。

（6）用过的包装材料焚烧或深埋；清洗施药器械要远离水源，不能随意倾倒残余药液，以免污染环境。

（7）硫酸铜钙对蜜蜂、鱼类等水生生物、家蚕有毒，施药期间应避免对周围蜂群的影响，开花植物花期、蚕室和桑园附近禁用。远离水产养殖区施药，禁止在河塘等水体中清洗施药器具。

13. 申嗪霉素

【中、英文通用名】申嗪霉素，phenazine-1-carboxylicacid

【有效成分】【化学名称】吩嗪-1-羧酸

【含量与主要剂型】1%水基悬浮剂。

【曾用中文商品名】无。

【产品特性】制剂外观为可流动、易测量体积的悬浮液体，存放过程中可能出现沉淀，但经手摇动应恢复原状，不应有结块。熔点 241～242℃；溶于醇、醚、氯、仿、苯，微溶于水；在偏酸性及中性条件下稳定。

【使用范围和防治对象】申嗪霉素是由荧光假单胞菌 M18 经生物培养分泌的一种抗生素，同时具有广谱抑制植物病原菌并促进植物生长作用的双重功能的杀菌剂，具有广谱、高效的特点，有效防治蔬菜作物上的枯萎病、蔓枯病、疫病、霜霉病、条锈病、菌核病、炭疽病、灰霉病、青枯病、溃疡病、姜瘟及用于土传病害土壤处理。

【使用技术或施用方法】

申嗪霉素具有治疗和保护作用，用于植物真菌的预防和治疗。在发病前或发病初期用药为宜。

（1）喷雾　一般农作物，使用 800～1000 倍喷雾，叶面喷湿为宜。

（2）灌根　根部病害以 500～1000 倍浇在根部。

（3）拌种或浸种　对种子 200 倍拌种或浸种处理。

（4）土壤消毒　每 667 平方米用 3～4 千克药剂，用足量水稀释后均匀泼浇。

【毒性】 按照我国农业毒性分级标准，申嗪霉素属于低毒杀菌剂，大鼠急性经口半致死中量（LD_{50}）大于 5000 毫克/千克，大鼠急性经皮半致死中量（LD_{50}）大于 2000 毫克/千克。无致畸、致癌、致突变作用，对人、畜、作物安全；对鱼、蜜蜂、家蚕等均无不良影响。施药后 7 天，基本检测补充残留物。

【注意事项】

（1）申嗪霉素在西瓜上使用的安全间隔期为 7 天，每季作物最多使用 3 次；在辣椒上使用的安全间隔期为 7 天，每季作物最多使用 3 次；在水稻上使用的安全间隔期为 14 天，每季作物最多使用 2 次；在黄瓜上使用的安全间隔期为 2 天，每季作物最多使用 2 次。

（2）申嗪霉素是抗生素杀菌剂，建议与其他作用机制不同的杀菌剂轮换使用。

（3）申嗪霉素不能与呈碱性的农药等物质混合使用。

（4）申嗪霉素对鱼类中等毒性，远离水产养殖区、河塘等水体施药，禁止在河塘等水体中清洗施药器具，药液及其废液不得污染各类水域、土壤等环境。

（5）禁止在开花作物花期、蚕室和桑园附近使用申嗪霉素。鱼或虾蟹套养稻田禁用。

（6）使用申嗪霉素时应穿戴防护服和手套，避免吸入药液，施药期间不可吃东西和饮水。施药后应及时洗手和洗脸。

（7）孕妇及哺乳期妇女避免接触申嗪霉素。

（8）用过的容器应妥善处理，不可做他用，也不可随意丢弃。

14. 咪鲜胺锰盐

【中、英文通用名】咪鲜胺锰盐，prochloraz-manganesechloride complex

【有效成分】【化学名称】*N*-丙基-*N*-[2-(2,4,6-三氯苯氧基)乙基]-1*H* 咪唑-1-甲酰胺-氯化锰

【含量与主要剂型】50%咪鲜胺锰盐可湿性粉剂、60%咪鲜胺锰盐可湿性粉剂。

【曾用中文商品名】施保功。

【产品特性】咪鲜胺锰盐为白色至褐色砂粒状粉末，气味微芳香，熔点141～142.5℃，水中溶解度为40毫克/千克，丙酮中为7克/千克，蒸气压为0.02帕（20℃），在水溶液中或悬浮液中，此复合物很快地分离，在25℃下其分离度于4小时内达55%。

【使用范围和防治对象】咪鲜胺锰盐属咪唑类杀菌剂，以施保克-氯化锰复合物为有效成分，对子囊菌引起的多种作物病害有特效。咪鲜胺锰盐是通过抑制甾醇的生物合成而起作用的。主要用于防治番茄、西葫芦、大白菜、生菜、菠菜等作物上的病害。

【使用技术或施用方法】

（1）防治番茄病害

① 防治番茄晚疫病，每667平方米用50%咪鲜胺锰盐可湿性粉剂40～75克，喷雾。

② 防治番茄早疫病，每667平方米用50%咪鲜胺锰盐可湿性粉剂40～75克，喷雾。

③ 防治番茄白粉病，每667平方米用50%咪鲜胺锰盐可湿性粉剂40～75克，喷雾。

④ 防治番茄猝倒病，每667平方米用50%咪鲜胺锰盐可湿性粉剂40～75克，喷雾。

⑤ 防治番茄灰霉病，每667平方米用50%咪鲜胺锰盐可湿性粉剂40～75克，喷雾。

⑥ 防治番茄蒂腐病，每667平方米用50%咪鲜胺锰盐可湿性粉剂40～75克，喷雾。

⑦ 防治番茄花叶病，每667平方米用50%咪鲜胺锰盐可湿性粉剂40～75克，喷雾。

⑧ 防治番茄褐斑病，每667平方米用50%咪鲜胺锰盐可湿性粉剂40～75克，喷雾。

⑨ 防治番茄黑星病，每667平方米用50%咪鲜胺锰盐可湿性粉剂40～75克，喷雾。

（2）防治黄瓜病害

① 防治黄瓜霜霉病，每667平方米用50%咪鲜胺锰盐可湿性粉剂40～75克，喷雾。

② 防治黄瓜枯萎，每667平方米用50%咪鲜胺锰盐可湿性粉剂40～75克，喷雾。

③ 防治黄瓜黄瓜白粉病，每667平方米用50%咪鲜胺锰盐可湿性粉剂40～75克，喷雾。

④ 防治黄瓜蔓枯病，每667平方米用50%咪鲜胺锰盐可湿性粉剂40～75克，喷雾。

⑤ 防治黄瓜炭疽病，每667平方米用50%咪鲜胺锰盐可湿性粉剂40～75克，喷雾。

⑥ 防治黄瓜角斑病，每667平方米用50%咪鲜胺锰盐可湿性粉剂40～75克，喷雾。

⑦ 防治黄瓜灰霉病，每667平方米用50%咪鲜胺锰盐可湿性粉剂40～75克，喷雾。

⑧ 防治黄瓜花叶病，每667平方米用50%咪鲜胺锰盐可湿性粉剂40～75克，喷雾。

⑨ 防治黄瓜褐斑病，每667平方米用50%咪鲜胺锰盐可湿性粉剂40～75克，喷雾。

⑩ 防治黄瓜黑星病，每667平方米用50%咪鲜胺锰盐可湿性粉剂40～75克，喷雾。

（3）防治大白菜病害

① 防治大白菜菌核病，每667平方米用50%咪鲜胺锰盐可湿性粉剂40～75克，喷雾。

② 防治大白菜黄萎病，每667平方米用50%咪鲜胺锰盐可湿性粉剂40～75克，喷雾。

③ 防治大白菜炭疽病，每 667 平方米用 50%咪鲜胺锰盐可湿性粉剂 40～75 克，喷雾。

④ 防治大白菜黑斑病，每 667 平方米用 50%咪鲜胺锰盐可湿性粉剂 40～75 克，喷雾。

⑤ 防治大白菜灰霉病，每 667 平方米用 50%咪鲜胺锰盐可湿性粉剂 40～75 克，喷雾。

⑥ 防治大白菜霜霉病，每 667 平方米用 50%咪鲜胺锰盐可湿性粉剂 40～75 克，喷雾。

⑦ 防治大白菜软腐病，每 667 平方米用 50%咪鲜胺锰盐可湿性粉剂 40～75 克，喷雾。

⑧ 防治大白菜褐斑病，每 667 平方米用 50%咪鲜胺锰盐可湿性粉剂 40～75 克，喷雾。

⑨ 防治大白菜黑腐病，每 667 平方米用 50%咪鲜胺锰盐可湿性粉剂 40～75 克，喷雾。

（4）防治生菜病害

① 防治生菜软腐病，每 667 平方米用 50%咪鲜胺锰盐可湿性粉剂 40～75 克，喷雾。

② 防治生菜腐败病，每 667 平方米用 50%咪鲜胺锰盐可湿性粉剂 40～75 克，喷雾。

③ 防治生菜灰霉病，每 667 平方米用 50%咪鲜胺锰盐可湿性粉剂 40～75 克，喷雾。

④ 防治生菜菌核病，每 667 平方米用 50%咪鲜胺锰盐可湿性粉剂 40～75 克，喷雾。

⑤ 防治生菜灰霉病，每 667 平方米用 50%咪鲜胺锰盐可湿性粉剂 40～75 克，喷雾。

⑥ 防治生菜霜霉病，每 667 平方米用 50%咪鲜胺锰盐可湿性粉剂 40～75 克，喷雾。

⑦ 防治生菜褐斑病，每 667 平方米用 50%咪鲜胺锰盐可湿性粉剂 40～75 克，喷雾。

⑧ 防治生菜锈病，每 667 平方米用 50%咪鲜胺锰盐可湿性粉剂 40～75 克，喷雾。

⑨ 防治生菜黑斑病，每 667 平方米用 50%咪鲜胺锰盐可湿性粉

剂 40～75 克，喷雾。

【毒性】 大鼠急性经口半致死中量（LD_{50}）：1600～3200 毫克/千克，一般只对皮肤、眼有刺激症状，经口中毒低，无中毒报道。

【注意事项】

（1）咪鲜胺锰盐在黄瓜上的安全间隔期为 7 天，每季最多使用 2 次。

（2）咪鲜胺锰盐不可与碱性物质混用。

（3）咪鲜胺锰盐对蜜蜂、鱼类等水生生物、家蚕有毒，施药期间应避免对周围蜂群的影响，蜜源作物花期、蚕室和桑园附近禁用。远离水产养殖区施药，禁止在河塘等水体中清洗施药器具。

（4）使用咪鲜胺锰盐时应穿戴防护服和手套，避免吸入药液。施药期间不可吃东西和饮水。施药后应及时洗手和洗脸及暴露部位皮肤。

（5）建议与其他作用机制不同的杀虫剂轮换使用，以延缓抗性产生。

（6）处理泄漏时，用两倍于泄漏的农药的吸收性物料如砂子、土或锯木屑盖住泄漏物，用扫帚清除。

（7）用过咪鲜胺锰盐的容器应妥善处理，不可做他用，也不可随意丢弃。

（8）年老、体弱、有病的人员，儿童，孕期、经期、哺乳期妇女禁止接触农药。

（9）浸药种子应为符合国家规定的良种，浸过药的种子不可食用，也不可用作饲料。浸过药的种子储存或运输时应有明显标识，不可与普通种子混放。

（10）过敏者禁用，使用中有任何不良反应请及时就医。

15. 过氧乙酸

【中、英文通用名】 过氧乙酸，peroxyaceticacid

【有效成分】【化学名称】 CH_3COOOH

【含量与主要剂型】 21%过氧乙酸水剂。

【曾用中文商品名】 过氧醋酸、过乙酸、过醋酸。

【产品特性】无色液体，有强烈刺激性气味。熔点 0.1℃，沸点 105℃，相对密度 1.15（20℃）；饱和蒸气压 2.67 千帕（25℃），闪点 41℃。属强氧化剂，极不稳定。在−20℃也会爆炸，浓度大于 45% 就有爆炸性，遇高热、还原剂或有金属离子存在就会引起爆炸。完全燃烧能生成二氧化碳和水，具有酸的通性，可分解为乙酸、氧气，能溶于水，溶于乙醇、乙醚、乙酸、硫酸，具有溶解性。

【使用范围和防治对象】过氧乙酸是一种过氧化物杀菌剂，具有很强的氧化作用，可将菌体蛋白质氧化而使微生物死亡。对多种微生物，包括对细菌繁殖体、芽胞及病毒都有高效、快速的杀菌作用。用于蔬菜疫病、白粉病、炭疽病、软腐败等的防治。

【使用技术或施用方法】

（1）防治马铃薯病害

① 防治马铃薯早疫病，每 667 平方米用 21%过氧乙酸水剂 200～280 克，喷雾。

② 防治马铃薯晚疫病，每 667 平方米用 21%过氧乙酸水剂 200～280 克，喷雾。

③ 防治马铃薯黑痘病，每 667 平方米用 21%过氧乙酸水剂 160～260 克，喷雾。

④ 防治铃薯白绢病，每 667 平方米用 21%过氧乙酸水剂 150～233 克，喷雾。

⑤ 防治马铃薯疮痂病，每 667 平方米用 21%过氧乙酸水剂 160～260 克，喷雾。

⑥ 防治马铃薯褐腐病，每 667 平方米用 21%过氧乙酸水剂 150～233 克，喷雾。

⑦ 防治马铃薯青枯病，每 667 平方米用 21%过氧乙酸水剂 160～260 克，喷雾。

⑧ 防治马铃薯晚疫病，每 667 平方米用 21%过氧乙酸水剂 200～280 克，喷雾。

⑨ 防治马铃薯环腐病，每 667 平方米用 21%过氧乙酸水剂 200～280 克，喷雾。

（2）防治黄瓜病害

① 防治黄瓜蔓枯病，每 667 平方米用 21%过氧乙酸水剂 150～

233克，喷雾。

② 防治黄瓜白粉病，每667平方米用21%过氧乙酸水剂200～280克，喷雾。

③ 防治黄瓜黑星病，每667平方米用21%过氧乙酸水剂200～280克，喷雾。

④ 防治黄瓜霜霉病，每667平方米用21%过氧乙酸水剂150～233克，喷雾。

⑤ 防治黄瓜疫病，每667平方米用21%过氧乙酸水剂200～280克，喷雾。

⑥ 防治黄瓜炭疽病，每667平方米用21%过氧乙酸水剂160～260克，喷雾。

⑦ 防治黄瓜黑星病，每667平方米用21%过氧乙酸水剂200～280克，喷雾。

⑧ 防治黄瓜花腐病，每667平方米用21%过氧乙酸水剂150～233克，喷雾。

(3) 防治冬瓜病害

① 防治冬瓜霜霉病，每667平方米用21%过氧乙酸水剂200～280克，喷雾。

② 防治冬瓜炭疽病，每667平方米用21%过氧乙酸水剂140～180克，喷雾。

③ 防治冬瓜白粉病，每667平方米用21%过氧乙酸水剂200～280克，喷雾。

④ 防治冬瓜疫病，每667平方米用21%过氧乙酸水剂150～233克，喷雾。

⑤ 防治冬瓜绵腐病，每667平方米用21%过氧乙酸水剂140～180克，喷雾。

⑥ 防治冬瓜褐斑病，每667平方米用21%过氧乙酸水剂140～180克，喷雾。

⑦ 防治冬瓜褐腐病，每667平方米用21%过氧乙酸水剂150～233克，喷雾。

⑧ 防治冬瓜黑斑病，每667平方米用21%过氧乙酸水剂200～280克，喷雾。

（4）防治番茄病害

① 防治番茄早疫病，每667平方米用21%过氧乙酸水剂140～180克，喷雾。

② 防治番茄晚疫病，每667平方米用21%过氧乙酸水剂150～233克，喷雾。

③ 防治番茄叶霉病，每667平方米用21%过氧乙酸水剂200～280克，喷雾。

④ 防治番茄白粉病，每667平方米用21%过氧乙酸水剂140～180克，喷雾。

⑤ 防治番茄白绢病，每667平方米用21%过氧乙酸水剂200～280克，喷雾。

⑥ 防治番茄黑斑病，每667平方米用21%过氧乙酸水剂200～280克，喷雾。

⑦ 防治番茄绵疫病，每667平方米用21%过氧乙酸水剂200～280克，喷雾。

⑧ 防治番茄灰斑病，每667平方米用21%过氧乙酸水剂150～233克，喷雾。

（5）防治辣椒病害

① 防治辣椒疫病，每667平方米用21%过氧乙酸水剂140～180克，喷雾。

② 防治辣椒炭疽病，每667平方米用21%过氧乙酸水剂150～233克，喷雾。

③ 防治辣椒白粉病，每667平方米用21%过氧乙酸水剂140～180克，喷雾。

④ 防治辣椒黑斑病，每667平方米用21%过氧乙酸水剂140～180克，喷雾。

⑤ 防治辣椒疮痂病，每667平方米用21%过氧乙酸水剂200～280克，喷雾。

⑥ 防治辣椒早疫病，每667平方米用21%过氧乙酸水剂150～233克，喷雾。

⑦ 防治辣椒软腐病，每667平方米用21%过氧乙酸水剂200～280克，喷雾。

⑧ 防治辣椒白绢病，每 667 平方米用 21%过氧乙酸水剂 140～180 克，喷雾。

【毒性】 过氧乙酸属低毒杀菌剂，大鼠经口半致死中量（LD_{50}）为 1540 毫克/千克，兔子经皮半致死中量（LD_{50}）为 1410 毫克/千克，大鼠吸入半致死浓度（LC_{50}）为 450 毫克/千克。过氧乙酸对眼睛、皮肤、黏膜和上呼吸道有强烈刺激作用。吸入后可引起喉咙、支气管的炎症、水肿、痉挛，化学性肺炎、肺水肿。接触后可引起烧灼感、咳嗽、喘息、喉炎、气短、头痛、恶心和呕吐

【注意事项】

（1）过氧乙酸在黄瓜上使用的安全间隔期为 7 天，每个作物周期的最多使用次数为 3 次。

（2）过氧乙酸不可与呈碱性的农药等物质混合使用。

（3）建议与其他作用机制不同的杀菌剂轮换使用。

（4）远离水产养殖区施药，禁止在河塘等水体中清洗施药器具。

（5）使用本品时应穿戴防护服、手套、口罩，避免吸入药液。施药期间不可吃东西和饮水。施药后应及时洗手和洗脸。

（6）孕妇及哺乳期妇女禁止接触过氧乙酸。

（7）用过的容器应妥善处理，不可做他用，也不可随意丢弃。

16. 氯溴异氰尿酸

【中、英文通用名】 氯溴异氰尿酸，chloroisobromine cyanuric acid

【有效成分】【化学名称】 $C_3HO_3N_3ClBr$

【含量与主要剂型】 28%、50%可溶性粉剂。

【曾用中文商品名】 德民欣杀菌王，消菌灵，菌毒清，碧秀丹等。

【产品特性】 原药为白色至微红色粉末，易溶于水。

【使用范围和防治对象】 氯溴异氰尿酸是一种高效、广谱、新型内吸性杀菌剂，喷施在作物表面能慢慢地释放次溴酸（HOBr）和次氯酸（HOCl），次溴酸的活性是次氯酸的四倍，有强烈的杀灭细菌、藻类、真菌和病菌的能力。喷施在作物上，通过内吸传导释放次溴酸后的母体形成三嗪二酮（DHT）和三嗪（ADHL），具有强烈的杀病毒作用；另外，因起始原料富含钾盐及微量元素群，因此，氯溴异氰

尿酸不仅有强烈的预防和杀灭细菌、真菌及病毒的能力，而且有促进作物营养生长等作用。对蔬菜腐烂病（软腐病）、病毒病、霜霉病，辣椒、茄子、番茄等的青枯病、腐烂病、病毒病等有特效。

【使用技术或施用方法】

（1）防治马铃薯病害

① 防治马铃薯早疫病，每667平方米用50%氯溴异氰尿酸可溶性粒剂100～120克，喷雾。

② 防治马铃薯晚疫病，每667平方米用50%氯溴异氰尿酸可溶性粒剂100～120克，喷雾。

③ 防治马铃薯黑痘病，每667平方米用50%氯溴异氰尿酸可溶性粒剂55～75克，喷雾。

④ 防治铃薯白绢病，每667平方米用50%氯溴异氰尿酸可溶性粒剂80～100克，喷雾。

⑤ 防治马铃薯疮痂病，每667平方米用50%氯溴异氰尿酸可溶性粒剂55～75克，喷雾。

⑥ 防治马铃薯褐腐病，每667平方米用50%氯溴异氰尿酸可溶性粒剂80～100克，喷雾。

⑦ 防治马铃薯青枯病，每667平方米用50%氯溴异氰尿酸可溶性粒剂55～75克，喷雾。

⑧ 防治马铃薯晚疫病，每667平方米用50%氯溴异氰尿酸可溶性粒剂100～120克，喷雾。

⑨ 防治马铃薯环腐病，每667平方米用50%氯溴异氰尿酸可溶性粒剂100～120克，喷雾。

（2）防治黄瓜病害

① 防治黄瓜蔓枯病，每667平方米用50%氯溴异氰尿酸可溶性粒剂80～100克，喷雾。

② 防治黄瓜白粉病，每667平方米用50%氯溴异氰尿酸可溶性粒剂100～120克，喷雾。

③ 防治黄瓜黑星病，每667平方米用50%氯溴异氰尿酸可溶性粒剂100～120克，喷雾。

④ 防治黄瓜霜霉病，每667平方米用50%氯溴异氰尿酸可溶性粒剂80～100克，喷雾。

⑤ 防治黄瓜疫病，每667平方米用50%氯溴异氰尿酸可溶性粒剂100～120克，喷雾。

⑥ 防治黄瓜炭疽病，每667平方米用50%氯溴异氰尿酸可溶性粒剂55～75克，喷雾。

⑦ 防治黄瓜黑星病，每667平方米用50%氯溴异氰尿酸可溶性粒剂100～120克，喷雾。

⑧ 防治黄瓜花腐病，每667平方米用50%氯溴异氰尿酸可溶性粒剂80～100克，喷雾。

(3) 防治冬瓜病害

① 防治冬瓜霜霉病，每667平方米用50%氯溴异氰尿酸可溶性粒剂100～120克，喷雾。

② 防治冬瓜炭疽病，每667平方米用50%氯溴异氰尿酸可溶性粒剂60～80克，喷雾。

③ 防治冬瓜白粉病，每667平方米用50%氯溴异氰尿酸可溶性粒剂100～120克，喷雾。

④ 防治冬瓜疫病，每667平方米用50%氯溴异氰尿酸可溶性粒剂80～100克，喷雾。

⑤ 防治冬瓜绵腐病，每667平方米用50%氯溴异氰尿酸可溶性粒剂60～80克，喷雾。

⑥ 防治冬瓜褐斑病，每667平方米用50%氯溴异氰尿酸可溶性粒剂60～80克，喷雾。

⑦ 防治冬瓜褐腐病，每667平方米用50%氯溴异氰尿酸可溶性粒剂80～100克，喷雾。

⑧ 防治冬瓜黑斑病，每667平方米用50%氯溴异氰尿酸可溶性粒剂100～120克，喷雾。

(4) 防治番茄病害

① 防治番茄早疫病，每667平方米用50%氯溴异氰尿酸可溶性粒剂60～80克，喷雾。

② 防治番茄晚疫病，每667平方米用50%氯溴异氰尿酸可溶性粒剂80～100克，喷雾。

③ 防治番茄叶霉病，每667平方米用50%氯溴异氰尿酸可溶性粒剂100～120克，喷雾。

④ 防治番茄白粉病，每 667 平方米用 50%氯溴异氰尿酸可溶性粒剂 60～80 克，喷雾。

⑤ 防治番茄白绢病，每 667 平方米用 50%氯溴异氰尿酸可溶性粒剂 100～120 克，喷雾。

⑥ 防治番茄黑斑病，每 667 平方米用 50%氯溴异氰尿酸可溶性粒剂 100～120 克，喷雾。

⑦ 防治番茄绵疫病，每 667 平方米用 50%氯溴异氰尿酸可溶性粒剂 100～120 克，喷雾。

⑧ 防治番茄灰斑病，每 667 平方米用 50%氯溴异氰尿酸可溶性粒剂 80～100 克，喷雾。

(5) 防治辣椒病害

① 防治辣椒疫病，每 667 平方米用 50%氯溴异氰尿酸可溶性粒剂 60～80 克，喷雾。

② 防治辣椒炭疽病，每 667 平方米用 50%氯溴异氰尿酸可溶性粒剂 80～100 克，喷雾。

③ 防治辣椒白粉病，每 667 平方米用 50%氯溴异氰尿酸可溶性粒剂 60～80 克，喷雾。

④ 防治辣椒黑斑病，每 667 平方米用 50%氯溴异氰尿酸可溶性粒剂 60～80 克，喷雾。

⑤ 防治辣椒疮痂病，每 667 平方米用 50%氯溴异氰尿酸可溶性粒剂 100～120 克，喷雾。

⑥ 防治辣椒早疫病，每 667 平方米用 50%氯溴异氰尿酸可溶性粒剂 80～100 克，喷雾。

⑦ 防治辣椒软腐病，每 667 平方米用 50%氯溴异氰尿酸可溶性粒剂 100～120 克，喷雾。

⑧ 防治辣椒白绢病，每 667 平方米用 50%氯溴异氰尿酸可溶性粒剂 60～80 克，喷雾。

【毒性】氯溴异氰尿酸属低毒杀菌剂。原药大鼠急性口服半致死中量（LD_{50}）大于 3160 毫克/千克，大鼠急性经皮半致死中量（LD_{50}）大于 2000 毫克/千克。对眼睛有中度刺激，对皮肤无刺激性，属轻度蓄积，不改变体细胞染色体完整性，无致基因突变的作用，对鲤鱼半致死浓度（LC_{50}）（48 小时）为 8.5 毫克/毫升。

【注意事项】

(1) 氯溴异氰尿酸在黄瓜作物上使用的安全间隔期为3天，每个作物周期的最多使用次数为3次。在水稻作物上使用的安全间隔期为7天，每个作物周期的最多使用次数为3次。在白菜作物上使用的安全间隔期为3天，每个作物周期的最多使用次数为3次。

(2) 氯溴异氰尿酸不能与碱性物质和有机物混合使用，与其他农药混用要先稀释本剂后再混用，现配现用；不宜与有机磷农药混用。

(3) 使用氯溴异氰尿酸时应穿戴防护服和手套，避免接触药剂。施药期间不可吃东西和饮水。施药后应及时洗手和洗脸。

(4) 蜜源作物、蚕室、桑园及鸟类放养区附近禁用。不得污染各类水域，远离水产养殖区施药，禁止在河塘等水体中清洗施药器具。

(5) 用过的容器应妥善处理，不可做它用，也不可随意丢弃。

17. 敌磺钠

【中、英文通用名】 敌磺钠，fenaminosulf

【有效成分】【化学名称】 对二甲胺基苯重氮磺酸钠

【含量与主要剂型】 50%、75%、95%可溶性粉剂，5%颗粒剂，55%膏剂，2.5%粉剂，45%可湿性粉剂。

【曾用中文商品名】 敌克松，地克松，地爽。

【产品特性】 敌磺钠纯品为淡黄色结晶。工业品为黄棕色无味粉末，约200℃分解。25℃水中溶解度为20～30克/千克；溶于高极性溶剂，如二甲基甲酰胺、乙醇等，不溶于苯、乙醚、石油。水溶液呈深橙色，见光易分解，可加亚硫酸钠使之稳定，它在碱性介质中稳定。

【使用范围和防治对象】 敌磺钠对真菌中腐霉菌、黑穗病菌及多种土传病害有效。是一种优良的种子和土壤处理剂，具有一定的内吸渗透作用。对腐霉菌和丝囊菌引起的病害有特效，对一些真菌病害亦有效，属保护性药剂。对作物兼有生长刺激作用。适宜作物有蔬菜等，防治猝倒病、白粉病、疫病、黑斑病、炭疽病、霜霉病、立枯病、根腐病和茎腐病。

【使用技术或施用方法】

敌磺钠防治大白菜软腐病、番茄疫病、炭疽病、黄瓜枯萎病、冬瓜枯萎病、西瓜枯萎病、猝倒病、炭疽病等，667 平方米用 184～368.4 克兑水喷雾或泼浇；防治甜菜立枯病、根腐病，100 千克菜种拌 95%敌磺钠可溶性粉剂 500～800 克药。

（1）防治大白菜病害

① 防治大白菜菌核病每 100 千克种子用 45%敌磺钠可湿性粉剂 600～700 克，拌种。

② 防治大白菜黄萎病每 100 千克种子用 45%敌磺钠可湿性粉剂 600～700 克，拌种。

③ 防治大白菜炭疽病每 100 千克种子用 45%敌磺钠可湿性粉剂 600～700 克，拌种。

④ 防治大白菜黑斑病每 100 千克种子用 45%敌磺钠可湿性粉剂 600～700 克，拌种。

⑤ 防治大白菜灰霉病每 100 千克种子用 45%敌磺钠可湿性粉剂 600～700 克，拌种。

⑥ 防治大白菜霜霉病每 100 千克种子用 45%敌磺钠可湿性粉剂 600～700 克，拌种。

⑦ 防治大白菜软腐病每 100 千克种子用 45%敌磺钠可湿性粉剂 600～700 克，拌种。

⑧ 防治大白菜褐斑病每 100 千克种子用 45%敌磺钠可湿性粉剂 600～700 克，拌种。

⑨ 防治大白菜黑腐病每 100 千克种子用 45%敌磺钠可湿性粉剂 600～700 克，拌种。

（2）防治黄瓜病害

① 防治黄瓜菌核病，每 100 千克种子用 45%敌磺钠可湿性粉剂 600～700 克，拌种。

② 防治黄瓜枯萎病，每 100 千克种子用 45%敌磺钠可湿性粉剂 600～700 克，拌种。

③ 防治黄瓜黄瓜白粉病，每 100 千克种子用 45%敌磺钠可湿性粉剂 600～700 克，拌种。

④ 防治黄瓜蔓枯病，每 100 千克种子用 45%敌磺钠可湿性粉剂 600～700 克，拌种。

⑤ 防治黄瓜炭疽病，每 100 千克种子用 45%敌磺钠可湿性粉剂

600～700 克，拌种。

⑥ 防治黄瓜角斑病，每 100 千克种子用 45%敌磺钠可湿性粉剂 600～700 克，拌种。

⑦ 防治黄瓜灰霉病，每 100 千克种子用 45%敌磺钠可湿性粉剂 600～700 克，拌种。

⑧ 防治黄瓜花叶病，每 100 千克种子用 45%敌磺钠可湿性粉剂 600～700 克，拌种。

⑨ 防治黄瓜褐斑病，每 100 千克种子用 45%敌磺钠可湿性粉剂 600～700 克，拌种。

⑩ 防治黄瓜黑星病，每 100 千克种子用 45%敌磺钠可湿性粉剂 600～700 克，拌种。

（3）防治番茄病害

① 防治番茄菌核病每 100 千克种子用 45%敌磺钠可湿性粉剂 600～700 克，拌种。

② 防治番茄早疫病每 100 千克种子用 45%敌磺钠可湿性粉剂 600～700 克，拌种。

③ 防治番茄白粉病每 100 千克种子用 45%敌磺钠可湿性粉剂 600～700 克，拌种。

④ 防治番茄猝倒病每 100 千克种子用 45%敌磺钠可湿性粉剂 600～700 克，拌种。

⑤ 防治番茄灰霉病每 100 千克种子用 45%敌磺钠可湿性粉剂 600～700 克，拌种。

⑥ 防治番茄蒂腐病每 100 千克种子用 45%敌磺钠可湿性粉剂 600～700 克，拌种。

⑦ 防治番茄花叶病每 100 千克种子用 45%敌磺钠可湿性粉剂 600～700 克，拌种。

⑧ 防治番茄褐斑病每 100 千克种子用 45%敌磺钠可湿性粉剂 600～700 克，拌种。

⑨ 防治番茄黑星病每 100 千克种子用 45%敌磺钠可湿性粉剂 600～700 克，拌种。

（4）防治生菜病害

① 防治生菜软腐病每 100 千克种子用 45%敌磺钠可湿性粉剂

600～700克，拌种。

② 防治生菜腐败病每100千克种子用45%敌磺钠可湿性粉剂600～700克，拌种。

③ 防治生菜灰霉病每100千克种子用45%敌磺钠可湿性粉剂600～700克，拌种。

④ 防治生菜菌核病每100千克种子用45%敌磺钠可湿性粉剂600～700克，拌种。

⑤ 防治生菜灰霉病每100千克种子用45%敌磺钠可湿性粉剂600～700克，拌种。

⑥ 防治生菜霜霉病每100千克种子用45%敌磺钠可湿性粉剂600～700克，拌种。

⑦ 防治生菜褐斑病每100千克种子用45%敌磺钠可湿性粉剂600～700克，拌种。

⑧ 防治生菜锈病每100千克种子用45%敌磺钠可湿性粉剂600～700克，拌种。

⑨ 防治生菜黑斑病每100千克种子用45%敌磺钠可湿性粉剂600～700克，拌种。

【毒性】 敌磺钠属中等毒性杀菌剂。纯品大鼠急性经口半致死中量（LD_{50}）为75毫克/千克，大鼠急性经皮半致死中量（LD_{50}）大于100毫克/千克。对皮肤有刺激作用。对鱼类毒性中等。

【注意事项】

（1）使用前请仔细阅读产品标签。

（2）敌磺钠在蔬菜上使用的安全间隔期为10天，每个作物周期的最多使用次数为5次。

（3）敌磺钠溶解慢，可先加少量水调成糊状，然后加剩余水稀释溶解。

（4）敌磺钠不可与碱性农药等物质及农用抗生素同时合用。

（5）拌种时要现拌现用，不能闷种。

（6）敌磺钠要随配随用，存放较久颜色可能会变深。

（7）使用敌磺钠时应穿戴防护服和手套，避免吸入药液。施药期间不可饮食与吸烟。施药后应及时洗手和洗脸。

（8）用过的容器应妥善处理，不可做他用，也不可随意丢弃。

(9) 建议敌磺钠与其他作用机制不同的杀菌剂轮换使用，以延缓抗性产生。

(10) 远离水产养殖区用药，禁止在河塘等水体中清洗施药器具；避免药液污染水源地。

18. 乙嘧酚

【中、英文通用名】 乙嘧酚，ethirimol

【有效成分】【化学名称】 5-丁基-2-乙基氨基-4-羟基-6-甲基嘧啶。

【含量与主要剂型】 25%乙嘧酚悬浮剂。

【曾用中文商品名】 乙嘧醇、不霉定、控白、乙氨哒酮、胺嘧啶、乙菌定。

【产品特性】 乙嘧酚属杂环类杀菌剂。纯品外观为白色粉状固体；熔点159～160℃；蒸气压0.267毫帕（25℃）。溶解度（室温）：水中为0.02克/100毫升，几乎不溶于丙酮、微溶于双环丙酮醇和乙醇，在氯仿、三氯乙烷、强酸和强碱中溶解。原药质量分数大于（等于）95%，外观为白色粉状固体；对热以及在酸性和碱性溶液中均稳定。

【使用范围和防治对象】 乙嘧酚属杂环类杀菌剂。乙嘧酚对菌丝体、分生孢子、受精丝等都有极强的杀灭效果，并能强力抑制孢子的形成，阻断孢子再侵染来源，杀菌效果全面彻底。对于已经发病的作物，乙嘧酚能够起很好的治疗作用，能够铲除已经侵入植物体内的病菌，能够明显抑制病菌的扩展。对草莓、西瓜、黄瓜、葡萄等许多作物白粉病的实际防效好。

【使用技术或施用方法】

(1) 瓜类白粉病　选用25%乙嘧酚悬浮剂1000倍液，在发病初期及时喷药防治，每隔7～10天一次，连续防治2～3次。

(2) 豆类白粉病　发病初期选用25%乙嘧酚悬浮剂1000倍液喷雾，每隔5～7天喷1次，连续防治2～3次。

(3) 茄子白粉病　发病初期及时用药，每隔7～10天1次，连续防治2～3次，具体视病情发展而定，选用25%乙嘧酚悬浮剂1000倍液喷雾防治效果好。

【毒性】 乙嘧酚原药属低毒，大鼠急性经口半致死中量（LD_{50}）

大于 5000 毫克/千克，大鼠急性经皮半致死中量（LD_{50}）大于 2000 毫克/千克，对兔皮肤和眼睛无刺激性，豚鼠皮肤变态反应（致敏）试验结果属弱致敏物；原药大鼠 3 个月亚慢性喂养试验最大无作用剂量：雄性为 50 毫克/(千克·天)，雌性为 1050 毫克/(千克·天)；Ames 试验、小鼠骨髓细胞微核试验、小鼠睾丸细胞染色体畸变试验三项致突变试验均为阴性，未见致突变作用。

【注意事项】

（1）严格按照登记批准的内容使用乙嘧酚，安全间隔期为 3 天，每季作物最多允许使用乙嘧酚 3 次。

（2）配药时，配药人员需戴口罩、手套，注意安全。

（3）使用前请先将药剂充分摇匀。

（4）乙嘧酚对蜂中毒，不可污染蜜源植物及养蜂场所；避免药液污染水源。

（5）预防抗性措施：①选用抗病品种等植保措施；②注意轮换交替用药，应选用防治对象相同，而作用机制不同的杀菌剂施药；③按标签上规定的适期防治，提高防治效果。

（6）孕妇及哺乳期妇女禁止接触本品。

（7）用过的容器应妥善处理，不可做他用，也不可随意丢弃。

19. 腈菌唑

【中、英文通用名】 腈菌唑，myclobutanil

【有效成分】【化学名称】 2-(4-氯苯基)-2-(1*H*,1,2,4-三唑-1-甲基)己腈

【含量与主要剂型】 20%、25%、40%、50%、60%、62.5%可湿性粉剂；5%、10%、12%、12.5%、25%乳油；12.5%水乳剂；40%悬乳剂。

【曾用中文商品名】 诺田、剔病、黑泰、世斑、世俊、富朗、富泉、浩歌、夺目、耘翠、纯通、瑞脱、倾城、春晴、高雅、明亮、梦丰、催利、粉断、送菌、巨挫、倾止、健尔体。

【产品特性】 腈菌唑为浅黄色固体，熔点 63～68℃（工业品），沸点 202～208 毫克/千克（25℃），蒸气压 0.213 毫帕（25℃），水中

溶解度142毫克/千克（25℃），溶于一般有机溶剂，酮类、酯类、醇类和芳香烃类为50～100克/千克，不溶于脂肪烃类，一般储存条件下稳定，水溶液暴露于光下分解。

【使用范围和防治对象】腈菌唑是一类具保护和治疗活性的内吸性三唑类杀菌剂。主要对病原菌的麦角甾醇的生物合成起抑制作用，对子囊菌、担子菌均具有较好的防治效果。腈菌唑持效期长，对作物安全，有一定刺激生长作用。其具有强内吸性、药效高、对作物安全、持效期长特点，具有预防和治疗作用。对白粉病、锈病、黑星病、灰斑病、褐斑病、黑穗病有很好防效。

【使用技术或施用方法】

腈菌唑防治菜豆病害情况如下。

① 防治菜豆白粉病，每667平方米用12.5%腈菌唑水乳剂20～25毫升，喷雾。

② 防治菜豆白绢病，每667平方米用12.5%腈菌唑水乳剂25～35毫升，喷雾。

③ 防治菜豆锈病，每667平方米用12.5%腈菌唑水乳剂25～35毫升，喷雾。

④ 防治菜豆轮纹病，每667平方米用12.5%腈菌唑水乳剂25～35毫升，喷雾。

⑤ 防治菜豆枯萎病，每667平方米用12.5%腈菌唑水乳剂25～35毫升，喷雾。

⑥ 防治菜豆立枯病，每667平方米用12.5%腈菌唑水乳剂25～35毫升，喷雾。

⑦ 防治菜豆灰霉病，每667平方米用12.5%腈菌唑水乳剂25～35毫升，喷雾。

⑧ 防治菜豆花叶病，每667平方米用12.5%腈菌唑水乳剂25～35毫升，喷雾。

【毒性】雄性大鼠急性经口半致死中量（LD_{50}）为1600毫克/千克，雌性为2290毫克/千克，兔急性经皮半致死中量（LD_{50}）大于5000毫克/千克，对眼睛有轻微刺激，对皮肤无刺激性。大鼠3个月饲喂试验无作用剂量为每天10毫克/千克。Ames试验阴性，无诱变性。鹌鹑急性经口半致死中量（LD_{50}）为510毫克/千克，鲤鱼半致死浓度（LC_{50}）为 5.8 毫克/千克（96 小时），水蚤 11 毫克/千克（48 小时）。

【注意事项】

（1）腈菌唑用于黄瓜时的安全间隔期为 3 天，每季作物最多使用 2 次。

（2）建议与不同作用机制的杀菌剂轮换使用。

（3）高温季节避免中午用药，以免在高温条件下使药剂分解，降低药效。

（4）施药时需要做好防护设施，戴好口罩等，以免药液吸入和接触皮肤、眼睛等，施药期间不可吃东西和饮水。施药后需要用肥皂和清水洗手、脸。

（5）喷药前后应彻底清洗喷雾器械。

（6）用过的容器应妥善处理，不可做他用，也不可随意丢弃。

（7）药液及其废液不得污染各类水域、土壤等环境。对鱼类、蜜蜂和家蚕有毒，施药时不可污染水源，开花植物花期禁用，蚕室和桑园附近禁用。赤眼蜂等天敌放飞区域禁用。

（8）孕妇及哺乳期妇女禁止接触。

20. 哒螨灵

【中、英文通用名】哒螨灵，pyridaben

【有效成分】【化学名称】2-叔丁基-5-(4-叔丁基苄硫基)-4-氯哒嗪-3-(2*H*)酮

【含量与主要剂型】20%可湿性粉剂、15%乳油。

【曾用中文商品名】速螨灵、哒螨酮、牵牛星、扫螨净。

【产品特性】哒螨灵为无色晶体。熔点 111～112℃；蒸气压为 0.25 毫帕（20℃）。溶解度（20℃）：水 0.012 毫克/千克，丙酮 460 克/千克，苯 110 克/千克，环己烷 320 克/千克，乙醇 57 克/千克，正辛醇 63 克/千克，己烷 10 克/千克，二甲苯 390 克/千克。在 50℃储存 3 个月，在一般条件下储存 2 年，在大多数有机溶剂中均稳定，对光不稳定。

【使用范围和防治对象】哒螨灵属高效、广谱杀螨剂，无内吸性，对叶螨、全爪螨、小爪螨合瘿螨等食植性害螨均具有明显防治效果，而且对卵、若螨、成螨均有效，对成螨的移动期亦有效。对锈螨的防治效果较好，一般可达1～2月。适用于蔬菜（茄子除外）。

【使用技术或施用方法】

（1）防治番茄螨虫

① 防治番茄瘿螨，每667平方米用15%哒螨灵乳油60～90毫升，喷雾。

② 防治番茄红蜘蛛，每667平方米用15%哒螨灵乳油40～67毫升，喷雾。

③ 防治番茄茶黄螨，每667平方米用15%哒螨灵乳油35～60毫升，喷雾。

④ 防治番茄二斑叶螨，每667平方米用15%哒螨灵乳油60～90毫升，喷雾。

（2）防治黄瓜螨虫

① 防治黄瓜朱砂叶螨，每667平方米用15%哒螨灵乳油60～90毫升，喷雾。

② 防治黄瓜红蜘蛛，每667平方米用15%哒螨灵乳油40～67毫升，喷雾。

③ 防治黄瓜茶黄螨，每667平方米用15%哒螨灵乳油35～60毫升，喷雾。

④ 防治黄瓜跗线螨，每667平方米用15%哒螨灵乳油35～60毫升，喷雾。

⑤ 防治黄瓜红叶螨，每667平方米用15%哒螨灵乳油60～90毫升，喷雾。

（3）防治茄子螨虫

① 防治茄子茶黄螨，每667平方米用15%哒螨灵乳油50～70毫升，喷雾。

② 防治茄子红蜘蛛，每667平方米用15%哒螨灵乳油40～67毫升，喷雾。

（4）防治西葫芦螨虫

① 防治西葫芦红蜘蛛，每667平方米用15%哒螨灵乳油40～67毫升，喷雾。

② 防治西葫芦螨虫，每 667 平方米用 15％哒螨灵乳油 50～70 毫升，喷雾。

【毒性】 大白鼠急性经口半致死中量（LD_{50}）为 1350 毫克/千克（雄），820 毫克/千克（雌）；小白鼠 424 毫克/千克（雄），383 毫克/千克（雌）。大白鼠和兔急性经皮半致死中量（LD_{50}）大于 2000 毫克/千克。对兔眼睛和皮肤无刺激作用，对豚鼠皮肤无过敏性。鹌鹑急性经口半致死中量（LD_{50}）大于 2250 毫克/千克，野鸭急性经口半致死中量（LD_{50}）大于 2500 毫克/千克。

【注意事项】

（1）哒螨灵对鱼类毒性高，严禁在桑园、水源、鱼塘等地及其附近使用。

（2）施药应在害螨发生初期，选择天晴无雨时喷药，施药后 6 小时内遇雨应重新补喷。

（3）哒螨灵勿与其他碱性农药混用，以免降低药效。

（4）哒螨灵应存放在阴凉干燥处，不在与食品、饮料、种子等混放。

（5）击倒快，残效长但因无内吸作用，施药时要喷洒均匀。

（6）花期使用哒螨灵对蜜蜂有不良影响。

（7）哒螨灵可与大多数杀虫剂混用，但不能与石硫合剂和波尔多液等强碱性药剂混用

（8）哒螨灵一年最多使用 2 次。

21. 毒氟磷

【中、英文通用名】 毒氟磷，dufulin

【有效成分】【化学名称】 *N*-[2-(4-甲基苯并噻唑基)]-2-氨基-2-氟代苯基-*O*,*O*-二乙基膦酸酯

【含量与主要剂型】 30％毒氟磷可湿性粉剂。

【曾用中文商品名】 无。

【产品特性】 毒氟磷纯品为无色晶体，其熔点为 143～145℃。易溶于丙酮、四氢呋喃、二甲基亚砜等有机溶剂，22℃下在水、丙酮、环己烷、环己酮和二甲苯中的溶解度分别为 0.04 克/千克、147.8 克/千克、

17.28 克/千克、329.00 克/千克和 73.30 克/千克。毒氟磷对光、热和潮湿均较稳定。遇酸和碱时逐渐分解。30%毒氟磷可湿性粉剂有效成分含量为 30%，硅藻土 60%，木质素磺酸钠 5%，LS 洗净剂（对甲氧基脂肪酰胺基苯磺酸钠 ）5%，水分含量小于（等于）0.5%，pH 值为 7.62。毒氟磷光解半衰期为 1980 分钟，大于 24 小时；毒氟磷在 pH 三级缓冲液中水解率均小于 10，其性质较稳定。

【使用范围和防治对象】毒氟磷抗烟草病毒病的作用靶点尚不完全清楚，但毒氟磷可通过激活烟草水杨酸信号传导通路，提高信号分子水杨酸的含量，从而促进下游病程相关蛋白的表达；通过诱导烟草 PAL、POD、SOD 防御酶活性而获得抗病毒能力；通过聚集 TMV 粒子减少病毒对寄主的入侵。对于番茄、辣椒、黄瓜、西瓜、苦瓜等作物因病毒而引起的病害均可安全高效的防治。

【使用技术或施用方法】

（1）毒氟磷防治茄科蔬菜病毒病（番茄、辣椒等），于定植后现蕾前预防性用药，每隔 10～15 天使用毒氟磷稀释 1000 倍均匀喷雾，如发现病株用量加倍。

（2）防治葫芦科蔬菜病毒病（黄瓜、苦瓜等），发病初期，使用毒氟磷稀释 500 倍均匀喷雾，10 天左右 1 次，连续防治 2～3 次。

【毒性】毒氟磷为微毒农药；家兔皮肤刺激、眼刺激试验表明无刺激性；豚鼠皮肤变态试验提示为弱致敏物；细菌回复突变试验、小鼠睾丸精母细胞染色体畸变试验和小鼠骨髓多染红细胞微核试验皆为阴性。亚慢性经口毒性试验未见雌雄性 Wistar 大鼠的各脏器存在明显病理改变。30%毒氟磷可湿性粉剂急性经口、经皮毒性试验提示为低毒农药。对蜂、鸟、鱼、蚕等环境生物的毒性为低毒，对蜜蜂、家蚕实际风险性低。

【注意事项】

在使用毒氟磷防治病毒病的过程中，配合飞虱、蚜虫与粉虱等传毒介体的防治，可有效切断病毒传播途径，提高防治效果。

22. 啶酰菌胺

【中、英文通用名】啶酰菌胺，boscalid

【有效成分】【化学名称】2-氯-*N*-(4′-氯二苯-2-基)烟酰胺

【含量与主要剂型】12.8%、13.6%、25.2%、26.7%、50%水分散粒剂；50%悬乳剂；20%、23.3%悬浮剂。

【曾用中文商品名】凯泽。

【产品特性】白色晶体，熔点142.8～143.8℃。蒸气压（20℃）为0.7×10^{-6}帕。溶解度（20℃）：水4.64毫克/千克，丙酮176克/千克，甲醇50克/千克，二氯甲烷173克/千克。正辛醇水分配系数（21℃）为2.96；啶酰菌胺300℃左右分解。

【使用范围和防治对象】啶酰菌胺为新型烟酰胺类杀菌剂，属于线粒体呼吸链中琥珀酸辅酶Q还原酶抑制剂，对孢子的萌发有很强的抑制能力，具有抑制病原菌体呼吸的作用机制。杀菌谱较广，几乎对所有类型的真菌病害都有活性，对防治白粉病、灰霉病、菌核病和各种腐烂病等非常有效，并且对其他药剂的抗性菌亦有效，主要用于包括油菜、蔬菜病害的防治且与其他杀菌剂无交互抗性。

【使用技术或施用方法】

（1）防治番茄、茄子、黄瓜等灰霉病、菌核病，1500倍液喷雾，使用次数不得超过3次，收获前1天禁止使用。

（2）防治莴苣灰霉病、菌核病，1500倍液喷雾，生育期内使用次数不得超过1次，收获前14天禁止使用。

（3）防治甘蓝菌核病，1500倍液喷雾，生育期内使用次数不得超过2次，收获前7天禁止使用。

（4）防治洋葱灰霉病，1000～1500倍液喷雾，生育期内使用次数不得超过3次，收获前1天禁止使用。

（5）防治小豆灰霉病，1000～1500倍液喷雾，生育期内使用次数不得超过3次，收获前7天禁止使用。

（6）防治扁豆菌核病，1000～1500倍液喷雾，生育期内使用次数不得超过2次，收获前21天禁止使用。

【毒性】啶酰菌胺为低毒杀菌剂。大鼠急性经口半致死中量（LD_{50}）大于5000毫克/千克；小鼠急性经口半致死中量（LD_{50}）大于5000毫克/千克，急性经皮半致死中量（LD_{50}）大于2000毫克/千克；对眼睛、皮肤无刺激性。

【注意事项】

(1) 黄瓜每季作物最多用药3次，安全间隔期2天。

(2) 番茄每季作物最多用药3次，安全间隔期5天。

(3) 草莓每季作物最多用药3次，安全间隔期3天。葡萄每季作物最多用药3次，安全间隔期7天。

(4) 马铃薯每季作物最多用药3次，安全间隔期5天。

(5) 油菜每季作物最多用药2次，安全间隔期14天。避免暴露，施药时必须穿戴防护衣或使用保护措施。

(6) 施药后用清水及温水和肥皂彻底清洗脸及其他裸露部位。避免吸入有害气体，雾液或粉尘。

(7) 操作时应远离儿童和家畜。

(8) 操作时不得污染各类水域，桑园及家蚕养殖区慎用。

(9) 孕妇、哺乳期妇女及过敏者禁用，使用中有任何不良反应请及时就医。

(10) 药剂应现混现兑，配好的药液要立即使用。毁掉空包装袋，并按照当地的有关规定处置所有的废弃物。

(11) 使用过药械需清洗三遍，在洗涤药械或处置废弃物时不要污染水源。

23. 啶菌噁唑

【中、英文通用名】啶菌噁唑，SYP-Z048

【有效成分】【化学名称】*N*-甲基-3-(4-氯)苯基-5-甲基-5-吡啶-3基-噁唑啉

【含量与主要剂型】25%乳油、30%悬浮剂（混剂）、40%悬浮乳剂（混剂）。

【曾用中文商品名】菌思奇。

【产品特性】啶菌噁唑纯品为浅黄色黏稠油状物，低温时有固体析出，熔点51～65℃；蒸气压为0.48毫帕（20℃）；易溶于丙酮、乙酸乙酯、氯仿、乙醚，微溶于石油醚，不溶于水。常温下对酸、碱稳定。在日光下稳定。高温下分解，明显分解时温度大于（等于）180℃。

【使用范围和防治对象】啶菌噁唑具有广谱和突出的离体杀菌活性，对番茄灰霉病菌、叶霉病菌、早疫病菌、黄瓜黑星病菌、枯萎病菌有很强的抑制作用；具有预防、治疗活性和内吸、传导作用，能够抑制灰霉病菌的菌丝生长、孢子萌发及芽管伸长。适用于防治蔬菜、果树和其他作物灰霉病，如番茄、黄瓜、西葫芦、菜豆、辣椒、韭菜等作物灰霉病的防治。

【使用技术或施用方法】

(1) 防治番茄病害

① 防治番茄早疫病，每667平方米用25%啶菌噁唑乳油50～80毫升，喷雾。

② 防治番茄白粉病，每667平方米用25%啶菌噁唑乳油40～60毫升，喷雾。

③ 防治番茄灰霉病，每667平方米用25%啶菌噁唑乳油55～110毫升，喷雾。

④ 防治番茄晚疫病，每667平方米用25%啶菌噁唑乳油80～100毫升，喷雾。

⑤ 防治番茄猝倒病，每667平方米用25%啶菌噁唑乳油50～80毫升，喷雾。

⑥ 防治番茄茎基腐病，每667平方米用25%啶菌噁唑乳油55～110毫升，喷雾。

⑦ 防治番茄黑星病，每667平方米用25%啶菌噁唑乳油50～80毫升，喷雾。

⑧ 防治番茄疫病，每667平方米用25%啶菌噁唑乳油50～80毫升，喷雾。

(2) 防治黄瓜病害

① 防治黄瓜白粉病，每667平方米用25%啶菌噁唑乳油50～80毫升，喷雾。

② 防治黄瓜白绢病，每667平方米用25%啶菌噁唑乳油80～100毫升，喷雾。

③ 防治黄瓜霜霉病，每667平方米用25%啶菌噁唑乳油50～80毫升，喷雾。

④ 防治黄瓜轮纹病，每667平方米用25%啶菌噁唑乳油55～

110毫升，喷雾。

⑤ 防治黄瓜疫病，每667平方米用25%啶菌噁唑乳油70～90毫升，喷雾。

⑥ 防治黄瓜黑星病，每667平方米用25%啶菌噁唑乳油50～80毫升，喷雾。

⑦ 防治黄瓜灰霉病，每667平方米用25%啶菌噁唑乳油80～100毫升，喷雾。

(3) 防治冬瓜病害

① 防治冬瓜霜霉病，每667平方米用25%啶菌噁唑乳油65～130毫升，喷雾。

② 防治冬瓜疫病，每667平方米用25%啶菌噁唑乳油65～130毫升，喷雾。

③ 防治冬瓜白粉病，每667平方米用25%啶菌噁唑乳油70～90毫升，喷雾。

④ 防治冬瓜绵腐病，每667平方米用25%啶菌噁唑乳油80～120毫升，喷雾。

⑤ 防治冬瓜丝核菌果腐病，每667平方米用25%啶菌噁唑乳油70～90毫升，喷雾。

⑥ 防治冬瓜根腐病，每667平方米用25%啶菌噁唑乳油60～90毫升，喷雾。

⑦ 防治冬瓜褐腐病，每667平方米用25%啶菌噁唑乳油70～90毫升，喷雾。

(4) 防治辣椒病害

① 防治辣椒疫病，每667平方米用25%啶菌噁唑乳油50～80毫升，喷雾。

② 防治辣椒灰霉病，每667平方米用25%啶菌噁唑乳油80～120毫升，喷雾。

③ 防治辣椒叶枯病，每667平方米用25%啶菌噁唑乳油70～90毫升，喷雾。

④ 防治辣椒白绢病，每667平方米用25%啶菌噁唑乳油65～130毫升，喷雾。

⑤ 防治辣椒根腐病，每667平方米用25%啶菌噁唑乳油70～90

毫升，喷雾。

⑥ 防治辣椒茎基腐病，每667平方米用25%啶菌噁唑乳油65～130毫升，喷雾。

⑦ 防治辣椒软腐病，每667平方米用25%啶菌噁唑乳油70～90毫升，喷雾。

(5) 防治菜豆病害

① 防治菜豆灰霉病，每667平方米用25%啶菌噁唑乳油70～90毫升，喷雾。

② 防治菜豆白绢病，每667平方米用25%啶菌噁唑乳油60～90毫升，喷雾。

③ 防治菜豆根腐病，每667平方米用25%啶菌噁唑乳油70～90毫升，喷雾。

④ 防治菜豆白粉病，每667平方米用25%啶菌噁唑乳油60～90毫升，喷雾。

⑤ 防治菜豆茎基腐病，每667平方米用25%啶菌噁唑乳油70～90毫升，喷雾。

⑥ 防治菜豆轮纹病，每667平方米用25%啶菌噁唑乳油55～110毫升，喷雾。

【毒性】 啶菌噁唑属低毒杀菌剂，原药雄性大鼠急性经口半致死中量（LD_{50}）为2000毫克/千克，雌性为1710毫克/千克；急性经皮半致死中量（LD_{50}）大于2000毫克/千克；对皮肤、眼睛无刺激性，皮肤致敏性为轻度。Ames试验、小鼠骨髓细胞微核试验、小鼠睾丸细胞染色体畸变试验均为阴性。雄、雌性大鼠亚慢性（13周）喂饲试验无作用剂量分别为82.27毫克/(千克·天）和16.57毫克/(千克·天)。25%乳油对大鼠急性经口半致死中量（LD_{50}）大于4640毫克/千克，急性经皮半致死中量（LD_{50}）大于2150毫克/千克，对眼睛中度刺激，对皮肤无刺激，皮肤致敏性为轻度。

【注意事项】

(1) 啶菌噁唑用于防治番茄灰霉病安全间隔期3天，每季最多使用3次。防治的关键时期是作物现蕾期，尤其前两批的番茄、茄子、辣椒、黄瓜，喷药的重点部位是花蕾、花和幼果，不要对叶片大量喷施药液；灰霉病的病菌是高抗性的病原菌，药剂使用剂量应选择高剂量，避免短时间内低剂量重复喷药，尽量选用混剂或不同作用机制杀菌剂交替使用。

(2) 在开启包装物和使用过程中要注意防护，穿防护服，佩带防护手套、口罩等。

(3) 注意啶菌噁唑不要污染池塘和水源。

(4) 请在当地农技部门指导下使用。

(5) 避免孕妇及哺乳期妇女接触。

24. 甲基立枯磷

【中、英文通用名】甲基立枯磷，tolclofos-methyl

【有效成分】【化学名称】 *O*-(2,6-二氯-对-甲苯基)-*O*,*O*-二甲基硫代磷酸酯

【含量与主要剂型】50%可湿性粉剂；10%、20%粉剂；20%乳油；25%胶悬剂。

【曾用中文商品名】利克菌、立枯灭。

【产品特性】纯品为白色结晶，原药带淡棕色。熔点78～80℃，蒸气压57×10^{-3}帕(20℃)，相对密度1.515，闪点210℃。在有机溶剂中溶解度为：丙酮502克/千克，环己酮537克/千克，环己烷498克/千克；23℃时在水中溶解度为0.3～0.4毫克/千克。分配系数(25℃)为36300。对光、热、潮湿均较稳定。

【使用范围和防治对象】甲基立枯磷是一种广谱内吸性杀菌剂。用于防治土传病害，主要起保护作用。其吸附作用强，不易流失，持效期较长。具内吸性杀菌谱广。用于防治蔬菜立枯病、枯萎病、菌核病、根腐病、十字花科黑根病、褐腐病。安全间隔期10天。该药不能和碱性药剂混用，药害发生初期使用，注意安全使用。沾染药液应立即洗净，防止药液污染池塘、水渠。

【使用技术或施用方法】

(1) 防治黄瓜、冬瓜、番茄、茄子、甜（辣）椒、白菜、甘蓝苗期立枯病，发病初期喷淋20%甲基立枯磷乳油1200倍液，每平方米喷2～3千克。视病情隔7～10天喷1次，连续防治2～3次。

(2) 防治黄瓜、苦瓜、南瓜、番茄、豇豆、芹菜的白绢病，发病

初期用20%甲基立枯磷乳油与40～80倍细土拌匀，撒在病部根茎处，每株撒毒土250～350克。必要时也可用20%甲基立枯磷乳油1000倍液灌穴或淋灌，每株（穴）灌药液400～500毫升，隔10～15天再施1次。

（3）防治黄瓜、节瓜、苦瓜、瓠瓜的枯萎病，发病初期用20%甲基立枯磷乳油900倍液灌根，每株灌药液500毫升，间隔10天左右灌1次，连灌2～3次。

（4）防治黄瓜、西葫芦、番茄、茄子的菌核病，定植前每667平方米用20%甲基立枯磷乳油500毫升，与细土20千克拌匀，撒施并耙入土中。或在出现子囊盘时用20%甲基立枯磷乳油1000倍液喷施，间隔8～9天喷1次，共喷3～4次。病情严重时，除喷雾，还可用20%甲基立枯磷乳油50倍液涂抹瓜蔓病部，以控制病害扩大，并有治疗作用。

（5）防治甜瓜蔓枯病，发病初期在根茎基部或全株喷布20%甲基立枯磷乳油1000倍液，隔8～10天喷1次，共喷2～3次。

（6）防治葱、蒜白腐病，每667平方米用20%甲基立枯磷乳油3千克，与细土20千克拌匀，在发病点及附近撒施，或在播种时撒施。

（7）防治番茄丝核菌果腐病，喷20%甲基立枯磷乳油1000倍液。

（8）防治马铃薯黑痣病和枯萎病，进行沟施，开沟、播种后，将配制好的药液淋在块茎和周围的土壤上。配制药液时，按500～750毫升/250千克水/公顷土地配水，折算成各小区用药量，将药和水充分混匀即可施用。

喷雾：将药剂按50～60毫升/30～45千克水/667平方米剂量配制成药水，苗期进行叶面喷雾，喷在茎叶跟土壤接触部分效果最佳，发病严重时应隔5～7天连续防治2～3次。

【毒性】 大鼠急性经口半致死中量（LD_{50}）为5000毫克/千克，急性经皮半致死中量（LD_{50}）大于5000毫克/千克，急性吸入半致死浓度（LC_{50}）大于1.9毫克/千克。对眼睛和皮肤无刺激。动物试验未见致畸、致癌、致突变作用。鲤鱼半致死浓度（LC_{50}）为2.13毫克/千克，鹌鹑急性经口半致死中量（LD_{50}）大于5000毫克/千克，蜜蜂半致死浓度（LC_{50}）大于100微克/只。对鸟和鱼低毒，常规用量无药害。

【注意事项】

(1) 建议甲基立枯磷与不同作用机制的其他杀菌剂轮换使用。

(2) 甲基立枯磷对鱼类高毒，施药时要远离水产养殖区，严禁将药液倒入河塘等水体，不得在河塘等水体洗涤施药器械。本品对鸟类、蜜蜂中等毒，在蜜源作物花期禁止使用。使用时要注意对鸟类的影响。禁止在桑园、蚕室附近使用。用过的容器妥善处理，不可做他用，也不可随意丢弃。

(3) 甲基立枯磷不宜与酸、碱介质混用，以免分解失效。

(4) 甲基立枯磷对眼睛和皮肤有轻微刺激性，施药要穿戴干净的防护服、手套等防护用品，顺风施药，避免吸入药液，避免与皮肤、眼睛接触，防止口鼻吸入。施药期间不得饮食或吸烟，严禁明火。施药后立即用肥皂和清水洗净脸、手和皮肤。

25. 噻森铜

【中、英文通用名】噻森铜，saisentong

【有效成分】【化学名称】N、N'-甲撑-双(2-氨基-5-巯基-1,3,4噻二唑)铜

【含量与主要剂型】20%水悬浮剂。

【曾用中文商品名】施暴菌。

【产品特性】噻森铜纯品为蓝绿色粉状固体，熔点300℃。20℃时不溶于水，微溶于吡啶、二甲基甲酰胺。在酸性条件下稳定，遇强碱易分解。可燃。

【使用范围和防治对象】噻森铜为噻唑类有机铜杀菌剂，由两个基团组成：一是噻唑基团，作用在植株的孔纹导管中，使细胞壁变薄，导致细菌死亡；二是铜离子，能与某些酶结合，影响其活性。在两个基团的作用下，有较好的杀菌效果。高效广谱，毒性低，安全环保，无公害，对细菌性病害特效，对真菌性病害高效，主要防治白菜软腐病、茄科青枯病。

【使用技术或施用方法】

防治十字花科蔬菜软腐病、细菌性黑腐病、细菌性疫病等；黄瓜

细菌性角斑病、枯萎病、细菌性疫病等；菜豆细菌性疫病、细菌性角斑病等；葱、姜类葱细菌性软腐病，姜瘟病（腐败病、腐烂病）等，可以喷雾、沾根、浸种、灌根、粗浇、粗喷等。一般作物以500～600倍稀释液使用，叶面喷洒为宜。根部病害以600～800倍稀释液粗喷或浇于基部（每株250毫升）。

施药时期以预防为主，在发病初期施用。如发病较重，可每隔7～10天防治一次，连续3～4次。

【毒性】 噻森铜原药对雄、雌大鼠的急性经口半致死中量（LD_{50}）均大于5000毫克/千克，对雄、雌大鼠急性经皮半致死中量（LD_{50}）均大于2000毫克/千克。对家兔眼睛和皮肤均无刺激。经豚鼠试验为弱致敏性。亚慢性经口毒性试验最大无作用剂量为10毫克/千克。Ames试验、生殖细胞畸变试验为阴性且无诱发骨髓多染红细胞微核增加的作用。

【注意事项】

（1）水稻最后一次用药应不少于收获前14天，每季作物最多用药3次；番茄最后一次用药应不少于收获前3天，每季作物最多用药3次。

（2）使用噻森铜时应遵守农药安全操作规程，穿防护服，戴手套、口罩等，避免吸入药液。施药期间不可吃东西和喝水等。施药后应及时洗手和脸及暴露的皮肤。

（3）噻森铜对铜敏感作物在花期及幼果期慎用或试后再用。

（4）噻森铜在酸性条件下稳定，本品不可与强碱性农药混用。

（5）孕妇及哺乳期妇女禁止接触、施用噻森铜。

（6）远离水产养殖区施药，禁止在河塘等水域清洗设施器具。

（7）赤眼蜂等天敌放飞区域禁用。

26. 春雷霉素

【中、英文通用名】 春雷霉素，kasugamycin

【有效成分】【化学名称】 [5-氨基-2-甲基-6-(2,3,4,5,6-羟基环己基氧代)四氢吡喃-3-基]氨基-α-亚氨醋酸

【含量与主要剂型】 2%水剂；2%、4%、6%可湿性粉剂。

【曾用中文商品名】春日霉素。

【产品特性】纯品为白色结晶；盐酸盐为白色针状或片状结晶，有甜味。熔点（℃）236～239℃（分解）；盐酸盐 202～204℃（分解）；纯品在有机溶剂中难溶，在 25℃水中溶解 12.5％；盐酸盐易溶于水，不溶于甲醇、乙醇、丙酮、苯等有机溶剂。

【使用范围和防治对象】春雷霉素是放线菌产生的代谢产物，属内吸抗生素，兼有治疗和预防作用，其作用机理是干扰病原菌的氨基酸代谢的酯酶系统，破坏蛋白质的生物合成，抑制菌丝的生长和造成细胞颗粒化，使病原菌失去繁殖和侵染能力，从而达到杀死病原菌防治病害的目的。本品防治番茄叶霉病有较好的防治效果。

【使用技术或施用方法】

（1）防治黄瓜炭疽病、细菌性角斑病，用 2％春雷霉素水剂 400～750 倍液喷雾。

（2）防治番茄叶霉病、灰霉病，甘蓝黑腐病，用 2％春雷霉素水剂 550～1000 倍液喷雾。

（3）防治黄瓜枯萎病，用 2％春雷霉素水剂 50～100 倍液灌根，喷根颈部或喷淋病部。

【毒性】春雷霉素属农用抗生素类低毒杀菌剂，对人、畜、家禽的急性毒性均低。大白鼠急性经口毒性 22000 毫克/千克，小白鼠急性经口为 20000 毫克/千克，兔子为 20900 毫克/千克。对鱼、虾类的毒性很低，只有滴滴涕的八千分之一。

【注意事项】

（1）春雷霉素对杉树（特别是杉树苗）、藕及大豆敏感，避免飘移到上述作物上。

（2）为保证春雷霉素施药效果，最好使用加压喷雾器喷药。

（3）施药 2～3 小时后遇雨对药效无影响。

（4）安全间隔期：黄瓜和番茄 4 天。每季最多使用次数：黄瓜和番茄均为 3 次。

（5）施药期间应避免对周围蜂群的影响，开花植物花期、蚕室和桑园附近禁用。远离水产养殖区施药，禁止在河塘等水体中清洗施药器具。

（6）建议与不同作用机制杀菌剂轮换使用。

（7）用过的容器应妥善处理，不可做他用，也不可随意丢弃。

27. 烯酰吗啉

【中、英文通用名】烯酰吗啉，dimethomorph

【有效成分】【化学名称】（E,Z）-4-[3-（4-氯苯基）3-（3,4-二甲氧基苯基）丙烯酰] 吗啉

【含量与主要剂型】50％烯酰吗啉可湿性粉剂、69％烯酰吗啉-锰锌可湿粉、55％烯酰吗啉-福可湿粉、50％水分散粒剂。

【曾用中文商品名】霜安、伏霜、安克、专克、雄克、安玛、绿捷、破菌、瓜隆、上品、灵品、世耘、良霜、霜爽、霜电、雪疫、斗疫、拔萃、巨网、优润、洽益发、异瓜香。

【产品特性】烯酰吗啉分子量为 87.8567，密度 1.231 克/立方厘米，熔点 125～149℃，沸点 584.9℃，闪点 307.5℃。

【使用范围和防治对象】烯酰吗啉是一种新型内吸治疗性专用低毒杀菌剂，其作用机制是破坏病菌细胞壁膜的形成，引起孢子囊壁的分解，而使病菌死亡。除游动孢子形成及孢子游动期外，对卵菌生活史的各个阶段均有作用，尤其对孢子囊梗和卵孢子的形成阶段更敏感，若在孢子囊和卵孢子形成前用药，则可完全抑制孢子的产生。该药内吸性强，根部施药，可通过根部进入植株的各个部位；叶片喷药，可进入叶片内部。对霜霉病、霜疫霉病、晚疫病、疫（霉）病、疫腐病、腐霉病、黑胫病等低等真菌性病害均具有很好的防治效果。可应用于葡萄、荔枝、黄瓜、甜瓜、苦瓜、番茄、辣椒、马铃薯、十字花科蔬菜。

【使用技术或施用方法】

（1）防治番茄病害

① 防治番茄晚疫病，每 667 平方米用 50％烯酰吗啉水分散粒剂 40～64 克，喷雾。

② 防治番茄早疫病，每 667 平方米用 50％烯酰吗啉水分散粒剂 40～64 克，喷雾。

③ 防治番茄白粉病，每 667 平方米用 50％烯酰吗啉水分散粒剂 40～64 克，喷雾。

④ 防治番茄猝倒病，每 667 平方米用 50％烯酰吗啉水分散粒剂

60～90 克，喷雾。

⑤ 防治番茄灰霉病，每 667 平方米用 50%烯酰吗啉水分散粒剂 60～90 克，喷雾。

⑥ 防治番茄蒂腐病，每 667 平方米用 50%烯酰吗啉水分散粒剂 40～60 克，喷雾。

⑦ 防治番茄霜疫霉病，每 667 平方米用 50%烯酰吗啉水分散粒剂 75～100 克，喷雾。

⑧ 防治番茄褐斑病，每 667 平方米用 50%烯酰吗啉水分散粒剂 40～64 克，喷雾。

⑨ 防治番茄黑星病，每 667 平方米用 50%烯酰吗啉水分散粒剂 60～90 克，喷雾。

(2) 防治黄瓜病害

① 防治黄瓜霜霉病，每 667 平方米用 50%烯酰吗啉水分散粒剂 40～64 克，喷雾。

② 防治黄瓜枯萎病，每 667 平方米用 50%烯酰吗啉水分散粒剂 40～64 克，喷雾。

③ 防治黄瓜白粉病，每 667 平方米用 50%烯酰吗啉水分散粒剂 40～64 克，喷雾。

④ 防治黄瓜蔓枯病，每 667 平方米用 50%烯酰吗啉水分散粒剂 75～100 克，喷雾。

⑤ 防治黄瓜炭疽病，每 667 平方米用 50%烯酰吗啉水分散粒剂 75～100 克，喷雾。

⑥ 防治黄瓜角斑病，每 667 平方米用 50%烯酰吗啉水分散粒剂 60～90 克，喷雾。

⑦ 防治黄瓜灰霉病，每 667 平方米用 50%烯酰吗啉水分散粒剂 60～90 克，喷雾。

⑧ 防治黄瓜花叶病，每 667 平方米用 50%烯酰吗啉水分散粒剂 40～60 克，喷雾。

⑨ 防治黄瓜褐斑病，每 667 平方米用 50%烯酰吗啉水分散粒剂 40～60 克，喷雾。

⑩ 防治黄瓜黑星病，每 667 平方米用 50%烯酰吗啉水分散粒剂 75～100 克，喷雾。

（3）防治大白菜病害

① 防治大白菜菌核病，每 667 平方米用 50%烯酰吗啉水分散粒剂 40～60 克，喷雾。

② 防治大白菜黄萎病，每 667 平方米用 50%烯酰吗啉水分散粒剂 40～60 克，喷雾。

③ 防治大白菜炭疽病，每 667 平方米用 50%烯酰吗啉水分散粒剂 75～100 克，喷雾。

④ 防治大白菜黑斑病，每 667 平方米用 50%烯酰吗啉水分散粒剂 75～100 克，喷雾。

⑤ 防治大白菜灰霉病，每 667 平方米用 50%烯酰吗啉水分散粒剂 75～100 克，喷雾。

⑥ 防治大白菜霜霉病，每 667 平方米用 50%烯酰吗啉水分散粒剂 60～90 克，喷雾。

⑦ 防治大白菜软腐病，每 667 平方米用 50%烯酰吗啉水分散粒剂 60～90 克，喷雾。

⑧ 防治大白菜褐斑病，每 667 平方米用 50%烯酰吗啉水分散粒剂 40～64 克，喷雾。

⑨ 防治大白菜黑腐病，每 667 平方米用 50%烯酰吗啉水分散粒剂 60～90 克，喷雾。

（4）防治生菜病害

① 防治生菜软腐病，每 667 平方米用 50%烯酰吗啉水分散粒剂 75～100 克，喷雾。

② 防治生菜腐败病，每 667 平方米用 50%烯酰吗啉水分散粒剂 100～120 克，喷雾。

③ 防治生菜灰霉病，每 667 平方米用 50%烯酰吗啉水分散粒剂 40～64 克，喷雾。

④ 防治生菜菌核病，每 667 平方米用 50%烯酰吗啉水分散粒剂 75～100 克，喷雾。

⑤ 防治生菜灰霉病，每 667 平方米用 50%烯酰吗啉水分散粒剂 75～100 克，喷雾。

⑥ 防治生菜霜霉病，每 667 平方米用 50%烯酰吗啉水分散粒剂 75～100 克，喷雾。

⑦ 防治生菜褐斑病，每 667 平方米用 50%烯酰吗啉水分散粒剂 40～60 克，喷雾。

⑧ 防治生菜锈病，每 667 平方米用 50%烯酰吗啉水分散粒剂 40～60 克，喷雾。

⑨ 防治生菜黑斑病，每 667 平方米用 50%烯酰吗啉水分散粒剂 40～64 克，喷雾。

【毒性】 烯酰吗啉属低毒杀菌剂。大鼠急性经口半致死中量（LD_{50}）大于 3900 毫克/千克，经皮半致死中量（LD_{50}）大于 2000 毫克/千克，大鼠急性吸入半致死浓度（LC_{50}）大于 4.24 毫克/升。对兔皮肤无刺激性，对眼有轻微刺激。在试验条件下，无致突变、致畸和致癌作用，大鼠 90 天喂养试验，无作用剂量 200 毫克/千克。对鱼类中等毒性，鲤鱼半致死浓度（LC_{50}）为 14 毫克/升（96 小时）。在正常使用情况下，对蜜蜂低毒，经口半致死中量（LD_{50}）大于 100 微克/只。对家蚕无毒害作用，对鸟低毒，野鸭急性经口半致死中量（LD_{50}）大于 2000 毫克/千克。对天敌无影响，对蚯蚓无作用剂量为 1000 毫克/千克土壤。

【注意事项】

（1）当黄瓜、辣椒、十字花科蔬菜等幼小时，喷液量和药量用低量。喷药要使药液均匀覆盖叶片。

（2）施药时穿戴好防护衣物，避免药剂直接与身体各部位接触。

（3）如药剂沾染皮肤，用肥皂和清水冲洗。如溅入眼中，迅速用清水冲洗。如有误服，千万不要引吐，尽快送医院治疗。该药没有解毒剂对症治疗。

（4）该药应储存在阴凉、干燥和远离饲料、儿童的地方。

（5）每季作物烯酰吗啉使用不要超过 4 次，注意使用不同作用机制的其他杀菌剂与其轮换应用。

28. 王铜

【中、英文通用名】 王铜，coppero xychloride

【有效成分】【化学名称】 $3Cu_2(OH)_2CuCl_2$

【含量与主要剂型】 10%、25%粉剂和 50%可湿性粉剂。

【曾用中文商品名】碱式氯化铜、氧氯化铜。

【产品特性】原药为绿色至蓝绿色粉末状晶体，难溶于水、乙醇、乙醚。溶于酸和氨水。溶于稀酸同时分解。250℃加热 8 小时，变成棕黑色，此反应可逆。对金属有腐蚀性。

【使用范围和防治对象】王铜为无机铜保护性杀菌剂，为铜制剂中药害最小的药剂。施用后迅速破坏病菌蛋白酶而使病菌死亡，能在植物表面形成一层保护膜。易被雨水冲刷。在一定温度条件下，释放出铜离子，起到杀菌防病作用。防治柑橘溃疡病、番茄早疫病有较好的效果。

【使用技术或施用方法】

(1) 防治黄瓜病害

① 防治黄瓜霜霉病，每 667 平方米用 30%王铜悬浮剂 75～100 毫升，喷雾。

② 防治黄瓜枯萎病，每 667 平方米用 30%王铜悬浮剂 75～100 毫升，喷雾。

③ 防治黄瓜白粉病，每 667 平方米用 30%王铜悬浮剂 75～100 毫升，喷雾。

④ 防治黄瓜蔓枯病，每 667 平方米用 30%王铜悬浮剂 75～100 毫升，喷雾。

⑤ 防治黄瓜炭疽病，每 667 平方米用 30%王铜悬浮剂 75～100 毫升，喷雾。

⑥ 防治黄瓜角斑病，每 667 平方米用 30%王铜悬浮剂 75～100 毫升，喷雾。

⑦ 防治黄瓜灰霉病，每 667 平方米用 30%王铜悬浮剂 75～100 毫升，喷雾。

⑧ 防治黄瓜猝倒病，每 667 平方米用 30%王铜悬浮剂 75～100 毫升，喷雾。

⑨ 防治黄瓜立枯病，每 667 平方米用 30%王铜悬浮剂 75～100 毫升，喷雾。

⑩ 防治黄瓜褐斑病，每 667 平方米用 30%王铜悬浮剂 75～100 毫升，喷雾。

(2) 防治番茄病害

① 防治番茄晚疫病，每 667 平方米用 30%王铜悬浮剂 75～100 毫升，喷雾。

② 防治番茄溃疡病，每 667 平方米用 30%王铜悬浮剂 75～100 毫升，喷雾。

③ 防治番茄青枯病，每 667 平方米用 30%王铜悬浮剂 75～100 毫升，喷雾。

④ 防治番茄早疫病，每 667 平方米用 30%王铜悬浮剂 75～100 毫升，喷雾。

⑤ 防治番茄叶霉病，每 667 平方米用 30%王铜悬浮剂 75～100 毫升，喷雾。

⑥ 防治番茄灰叶斑病，每 667 平方米用 30%王铜悬浮剂 75～100 毫升，喷雾。

⑦ 防治番茄灰斑病，每 667 平方米用 30%王铜悬浮剂 75～100 毫升，喷雾。

⑧ 防治番茄斑枯病，每 667 平方米用 30%王铜悬浮剂 75～100 毫升，喷雾。

⑨ 防治番茄灰霉病，每 667 平方米用 30%王铜悬浮剂 75～100 毫升，喷雾。

⑩ 防治番茄黑斑病，每 667 平方米用 30%王铜悬浮剂 75～100 毫升，喷雾。

(3) 防治辣椒病害

① 防治辣椒叶斑病，每 667 平方米用 30%王铜悬浮剂 75～100 毫升，喷雾。

② 防治辣椒早疫病，每 667 平方米用 30%王铜悬浮剂 75～100 毫升，喷雾。

③ 防治辣椒疮痂病，每 667 平方米用 30%王铜悬浮剂 75～100 毫升，喷雾。

④ 防治辣椒炭疽病，每 667 平方米用 30%王铜悬浮剂 75～100 毫升，喷雾。

⑤ 防治辣椒灰霉病，每 667 平方米用 30%王铜悬浮剂 75～100 毫升，喷雾。

⑥ 防治辣椒立枯病，每 667 平方米用 30%王铜悬浮剂 75～100

毫升，喷雾。

⑦ 防治辣椒白粉病，每667平方米用30%王铜悬浮剂75～100毫升，喷雾。

⑧ 防治辣椒叶枯病，每667平方米用30%王铜悬浮剂75～100毫升，喷雾。

⑨ 防治辣椒黑斑病，每667平方米用30%王铜悬浮剂75～100毫升，喷雾。

⑩ 防治辣椒白星病，每667平方米用30%王铜悬浮剂75～100毫升，喷雾。

⑪ 防治辣椒灰霉病，每667平方米用30%王铜悬浮剂75～100毫升，喷雾。

【毒性】

【注意事项】

（1）避免高温期高浓度用药。

（2）高温干燥或多雨高湿、露水未干前，慎用。

（3）桃、李、白菜、杏、豆类、莴苣等敏感作物慎用。

（4）使用王铜应采取相应的安全防护措施穿防护服、戴防护手套、口罩等，避免皮肤接触及口鼻吸入。使用中不可吸烟、饮水及吃东西；使用后及时清洗手、脸等暴露部位皮肤并更换衣物。

（5）王铜对眼睛和皮肤有强烈刺激性，需加强对眼睛和皮肤的保护。

（6）王铜对水生生物危害大，不得污染各类水域，严禁在河塘洗涤施药器具。

（7）王铜不能与石硫合剂、松脂合剂、矿物油乳剂、多菌灵、托布津等物质混用。

（8）放置时间较长，可能出现沉淀，但不会失效，经手摇动，即恢复原状。建议与其他作用机制不同的杀菌剂轮换使用。

（9）用过容器要妥善处理，不可做他用，也不可随意丢弃。

（10）孕妇及豆乳期妇女禁止接触。

29. 己唑醇

【中、英文通用名】 己唑醇，hexaconazole

【有效成分】【化学名称】（RS）-2-（2，4-二氯苯基）-1-（1*H*-1，2，4-三唑-1-基）-己-2-醇

【含量与主要剂型】 5%、10%乳油；50%水分散粒剂；5%的微乳剂；5%、10%、25%、30%、40%的悬浮剂。

【曾用中文商品名】 盖虫散。

【产品特性】 米黄色疏松粉末；相对密度为1.04（20℃）；熔点110～112℃；蒸气压0.018毫帕（20℃）。溶解度：水中0.018毫克/千克，甲醇246克/千克，丙酮164克/千克，甲苯59克/千克，己烷0.8克/千克。室温（40℃以下）至少9个月内不分解，酸、碱性（pH=5、7～9）水溶液中30天内稳定。在pH值为7的水溶液中紫外线照射下10天内稳定。

【使用范围和防治对象】 己唑醇属三唑类杀菌剂，甾醇脱甲基化抑制剂，对真菌尤其是担子菌门和子囊菌门引起的病害有广谱性的保护和治疗作用。破坏和阻止病菌的细胞膜重要组成成分麦角甾醇的生物合成，导致细胞膜不能形成，使病菌死亡。具有内吸、保护和治疗活性。

有效地防治子囊菌、担子菌和半知菌所致病害，尤其是对担子菌纲和子囊菌纲引起的病害（如白粉病、锈病、黑星病、褐斑病、炭疽病等）有优异的保护和铲除作用。适宜蔬菜（如瓜果、辣椒等）。

【使用技术或施用方法】

（1）防治黄瓜、大姜、香菜、韭菜、芹菜、番茄等黑星病、黑斑病、锈病、轮纹病、炭疽病等，在发病初期用2000倍液喷雾。

（2）防治菜豆白绢病和菜豆白粉病，每667平方米用5%己唑醇悬浮剂80～100毫升，喷雾。

（3）防治菜豆锈病，每667平方米用5%己唑醇悬浮剂80～100毫升，喷雾。

（4）防治菜豆轮纹病，每667平方米用5%己唑醇悬浮剂80～100毫升，喷雾。

（5）防治菜豆枯萎病，每667平方米用5%己唑醇悬浮剂80～100毫升，喷雾。

（6）防治菜豆立枯病，每667平方米用5%己唑醇悬浮剂80～100毫升，喷雾。

（7）防治菜豆灰霉病，每 667 平方米用 5%己唑醇悬浮剂 80～100 毫升，喷雾。

（8）防治菜豆花叶病，每 667 平方米用 5%己唑醇悬浮剂 80～100 毫升，喷雾。

【毒性】己唑醇属低毒农药。雄大鼠急性经口半致死中量（LD_{50}）为 2189 毫克/千克，雌大鼠为 6071 毫克/千克，大鼠性经皮半致死中量（LD_{50}）大于 2 克/千克。对兔皮肤无刺激作用，但对眼睛有轻微刺激作用。雄小鼠急性经口半致死中量（LD_{50}）为 612 毫克/千克，雌小鼠为 918 毫克/千克。大鼠急性吸入半致死浓度（LC_{50}）（4 小时）大于 5.9 毫克/千克。饲喂试验无作用剂量：大鼠为 2.5 毫克/(千克·天)，兔为 50 毫克/(千克·天)，对人的每日最大允许摄入量（ADI）为 0.005 毫克/千克体重。己唑醇无诱变作用。野鸭急性经口半致死中量（LD_{50}）大于 4 克/千克。鱼类半致死浓度（LC_{50}）(96 小时)：鲤鱼为 5.94 毫克/千克，虹鳟鱼大于 3.4 毫克/千克。水蚤半致死浓度（LC_{50}）（48 小时）为 2.9 毫克/千克，野鸭急性经口半致死中量（LD_{50}）大于 4 克/千克，蜜蜂急性接触半致死中量（LD_{50}）大于 100 微克/蜜蜂，经口半致死中量（LD_{50}）大于 100 微克/蜜蜂。无致突变作用。

【注意事项】

（1）己唑醇在番茄上安全间隔期为 7 天。每季作物最多使用 3 次。

（2）使用己唑醇时应穿戴好防护服、手套等；避免皮肤、眼睛接触药液，避免吸入药液。不得在现场饮食、饮水、吸烟等。施药应及时洗澡，并更换衣服等。

（3）己唑醇对鱼等水生生物、鸟类有毒，注意保护鸟类，鸟类取食区及保护区附近禁用。施药时远离水产养殖区域，禁止在河塘内等水体中清洗施药器具。剩残药液勿倒入河流、池塘、湖泊等水流中。

（4）孕妇、哺乳期妇女禁止接触己唑醇。

（5）未用完的己唑醇应放回原包装内，并于阴凉、干燥处密闭保存。废弃包装物应冲洗压扁，后深埋或由生产企业回收处理。

（6）施药器械可用清水或适当洗涤剂反复清洗 2～3 次，倒置晾干。

（7）与其他不同作用机制的杀菌剂轮换使用。

30. 嘧霉胺

【中、英文通用名】 嘧霉胺，pyrimethanil（ISO，BSI）

【有效成分】【化学名称】 *N*-(4,6-二甲基嘧啶-2-基)苯胺

【含量与主要剂型】 12.5%乳油；20%、40%可湿性粉剂；20%、30%、37%、40%悬浮剂。

【曾用中文商品名】 二甲基嘧啶胺。

【产品特性】 白色或白色带微黄色结晶。能溶于有机溶剂，微溶于水，室温下（25℃）在水中溶解度为0.121克/千克，在25℃下熔点96.3℃（纯品），蒸气压 2.2×10^{-3} 帕（25℃），在弱酸-弱碱性条件下稳定。

【使用范围和防治对象】 嘧霉胺是防治灰霉病的一种高效、低毒苯胺基嘧啶类杀菌剂，具有内吸传导和熏蒸作用，施药后可迅速传到植物体内各部位，有效抑制病原菌侵染酶的产生，从而阻止病菌侵染，彻底杀死病菌。与其他杀菌剂无交互抗性，而且在低温下使用，仍有非常好的保护和治疗效果。用于防治黄瓜、番茄、葡萄、草莓、豌豆、韭菜等作物灰霉病等。

【使用技术或施用方法】

（1）防治黄瓜番茄等灰霉病，在发病前或初期，每667平方米用40%嘧霉胺25～95克，兑水800～1200倍，每667平方米用水量30～75千克，植株大，高药量高水量；植株小，低药量低水量，每隔7～10天用一次，共用2～3次。一个生长季节防治需用药4次以上，应与其他杀菌剂轮换使用，避免产生抗性。露地蔬菜用药应选早晚风小、低温时进行。

（2）番茄病害的防治

① 防治番茄晚疫病、茄早疫病、番茄白粉病和番茄褐斑病，每667平方米用40%嘧霉胺悬浮剂65～95毫升，喷雾。

② 防治番茄猝倒病、番茄灰霉病，每667平方米用40%嘧霉胺悬浮剂80～110毫升，喷雾。

③ 防治番茄蒂腐病，每667平方米用40%嘧霉胺悬浮剂120～

140 毫升，喷雾。

④ 防治番茄霜疫霉病，每 667 平方米用 40%嘧霉胺悬浮剂100～140 毫升，喷雾。

⑤ 防治番茄黑星病，每 667 平方米用 40%嘧霉胺悬浮剂 80～110 毫升，喷雾。

(3) 黄瓜病害的防治

① 防治黄瓜霜霉病，黄瓜枯萎病、黄瓜白粉病，每 667 平方米用 40%嘧霉胺悬浮剂 65～95 毫升，喷雾。

② 防治黄瓜蔓枯病、黄瓜炭疽病，每 667 平方米用 40%嘧霉胺悬浮剂 100～140 毫升，喷雾。

③ 防治黄瓜角斑病、黄瓜灰霉病，每 667 平方米用 40%嘧霉胺悬浮剂 80～110 毫升，喷雾。

④ 防治黄瓜花叶病、黄瓜褐斑病，每 667 平方米用 40%嘧霉胺悬浮剂 120～140 毫升，喷雾。

⑤ 防治黄瓜黑星病，每 667 平方米用 40%嘧霉胺悬浮剂 100～140 毫升，喷雾。

(3) 大白菜病害的防治

① 防治大白菜菌核病、大白菜黄萎病，每 667 平方米用 40%嘧霉胺悬浮剂 120～140 毫升，喷雾。

② 防治大白菜炭疽病、大白菜黑斑病、大白菜灰霉病、大白菜霜霉病、大白菜软腐病、大白菜褐斑病、大白菜黑腐病，每 667 平方米用 40%嘧霉胺悬浮剂 100～140 毫升，喷雾。

(4) 生菜病害的防治

① 防治生菜软腐病、生菜灰霉病、生菜霜霉病，每 667 平方米用 40%嘧霉胺悬浮剂 100～140 毫升，喷雾。

② 防治生菜腐败病，每 667 平方米用 40%嘧霉胺悬浮剂 60～80 毫升，喷雾。

③ 防治生菜灰霉病，每 667 平方米用 40%嘧霉胺悬浮剂 65～95 毫升，喷雾。

④ 防治生菜菌核病，每 667 平方米用 40%嘧霉胺悬浮剂 100～140 毫升，喷雾。

⑤ 防治生菜褐斑病、生菜锈病，每 667 平方米用 40%嘧霉胺悬

浮剂120～140毫升，喷雾。

⑥ 防治生菜黑斑病，每667平方米用40%嘧霉胺悬浮剂65～95毫升，喷雾。

【毒性】 嘧霉胺属低毒杀菌剂，小鼠经口半致死中量（LD_{50}）为4061～5358毫克/千克，大鼠经口半致死中量（LD_{50}）为4150～5971毫克/千克，大鼠经皮半致死中量（LD_{50}）大于5000毫克/千克。对家兔眼睛和皮肤无刺激性，在实验剂量内对动物无致畸、致癌、致突变作用。

【注意事项】

（1）储存嘧霉胺时不得与食物、种子、饮料混放。晴天上午8时至下午5时、空气相对湿度低于65%时使用；气温高于28度时应尽量停止或在专业技术人员建议下施药。

（2）嘧霉胺使用前将药液摇匀，不能与碱性物质混用。

（3）使用嘧霉胺时应穿长袖衣、长裤、靴子、戴手套、面罩，不能在施药现场吸烟和饮食，施用后及时更换并彻底清洗工作服。

（4）包装容器应用清水冲洗干净并压烂后土埋，所有施药器具，用后立即用清水冲洗干净；残剩药剂应密闭保存在原包装容器内。

（5）嘧霉胺在番茄上使用安全间隔期为3天，每季最多使用次数2次。

解毒参考方法：用药时如果感觉不适，立即停止工作，采取急救措施，并携标签送医就诊。皮肤接触：立即脱掉被污染的衣物，用肥皂和大量清水彻底清洗受污染的皮肤。眼睛溅药：立即将眼睑翻开，用清水冲洗10～15分钟，再请医生诊治。发生吸入：立即将吸入者转移到空气新鲜处，请医生诊治。误服：立即携带标签，送医就诊。无特效解毒剂，请对症治疗。

31. 嘧啶核苷类抗生素

【中、英文通用名】 嘧啶核苷类抗生素，streptomycesa hygroscopicus

【含量与主要剂型】 2%水剂、3%混合水剂、4%水剂、6%水剂。

【曾用中文商品名】 农抗120，抗霉菌素120。

【产品特性】原药外观为白色粉末，熔点165～167℃（分解），易溶于水，不溶于有机溶剂，在酸性和中性介质中稳定，碱性介质中不稳定。

【使用范围和防治对象】嘧啶核苷类抗生素是一种高效、广谱生物杀菌剂，主要成分是核苷类抗生素，对许多植物病原菌有强烈的抑制作用，具有预防保护和内吸治疗双重功效；本品的保护成分能在植物和果实表面上形成一层致密的高分子保护膜，对多种病原菌有强烈的抑制和阻碍作用；治疗成分能通过枝干传导到达果实内部，直接阻碍病原蛋白质的合成，导致其死亡。本品保护致密，内吸性强，连续使用不易产生抗药性，即使在多雨季节使用，仍可保持较强的内吸药效。对番茄疫病、花卉白粉病、白菜黑斑病等有较好的防治效果。

【使用技术或施用方法】

（1）防治马铃薯病害

① 防治马铃薯早疫病、马铃薯晚疫病、马铃薯青枯病、马铃薯环腐病，每667平方米用4%嘧啶核苷类抗生素水剂185～235克，喷雾。

② 防治马铃薯黑痘病、马铃薯疮痂病，每667平方米用4%嘧啶核苷类抗生素水剂200～225克，喷雾。

③ 防治铃薯白绢病、马铃薯褐腐病，每667平方米用4%嘧啶核苷类抗生素水剂210～265克，喷雾。

④ 防治马铃薯晚疫病，每667平方米用4%嘧啶核苷类抗生素水剂185～235克，喷雾。

（2）防治黄瓜病害

① 防治黄瓜蔓枯病，每667平方米用4%嘧啶核苷类抗生素水剂210～265克，喷雾。

② 防治黄瓜白粉病、黄瓜黑星病、黄瓜疫病，每667平方米用4%嘧啶核苷类抗生素水剂185～235克，喷雾。

③ 防治黄瓜霜霉病、黄瓜花腐病，每667平方米用4%嘧啶核苷类抗生素水剂210～265克，喷雾。

④ 防治黄瓜炭疽病，每667平方米用4%嘧啶核苷类抗生素水剂200～225克，喷雾。

⑤ 防治黄瓜黑星病，每667平方米用4%嘧啶核苷类抗生素水剂185～235克，喷雾。

（3）防治冬瓜病害

① 防治冬瓜霜霉病，每667平方米用4%嘧啶核苷类抗生素水剂185～235克，喷雾。

② 防治冬瓜炭疽病，每667平方米用4%嘧啶核苷类抗生素水剂175～225克，喷雾。

③ 防治冬瓜白粉病、冬瓜黑斑病，每667平方米用4%嘧啶核苷类抗生素水剂185～235克，喷雾。

④ 防治冬瓜疫病，每667平方米用4%嘧啶核苷类抗生素水剂210～265克，喷雾。

⑤ 防治冬瓜绵腐病、冬瓜褐斑病，每667平方米用4%嘧啶核苷类抗生素水剂175～225克，喷雾。

⑥ 防治冬瓜褐腐病，每667平方米用4%嘧啶核苷类抗生素水剂210～265克，喷雾。

（4）防治番茄病害

① 防治番茄早疫病、番茄白绢病、番茄黑斑病、番茄叶霉病，每667平方米用4%嘧啶核苷类抗生素水剂175～225克，喷雾。

② 防治番茄晚疫病、番茄灰斑病，每667平方米用4%嘧啶核苷类抗生素水剂210～265克，喷雾。

③ 防治番茄白粉病，每667平方米用4%嘧啶核苷类抗生素水剂175～225克，喷雾。

④ 防治番茄绵疫病，每667平方米用4%嘧啶核苷类抗生素水剂185～235克，喷雾。

（5）防治辣椒病害

① 防治辣椒疫病，每667平方米用4%嘧啶核苷类抗生素水剂175～225克，喷雾。

② 防治辣椒炭疽病，每667平方米用4%嘧啶核苷类抗生素水剂210～265克，喷雾。

③ 防治辣椒白粉病、辣椒白绢病、辣椒黑斑病，每667平方米用4%嘧啶核苷类抗生素水剂175～225克，喷雾。

④ 防治辣椒疮痂病、辣椒软腐病，每667平方米用4%嘧啶核苷

类抗生素水剂185～235克，喷雾。

⑤ 防治辣椒早疫病，每667平方米用4%嘧啶核苷类抗生素水剂210～265克，喷雾。

【毒性】 嘧啶核苷类抗生素属低毒杀菌剂，急性经口半致死中量（LD_{50}）为124.4毫克/千克（小鼠，静注）。

【注意事项】

（1）嘧啶核苷类抗生素不可与碱性农药混用。

（2）喷施嘧啶核苷类抗生素应避开烈日和阴雨天，傍晚喷施于作物叶片或果实上。

（3）嘧啶核苷类抗生素含量极高，随配随用，请按照使用浓度配制。

32. 克菌丹

【中、英文通用名】 克菌丹，captan

【有效成分】【化学名称】 *N*-(三氯甲硫基)-环已-4-烯-1,2-二甲酰亚胺;1,2,3,6-四氢-*N*-(三氯甲硫基)邻苯二酰亚胺

【含量与主要剂型】 50%可湿性粉剂；5%、10%粉剂；80%水分散粒剂。

【曾用中文商品名】 开普顿、新潮流、美得乐、盖普丹。

【产品特性】 克菌丹白色结晶。熔点178℃。蒸气压小于1.33毫帕（25℃）。室温水中溶解度小于0.5毫克/千克。25℃时溶解度：不溶于石油，二甲苯70克/千克，氯仿50克/千克，丙酮21克/千克，环已酮23克/千克。遇碱不稳定，接近熔点时分解。在中性或酸性条件下稳定，在高温和磁性条件下易水解。

【使用范围和防治对象】 克菌丹属三氯甲硫基类广谱的保护性杀菌剂，有一定的治疗作用。对蔬菜及瓜类作物的许多病害均有良好的防治效果。对作物安全，无药害，而且还具有刺激植物生长的作用。

【使用技术或施用方法】

（1）防治多种蔬菜的霜霉病、白粉病、炭疽病，番茄和马铃薯的早疫病、晚疫病，用500～800倍液喷雾，于发病初期开始每隔6～8天喷1次，连喷2～3次。

（2）防治多种蔬菜的苗期立枯病、猝倒病，按每667平方米苗床用药粉0.5千克，兑干细土15～25千克制成药土，与土壤5厘米左右的表土掺拌均匀。

（3）防治菜豆和蚕豆炭疽病、立枯病、根腐病，用400～600倍液喷雾，于发病初期每隔7～8天喷1次，连喷2～3次。

【毒性】大鼠急性经口半致死中量（LD_{50}）为9000毫克/千克，对皮肤及黏膜有刺激作用。每日用300毫克/千克剂量的工业品喂狗66周未出现慢性中毒症状，对大鼠2年饲喂试验的无作用剂量为1000毫克/千克。动物试验发现致畸、致突变作用。对人畜低毒，对人皮肤有刺激性，对鱼类有毒。

【注意事项】

（1）用药后要注意洗手、脸及黏药皮肤。

（2）克菌丹不能与碱性药剂混用。

（3）克菌丹拌种的种子勿作饲料或食用。

（4）药剂放置于阴凉干燥处。

33. 碱式硫酸铜

【中、英文通用名】碱式硫酸铜，copper dihydroxosulphate

【有效成分】【化学名称】$Cu_2(OH)_2SO_4$

【含量与主要剂型】35%悬浮剂，30%胶悬剂，27.12%悬浮剂，50%、80%可湿性粉剂。

【曾用中文商品名】波萨草，盐基性碳酸铜。

【产品特性】孔雀绿色细小无定型粉末。不溶于冷水和醇，在热水中分解，溶于酸而成相应铜盐。溶于氰化物、氨水、铵盐和碱金属碳酸盐水溶液中，形成铜的络合物。在碱金属碳酸盐溶液中煮沸时，形成褐色氧化铜。对硫化氢不稳定。加热至200℃分解为黑色氧化铜、水（遇冷后凝结形成的小水珠）和二氧化碳。在硫化氢气体中不稳定。在水中的溶解度为0.0008%。原药为浅蓝色黏稠、流动悬浊液，悬浮率大于90%，pH 6～8，冷热储稳定性合格，在常温条件下储存3年稳定，粒度细，可与水以任意比例混合形成相对稳定的悬浊液。

【使用范围和防治对象】 碱式硫酸铜为多位点作用的杀菌剂，因其粒度细小，分散性好，耐雨水冲刷，能牢固地黏附在植物表面形成一层保护膜，碱式硫酸铜依靠在植物表面上水的酸化，逐步释放铜离子，抑制真菌孢子萌发和菌丝发育，能有效防治作物的真菌及细菌性病害。在蔬菜栽培中，茄子黄萎病、番茄青枯病、黄瓜枯萎病等，都可用硫酸铜来防治。

【使用技术或施用方法】

（1）在蔬菜作物定植时，每667平方米用碱式硫酸铜1.5～2千克，掺入碳酸氢铵8～10千克，拌匀后闷放12～20小时，即为铜铵制剂，定植前均匀地撒入定植沟内或栽植穴里，然后再栽植菜苗。

（2）在菜苗定植缓苗后，用上述配好的铜铵制剂用水溶解，随水冲入菜田，或直接用硫酸铜每667平方米2～3千克随水浇入菜田，或者用500倍的硫酸铜溶液浇灌蔬菜作物根部，每株用药液250毫升，防治由土传病害引发的死苗效果较好。

（3）在大田发现蔬菜发病后，每千克硫酸铜兑水500千克浇灌作物根部，或者用100倍的硫酸铜液涂抹感病植株的病部，防治病害的效果较好。

【毒性】 按我国农药分级标准属低毒农药。大雄鼠急性毒性经皮半致死中量（LD_{50}）为2450毫克/千克，大雌鼠急性经口半致死中量（LD_{50}）为3160毫克/千克。小雄鼠急性经口毒性半致死中量（LD_{50}）为2370毫克/千克，小雌鼠急性经口毒性半致死中量（LD_{50}）为2710毫克/千克，属于低毒类农药。80%可湿性粉剂对大鼠急性经口半致死中量（LD_{50}）为794～1470毫克/千克，大鼠急性经皮半致死中量（LD_{50}）大于5000毫克/千克；30%悬浮剂大鼠急性经口半致死中量（LD_{50}）为511～926毫克/千克，大鼠急性经皮半致死中量（LD_{50}）大于10000毫克/千克。对蚕有毒。

【注意事项】

（1）在使用硫酸铜防治蔬菜病害时，注意不能与代森锰锌等含金属离子的农药或叶面肥混用，因金属离子易引起沉淀，使药效改变或引起药害。

（2）碱式硫酸铜不能与多菌灵、甲基硫菌灵等苯骈咪唑类杀菌剂混用，以防相互作用，降低或失去杀菌效力。

（3）使用硫酸铜时，注意桃、李、梅、杏、柿子、大白菜、菜豆、莴苣、荸荠等对本品敏感，不宜使用。

（4）使用时应严格掌握用药时间和用量，按说明配比浓度。

（5）发生药害，可立即灌水，缓解症状。严重时喷洒 0.006%芸苔素内酯水剂 800～1000 倍液或 1.8%复硝钠水剂 5000～6000 倍液。

34. 中生菌素

【中、英文通用名】中生菌素，zhong sheng mycin

【有效成分】【化学名称】1-*N* 苷基链里定基-2-氨基-L-赖氨酸-2 脱氧古罗糖胺

【含量与主要剂型】3%可湿性粉剂、1%中生菌素水剂。

【曾用中文商品名】克菌康。

【产品特性】纯品为白色粉末，原药为浅黄色粉末，易溶于水，微溶于乙醇。在酸性介质中，低温条件下稳定，熔点 173～190℃，100%溶于水。制剂为褐色液体，pH 值为 4。

【使用范围和防治对象】中生菌素为 *N*-糖苷类抗生素，其抗菌谱广，能够抗革兰氏阳性、阴性细菌，分枝杆菌，酵母菌及丝状真菌。特别对软腐病菌、黄瓜角斑病菌等均具有明显的抗菌活性。通过抑制病原细菌蛋白质的肽键生成，最终导致细菌死亡；对真菌可抑制菌丝的生长、孢子的萌发，起到防治真菌性病害的作用；可刺激植物体内植保素及木质素的前体物质的生成，从而提高植物的抗病能力。

【使用技术或施用方法】

防治蔬菜细菌性病害。对白菜软腐病、茄科青枯病于发病初期用 1000～1200 倍药液喷淋，共 3～4 次；对姜瘟病可用 300～500 倍药液浸种 2 小时后播种，生长期用 800～1000 倍灌根，每株 0.25 千克药液，共灌 3～4 次；对黄瓜细菌性角斑病、菜豆细菌性疫病、西瓜细菌性果腐病于发病初期用 1000～1200 倍药液喷雾。隔 7～10 天喷 1 次，共喷 3～4 次。

【毒性】中生菌素为低毒杀菌剂，雌雄大鼠急性经口半致死中量（LD_{50}）为 316 毫克/千克，雄大鼠急性经口半致死中量（LD_{50}）为

2376 毫克/千克。大鼠急性经口半致死中量（LD_{50}）大于 2000 毫克/千克。

【注意事项】

（1）中生菌素不可与碱性农药混用。

（2）预防和发病初期用药效果显著。施药应做到均匀、周到。如施药后遇雨应补喷。

（3）储存在阴凉、避光处。

（4）中生菌素如误入眼睛，立即用清水冲洗 15 分钟，仍有不适应立即就医；如接触皮肤，立即用清水冲洗并换洗衣物；如误服不适，立即送医院对症治疗，无特殊解毒剂。

（5）药液及其废液不得污染各类水域、土壤等环境。施药前、后要彻底清洗喷药器械，洗涤后的废水不应污染河流等水源，未用完的药液应密封后妥善放置。

（6）安全间隔期 8 天，每季最多使用 2 次。

（7）孕妇及哺乳期妇女禁止接触。

35. 三乙膦酸铝

【中、英文通用名】三乙膦酸铝，phosethyl-Al

【有效成分】【化学名称】三-(乙基膦酸）铝

【含量与主要剂型】40%、80%、90%三乙磷铝可湿性粉剂，30%胶悬剂。

【曾用中文商品名】疫霉灵、疫霜灵、乙磷铝、霉疫净、克霉灵、霉菌灵、乙磷铝、疫霜灵、霜安、霜谢、霜崩、霜巧、扫霜、创丰、欢收、蓝博、绿杰、允净、敏佳、财富、牢固、绿夫、日宝、凯泰、可靠、利环、艾科、正保、用喜、准能、霜尔欣、藁施泰、百菌消、斩菌首、氟菌晴、福赛特、达克佳。

【产品特性】三乙膦酸铝原药为白色粉末，易溶于水，难溶于有机溶剂。挥发性小，遇酸、碱易分解。无腐蚀性，不易燃，不易爆，遇潮湿易结块。

【使用范围和防治对象】三乙膦酸铝是一种有机磷类高效、广谱、内吸性低毒杀菌剂，既能通过根部和基部茎叶吸收后向上输导，也能从上部叶片吸收后向基部叶片输导。药剂只有在植株体内才能发挥防病作用，离体条件下对病菌的抑制作用很小，其防病原理认为是药剂刺激寄主植物的防御系统而防病。该药水溶性好，内吸渗透性强，持效期较长，使用安全。三乙膦酸铝对卵菌所致病害具特效，可广泛使用于黄瓜、甜瓜、西瓜、西葫芦、苦瓜、冬瓜、番茄、辣椒、茄子、芹菜、芦笋、芸豆、菜豆、豇豆、豌豆、绿豆、马铃薯、十字花科蔬菜等；对霜霉病、霜疫霉病、疫病、晚疫病、疫腐病、猝倒病、立枯病、黑胫病、白粉病、枯萎病、（胡椒）瘟病、溃疡病、条溃疡病、疮痂病、炭疽病、轮纹病、黑斑病、褐斑病、轮斑病、斑枯病、叶斑病、茎枯病、纹枯病、鞘腐病等多种真菌性病害均具有良好的防治效果。

【使用技术或施用方法】

（1）各类蔬菜霜霉病的防治　40%三乙膦酸铝可湿性粉剂 200～300 倍液在发病初期喷药，每隔 10 天喷 1 次，共喷 2～5 次。

（2）番茄晚疫病、轮纹病、黄瓜疫病、茄子绵疫病、甜椒疫病的防治　用 40%三乙膦酸铝可湿性粉剂 200～300 倍液喷雾，间隔期为 7～10 天，共喷 3～4 次。

【毒性】三乙膦酸铝属低毒杀菌剂。原粉大鼠急性经口半致死中量（LD_{50}）为 5800 毫克/千克，急性涂皮半致死中量（LD_{50}）大于 3200 毫克/千克。

【注意事项】

（1）三乙膦酸铝勿与酸性、碱性农药混用，以免分解失效。与多菌灵、福美双、灭菌丹、代森锰锌、DT 杀菌剂等混配混用，可提高防效，扩大防治范围。

（2）三乙膦酸铝易吸潮结块，储运中应注意密封，干燥保存。如遇结块，不影响使用效果。

（3）使用浓度高达 4000 微克/毫升时，对黄瓜、白菜有轻微药害，所以浓度一般不应超过 2000 微克/毫升。

（4）如连续使用容易引起病菌抗药性，而使药效降低。开始使用本品时应与其他杀菌剂轮用，或与灭菌丹、克菌丹、代森锰锌等药剂混用。

（5）三乙膦酸铝对疫霉菌引起的根茎部病害用土壤处理方法效果好，而对由其引起的叶部病害用喷雾方法效果差。

(6) 施药时要注意防护，施药后要用肥皂洗手、洗脸。

(7) 急性中毒多在12小时内发病，口服立即发病。轻度：头痛、头昏、恶心、呕吐、多汗、无力、胸闷、视力模糊、胃口不佳等，全血胆碱酯酶活力一般降至正常值的70%～50%。中度：除上述症状外还出现轻度呼吸困难、肌肉震颤、瞳孔缩小、精神恍惚、行走不稳、大汗、流涎、腹疼、腹泻等。重者还会出现昏迷、抽搐、呼吸困难、口吐白沫、大小便失禁，惊厥，呼吸麻痹。

(8) 急救方法：用阿托品1～5毫克作皮下或静脉注射（按中毒轻重而定）。用解磷定0.4～1.2克静脉注射（按中毒轻重而定）。禁用吗啡、茶碱、吩噻嗪、利血平。误服时立即引吐、洗胃、导泻（清醒时才能引吐）。

36. 霜霉威

【中、英文通用名】 霜霉威，propamocarb

【有效成分】【化学名称】 3-(二甲氨基)丙基氨基甲酸丙酯

【含量与主要剂型】 35%水剂，40%水剂，66.5%水剂，72.2%水剂。

【曾用中文商品名】 普力克、普而富、扑霉特、扑霉净、免劳露、疫霜净、破霜、蓝霜、挫霜、亮霜、霜敏、霜杰、霜灵、霜妥、双泰、普露、普润、普佳、普生、上宝、欣悦、惠佳、广喜、耘尔、病达、双达、疫格、劳恩、卡普多、拒霜侵、宝力克、霜霉普克、霜霉先灭、霜疫克星。

【产品特性】 霜霉威纯品为无色、无味并且极易吸湿的结晶固体，熔点45～55℃。在水及部分溶剂中溶解度很高。25℃时的溶解度为：在水中867克/千克，甲醇大于500克/千克，二氯甲烷大于430克/千克，异丙醇大于300克/千克，乙酸乙酯23克/千克，在甲苯和乙烷中小于0.1克/千克。在水溶液中2年以上不分解（55℃），但在微生物活跃的水中迅速分解并转化为无机化合物。

【使用范围和防治对象】 霜霉威是一种具有局部内吸作用的低毒杀菌剂，属氨基甲酸酯类。对卵菌纲真菌有特效。其杀菌机制主要是抑制病菌细胞膜成分的磷脂和脂肪酸的生物合成，进而抑制菌丝生长、孢子囊的形成和萌发。该杀菌剂杀菌机制与其他类型杀菌剂不同，无交互抗药性。该药内吸传导性好，用做土壤处理时，能很快被根吸收并向上输送到整个植株；用做茎叶处理时，能很快被叶片吸收并分布在叶片中，在30分钟内就能起到保护作用。霜霉威是一种广谱杀菌剂，对藻类菌纲真菌特别有效，对丝束霉、盘梗霉、霜霉、疫霉、腐霉等真菌都有良好的杀灭作用。适用于黄瓜、番茄、甜椒等蔬菜。

【使用技术或施用方法】

浇灌，主要用于防治苗床及苗期病害，播种前或播种后、移栽前或移栽后，每平方米使用722克/升霜霉威水剂5～7.5毫升，或66.5%霜霉威水剂5.5～8毫升，或40%霜霉威水剂9～13.5毫升，或35%霜霉威水剂10～15毫升，兑水2～3升后浇灌。

喷雾，从病害发生前或发生初期开始喷药，7～10天1次，与其他不同类型杀菌剂交替使用。

(1) 防治黄瓜霜霉病、黄瓜疫病、黄瓜黑胫病、黄瓜苗疫病、黄瓜猝倒病、黄瓜晚疫病和黄瓜疫霉根腐病，每667平方米用72.2%霜霉威水剂75～125毫升，喷雾。

(2) 防治番茄霜霉病、番茄绵疫病、番茄疫霉根腐病、番茄晚疫病、番茄猝倒病、番茄早疫病、番茄绵疫病，每667平方米用72.2%霜霉威水剂75～125毫升，喷雾。

(3) 防治辣椒霜霉病、辣椒疫病、辣椒根腐病、辣椒猝倒病、辣椒晚疫病每667平方米用72.2%霜霉威水剂75～125毫升，喷雾。

(4) 防治马铃薯黑胫病、马铃薯早疫病、马铃薯晚疫病、马铃薯猝倒病，每667平方米用72.2%霜霉威水剂70～120毫升，喷雾。

【毒性】 霜霉威属低毒杀菌剂，大鼠急性经口半致死中量（LD_{50}）为2000～2900毫克/千克，小鼠急性经口半致死中量（LD_{50}）为1960～2800毫克/千克，大、小鼠急性经皮半致死中量（LD_{50}）大于3000毫克/千克。

【注意事项】

(1) 为预防和延缓病菌抗病性，注意应与其他农药交替使用，每季喷洒次数最多3次。配药时，按推荐药量加水后要搅拌均匀，若用于喷施，要确保药液量，保持土壤湿润。

（2）霜霉威在碱性条件下易分解，不可与碱性物质混用，以免失效。

（3）霜霉威不可与呈强碱性的农药等物质混合使用。

（4）使用霜霉威时应穿戴防护服和手套，避免吸入药液。施药期间不可吃东西和饮水。施药后应及时洗手和洗脸。

（5）孕妇及哺乳期妇女应避免接触。

（6）霜霉威与叶面肥及植物生长调节剂混用时需特别注意。建议在医师指导下进行。

37. 代森铵

【中、英文通用名】 代森铵，amobam

【有效成分】【化学名称】 1,2-亚乙基双二硫代氨基甲酸铵

【含量与主要剂型】 45%、50%代森铵水溶液。

【曾用中文商品名】 阿巴姆、代森铵、施纳宁、康顺奇、禾思安、奥蕾、爱宝、森茂等。

【产品特性】 代森铵纯品为无色结晶，可溶于水。工业品为淡黄色液体，呈中性或弱碱性，有氨和硫化氢臭味。熔点72.5～72.8℃，易溶于水，微溶于乙醇、丙酮，不溶于苯等。在空气中不稳定，水溶液的化学性质较稳定，40℃以上易分解，遇酸性物质易分解。

【使用范围和防治对象】 代森铵是一种具有渗透、保护、治疗作用的农用杀菌剂，它能渗入植物组织，杀菌力较强。用于防治蔬菜上黄瓜霜霉病、黄瓜白粉病、黄瓜炭疽病、十字花科蔬菜霜霉病、芹菜叶斑病、豆类白粉病、豆类叶斑病、瓜果蔬菜苗期病害（立枯病、猝倒病等）多种病害。

【使用技术或施用方法】

（1）防治番茄病害

① 防治番茄黑斑病、番茄早疫病、番茄灰叶斑病、番茄叶霉病、番茄灰斑病、番茄灰霉病、番茄黑斑病、番茄褐斑病、番茄假黑斑病，每667平方米用45%代森铵水剂120～175毫升，喷雾。

② 防治番茄芝麻斑病，每667平方米用45%代森铵水剂120～175毫升，喷雾。

（2）防治甜菜病害

① 防治甜菜炭疽病、甜菜褐斑病、甜菜细菌性斑枯病、甜菜葡柄霉叶斑病，每 667 平方米用 45%代森铵水剂 120～175 毫升，喷雾。

② 防治甜菜霜霉病、甜菜灰霉病、甜菜叶斑病、甜菜斑点病、甜菜白斑病，每 667 平方米用 45%代森铵水剂 120～175 毫升，喷雾。

（3）防治白菜病害

① 防治白菜炭疽病、白菜黑斑病、白菜轮纹病、防治白菜褐斑病，每 667 平方米用 45%代森铵水剂 120～175 毫升，喷雾。

② 防治白菜霜霉病、白菜炭疽病、白菜灰霉病、白菜细菌性黑斑病、白菜细菌性叶斑病，每 667 平方米用 45%代森铵水剂 120～175 毫升，喷雾。

③ 防治白菜白斑病、白菜细菌性角斑病，每 667 平方米用 45%代森铵水剂 120～175 毫升，喷雾。

（4）防治甘蓝炭疽病、甘蓝黑斑病、甘蓝灰霉病、甘蓝褐斑病、甘蓝霜霉病、甘蓝叶斑病、甘蓝白斑病、甘蓝细菌性黑斑病、甘蓝环斑病，每 667 平方米用 45%代森铵水剂 100～150 毫升，喷雾。

【毒性】 对人畜低毒。大鼠急性经口毒性半致死中量（LD_{50}）为 395 毫克/千克。

【注意事项】

（1）作叶面喷雾时，药液至少稀释 1000 倍，浓度偏高易产生药害。保护地蔬菜使用时，更要严格控制浓度，为安全起见，可改用其他杀菌剂。

（2）代森铵不得与石硫合剂、波尔多液等碱性农药等物质混用，也不能与含铜制剂混用。

（3）储藏药液要密封，储存阴凉处。

（4）皮肤沾上药液有刺激性，须留心注意。

（5）建议与其他作用机制不同的杀菌剂轮换使用，以延缓抗性产生。

（6）远离水产养殖区施药，禁止在河塘等水体中清洗施药器具，避免污染水源。

（7）配药及施药时应保护性衣物，喷药后应清洗全身。避免吸入药液。施药期间不可吃东西和饮水。施药后应及时洗手和洗脸。

（8）孕妇及哺乳期妇女避免接触。

（9）清洗喷雾器时，勿让废水污染水源，不得在沟塘等水域清洗施药器械。用过的容器应妥善处理，不可作他用，也不可随意丢弃。

38. 福美双

【中、英文通用名】福美双，thiram

【有效成分】【化学名称】$C_6H_{12}N_2S_4$

【含量与主要剂型】50%、75%、80%可湿性粉剂。

【曾用中文商品名】秋兰姆、赛欧散、阿锐生。

【产品特性】福美双属有机硫类杀菌剂，有效成分为福美双，遇碱易分解。可湿性粉剂为白色或灰白色、有特殊气味、结晶粉末，pH为6～7，不溶于水，不溶于碱性溶液、汽油，溶于乙醇、苯、氯仿、二硫化碳等，熔点156～158℃，沸点129℃。在常温下储存2年有效成分变化不大。对人、畜为中等毒性，对皮肤和黏膜有刺激作用。对病害具有保护性杀菌作用。

【使用范围和防治对象】福美双是保护性杀菌剂，广谱保护性的福美系杀菌剂，对多种作物霜霉病、疫病、炭疽病、禾谷类黑穗病、苗期黄枯病有较好的防治效果。

【使用技术或施用方法】

（1）拌种　用50%福美双可湿性粉剂拌种，用药量因病而异。①用药量为种子质量的0.2%（即1千克种子用药剂2克），防治萝卜黑腐病，洋葱的黑粉病。②用药量为种子质量的0.25%，防治茄子、瓜类、甘蓝、花椰菜、莴苣等的苗期立枯病、猝倒病。③用药量为种子质量的0.3%，防治茄子的黄萎病、褐纹病、枯萎病，菜豆的细菌性疫病，胡萝卜的斑点病、黑斑病、黑腐病，甘蓝类黑根病，花椰菜黑腐病，青花菜霜霉病，根芥菜黑粉病。④用药量为种子质量的0.3%～0.4%，防治大白菜的霜霉病、黑斑病、白锈病，甘蓝的黑腐病、黑斑病、霜霉病、根朽病，萝卜的锈病、黑斑病，黄瓜的疫病、黑星病、菜豆的细菌性叶烧病、褐斑病。⑤用药量为种子质量的

0.4%，防治大白菜的软腐病、炭疽病、白斑病，白菜霜霉病，菜豆炭疽病，白菜类的黑斑病、黑胫病，甘蓝黑胫病，芥菜类和萝卜的黑斑病。⑥用药量为种子质量的0.8%，防治黄瓜的立枯病。

（2）混配拌种　用50%福美双可湿性粉剂1份、50%苯菌灵可湿性粉剂1份、泥粉3份，三者混匀，制成药泥粉，用种子质量0.1%的药泥粉拌种，防治茄子的褐纹病、赤星病。

（3）浸种　用50%福美双可湿性粉剂兑水稀释后浸种，然后用清水洗净后催芽播种或晾干播种，药液浓度和浸种时间长短因病而异。①用500倍液，浸种20分钟，防治黄瓜的蔓枯病、炭疽病。②用1000倍液，浸泡马铃薯种薯（块）10分钟，防治马铃薯立枯丝核菌病。

（4）混配浸种　用50%福美双可湿性粉剂800倍液与50%多菌灵可湿性粉剂800倍液混配，用混配药液浸泡辣椒种子60分钟，捞出用清水洗净催芽，防治辣椒的炭疽病、白星病、褐斑病。

（5）喷雾　将50%福美双可湿性粉剂兑水稀释后喷施。①用300倍液，喷淋保护地内的墙壁、立柱、薄膜、地面（在翻地前），进行表面灭菌处理，可减少莴苣灰霉病和菌核病的发生。②用400倍液，防治芹菜斑枯病。③用500倍液，防治黄瓜褐斑病，茄子黑枯病，莴苣穿孔病，大白菜黑斑病。④用600～800倍液，防治黄瓜的白粉病，马铃薯和番茄的晚疫病，白菜霜霉病。⑤用800倍液，防治大白菜软腐病。

（6）混配喷雾　①用50%福美双可湿性粉剂800倍液与72.2%普力克水剂800倍液混配，每平方米苗床上喷淋药液2～3升，每隔7～10天喷1次，酌情连喷2～3次，防治茄科蔬菜幼苗、冬瓜等的立枯病和猝倒病混发。②用50%福美双可湿性粉剂500倍液与65%代森锌可湿性粉剂500倍液混配后，防治黄瓜褐斑病。

（7）灌根　在发病初期，用药液灌根，每隔7～10天灌1次，病重时可间隔5天，连灌3～4次，每株次灌药液0.3～0.4升，药液浓度因病而异。用40%福美双可湿性粉剂800倍液与25%甲霜灵可湿性粉剂800倍液混配，防治黄瓜疫病、茄子（致病疫霉）果实疫病。

（8）土壤处理　用50%福美双可湿性粉剂处理土壤。①每公顷用可湿性粉剂11.25千克，兑水150千克，喷淋到1500千克细土中，拌匀制成药土，先将药土施入播种穴内，再播种或定植，防治萝卜黑腐病。②每平方米苗床上用可湿性粉剂8～10克，与2千克（或适量）细土拌匀，制成药土，浇好底水后，先将1/3药土撒于畦面，播种后，再把余下的2/3药土盖在种子上，防治茄子的褐纹病、赤星病，黄瓜（腐霉）根腐病等。③每穴施可湿性粉剂0.2克，防治花椰菜黑腐病。④每立方米苗床土用可湿性粉剂150克，拌匀后装入营养钵或穴盘内育苗，防治黄瓜（腐霉）根腐病。

（9）混配处理土壤　①用50%福美双可湿性粉剂和40%五氯硝基苯粉剂，按1∶1混匀，每平方米苗床上用混配药剂8～10克，与3～4.5千克或10～15千克细土拌匀（种子大用土多），制成药土，浇好底水后，先将1/3的药土撒于畦面，播种后，再把余下的2/3的药土覆盖在种子上，防治茄科蔬菜幼苗立枯病，菜用大豆（镰刀菌）根腐病，甘蓝类的黑根病、黑胫病。②用50%福美双可湿性粉剂与70%甲基硫菌灵可湿性粉剂，按1∶1混配，每千克混剂再与50千克细土混匀，制成药土，先将药土施入定植穴内，再栽苗，防治茄果类蔬菜的枯萎病、黄萎病，瓜类蔬菜枯萎病，每公顷用药（甲硫·福美双混剂）37.5千克。③用50%福美双可湿性粉剂1份与25%甲霜灵可湿性粉剂1份混匀，再拌适量干细土，拌匀制成药土，撒于病苗四周，防治黄瓜、番茄、茄子、辣椒等的立枯病、猝倒病、根腐病。

（10）涂抹　①用甲硫·福美双混剂（见前）50克，加面粉500克，用水调成糊状，涂于发病黄瓜茎基部，防治枯萎病。②用50%福美双可湿性粉剂200倍液与40%五氯硝基苯粉剂200倍液混配，将混配药液涂抹于病株茎基部，防治番茄茎基腐病。

【毒性】福美双属低毒杀菌剂，原粉大鼠急性经口半致死中量（LD_{50}）为780～865毫克/千克，小鼠急性经口半致死中量（LD_{50}）为1500～2000毫克/千克。对鱼类有毒，对蜜蜂无毒。对鱼有毒，对人皮肤和黏膜有刺激性，高剂量对田间老鼠有一定驱避作用。

【注意事项】

（1）福美双不能与铜、汞及碱性农药混用或前后紧连使用。

（2）拌过药的种子有残毒，不能再食用。对皮肤和黏膜有刺激作用，喷药时注意防护。

(3) 误服会出现恶心、呕吐、腹泻等症状，皮肤接触易发生瘙痒及出现斑疹等，应催吐，洗胃及对症治疗。储存在阴凉干燥处，以免分解。

39. 多菌灵

【中、英文通用名】多菌灵，carbendazim

【有效成分】【化学名称】*N*-(2-苯骈咪唑基)-氨基甲酸甲酯

【含量与主要剂型】25%、50%可湿性粉剂，40%、50%悬浮剂，80%水分散粒剂。

【曾用中文商品名】贝芬替。

【产品特性】纯品为白色结晶固体，熔点 302～307℃（分解），密度 1.45 克/立方厘米（20℃）。24℃时溶解度：水 29 毫克/千克（pH 4），二甲基甲酰胺 5 克/千克，微溶于有机溶剂中。低于 50℃至少 2 年稳定。在碱性溶液中缓慢分解，随 pH 升高分解加快，随 pH 降低失去活性，以 7 作为基准。在酸中稳定形成可溶性盐。原药为棕色粉末，化学性质稳定。原药在阴凉、干燥处储存 2～3 年，有效成分不变。对人畜低毒，对鱼类毒性也低。

【使用范围和防治对象】多菌灵是广谱内吸性杀菌剂，具有保护和治疗作用。能防治多种作物的多种病害，尤其对子囊菌和半知菌引起的病害有较好的防治效果。

【使用技术或施用方法】

(1) 喷雾

① 防治瓜类白粉病、疫病，番茄早疫病，豆类炭疽病、疫病，油菜菌核病，每 667 平方米用 50%多菌灵可湿性粉剂 100～200 克，兑水喷雾，于发病初期喷洒，共喷 2 次，间隔 5～7 天。

② 防治大葱、韭菜灰霉病，用 50%多菌灵可湿性粉剂 300 倍液喷雾；防治茄子、黄瓜菌核病，瓜类、菜豆炭疽病，豌豆白粉病，用 50%多菌灵可湿性粉剂 500 倍液喷雾；防治十字花科蔬菜、番茄、莴苣、菜豆菌核病，番茄、黄瓜、菜豆灰霉病，用 50%多菌灵可湿性粉剂 600～800 倍液喷雾；防治十字花科蔬菜白斑病、豇豆煤霉病、芹菜早疫病（斑点病），用 50%多菌灵可湿性粉剂 700～800 倍液喷

雾。以上喷雾均在发病初期第一次用药，间隔7～10天喷1次，连续喷药2～3次。

（2）土壤用药

① 防治番茄枯萎病，按种子重量的0.3%～0.5%拌种；防治菜豆枯萎病，按种子重量的0.5%拌种，或用60～120倍药液浸种12～24小时。

② 防治蔬菜苗期立枯病、猝倒病，用50%多菌灵可湿性粉剂1份，均匀混入半干细土1000～1500份。播种时将药土撒入播种沟后覆土，每平方米用药土10～15千克。

③ 防治黄瓜、番茄枯萎病，茄子黄萎病，用50%多菌灵可湿性粉剂500倍液灌根，每株灌药0.3～0.5千克，发病重的地块间隔10天再灌第2次。

④ 防治瓜类白粉病、霜霉病、炭疽病、枯萎病、灰霉病，用50%多菌灵可湿性粉剂75～100克，加水50千克喷雾或浇根。在瓜类发病初期，每株浇250毫升药液，隔7天再浇1次，连续浇2～3次，有效期可达30天，采瓜前15天停止用药。

【毒性】对人、畜、鱼类、蜜蜂等低毒。对皮肤和眼睛有刺激，经口中毒出现头昏、恶心、呕吐。大、小鼠急性经口半致死中量（LD_{50}）大于5000～15000毫克/千克，大鼠急性经皮半致死中量（LD_{50}）大于2000毫克/千克，大鼠腹腔注射半致死中量（LD_{50}）大于15000毫克/千克。大鼠在含2.2毫克/千克有效成分空间中能容忍。原药对狗和大鼠3个月的喂养，无影响剂量分别为500毫克/千克和400毫克/千克。未见致癌、致畸、致突变作用。对鱼类和蜜蜂低毒。鲤鱼半致死浓度（LC_{50}）为40毫克/千克（48小时）。

【注意事项】

（1）多菌灵与硫黄、混合氨基酸铜·锌·锰·镁、代森锰锌、代森铵、福美双、福美锌、五氯硝基苯、丙硫多菌灵、菌核净、溴菌清、乙霉威、井冈霉素等有混配剂；与敌磺钠、代森锰锌、百菌清、武夷菌素等能混用。

（2）在蔬菜收获前180天停用。本剂不能与强碱性药剂或含铜药剂混用，应与其他药剂轮用。

（3）不要长期单一使用多菌灵，也不能与硫菌灵、苯菌灵、甲基硫菌灵等同类药剂轮用。对多菌灵产生抗（药）性的地区，不能采用增加单位面积用药量的方法继续使用，应坚决停用。

（4）多菌灵应在阴凉、干燥处储存。

40. 甲基硫菌灵

【中、英文通用名】甲基硫菌灵，thiophanate-Methyl

【有效成分】【化学名称】1,2-二(3-甲氧羰基-2-硫脲基)-苯

【含量与主要剂型】50%、70%可湿性粉剂，40%、50%胶悬剂，36%悬浮剂。

【曾用中文商品名】甲基托布津。

【产品特性】纯品为无色结晶，原粉（含量约93%）为微黄色结晶。相对密度1.5（20℃），熔点172℃（分解）。几乎不溶于水，可溶于丙酮、甲醇、乙醇、氯仿等有机溶剂。对酸、碱稳定。

【使用范围和防治对象】甲基硫菌灵系广谱内吸性杀菌剂，具有保护和治疗作用，能广泛地用于防治粮、棉、油、蔬菜、果树等作物及草皮的多种病害。

【使用技术或施用方法】

甲基硫菌灵可用于茄子、葱头、芹菜、番茄、菜豆等蔬菜灰霉病、炭疽病、菌核病的防治，在发病初期，用50%可湿性粉剂1000～1500倍液，每隔7～10天喷1次，连续喷3～4次；防治莴苣灰霉病、菌核病，可用50%甲基硫菌灵可湿性粉剂700倍液喷雾。

【毒性】大鼠急性经口半致死中量（LD_{50}）为6640～7500毫克/千克，小鼠急性经口半致死中量（LD_{50}）为3150～3400毫克/千克；大鼠、小鼠急性经皮半致死中量（LD_{50}）大于10000毫克/千克．鲤鱼半致死浓度（LC_{50}）为11毫克/千克（48小时），虹鳟鱼半致死浓度（LC50）为8.8毫克/千克。对蜜蜂低毒。

【注意事项】

（1）甲基硫菌灵不能与碱性及无机铜制剂混用。

（2）长期单一使用甲基硫菌灵易产生抗性并与苯并咪唑类杀菌剂有交互抗性，应注意与其他药剂轮用。

（3）药液溅入眼睛可用清水或2%苏打水冲洗。

41. 代森锰锌

【中、英文通用名】 代森锰锌，mancozeb

【有效成分】【化学名称】 乙撑双二硫代氨基甲酰锰和锌的络盐

【含量与主要剂型】 50%、65%、70%代森锰锌可湿性粉剂，30%代森锰锌悬浮剂，80%代森锰锌可湿性粉剂。

【曾用中文商品名】 叶斑青。

【产品特性】 代森锰锌为代森锰与代森锌的络合物，含锰 20%，含锌 2.55%。原药为灰黄色粉末，熔点 192～204℃（分解）。溶解度：不溶于水及大多数有机溶剂，溶于强螯合剂溶液中。通常在干燥环境中稳定，加热、潮湿环境中缓慢分解，遇酸碱分解，可引起燃烧。

【使用范围和防治对象】 代森锰锌是杀菌谱较广的保护性杀菌剂。其作用机制主要是抑制菌体内丙酮酸的氧化。对蔬菜上的炭疽病、早疫病等多种病害有效，同时它常与内吸性杀菌剂混配，用于延缓抗性的产生。代森猛锌主要用于防治蔬菜霜霉病、炭疽病、褐斑病等。目前是防治番茄早疫病和马铃薯晚疫病理想药剂，防效分别为 80%和 90%左右，一般作叶面喷洒，隔 10～15 天喷 1 次。

【使用技术或施用方法】

（1）防治番茄、茄子、马铃薯疫病、炭疽病、叶斑病，用 80%代森锰锌可湿性粉剂 400～600 倍液，发病初期喷洒，连喷 3～5 次。

（2）防治蔬菜苗期立枯病、猝倒病，用 80%代森锰锌可湿性粉剂，按种子重量的 0.1%～0.5%拌种。

（3）防治瓜类霜霉病、炭疽病、褐斑病，用 400～500 倍液喷雾，连喷 3～5 次。

（4）防治白菜、甘蓝霜霉病、芹菜斑点病，用 500～600 倍液喷雾，连喷 3～5 次。

（5）防治菜豆炭疽病、赤斑病，用 400～700 倍液喷雾，连喷2～3 次。

【毒性】 按我国农药毒性分级标准，代森锰锌属低毒杀菌剂。大白鼠急性经口半致死中量（LD_{50}）为 10000 毫克/千克。对人的皮肤和黏膜有一定刺激作用，对鱼类中等毒。

【注意事项】

（1）施药时要注意个人保护，不要使药液溅洒在眼睛或皮肤上，施药后用肥皂洗手、洗脸。

（2）储存时要注意防潮，密封保存于干燥阴冷处，以防分解失效。

（3）代森锰锌不要与铜制剂和碱性药剂混用。

（4）在作物采收前2～4周停止用药，高温季节，中午避免用药。

42. 百菌清

【中、英文通用名】百菌清，chlorothalonil

【有效成分】【化学名称】四氯间苯二腈（2,4,5,6-四氯-1,3-苯二甲腈）

【含量与主要剂型】40%悬浮剂，50%、75%可湿性粉剂，75%水分散粒剂，10%油剂，5%、25%颗粒剂，2.5%、10%、30%、45%烟剂，5%粉剂。

【曾用中文商品名】无。

【产品特性】纯品为白色无味结晶，沸点350℃，熔点250～251℃，微溶于水，溶于二甲苯和丙酮等有机溶剂。原粉含有效成分96%，为浅黄色粉末，稍有刺激臭味，对酸、碱、紫外线稳定。百菌清在25℃的溶解度：水中为0.6毫克/升，丙酮中为20克/千克，环己醇中为3克/千克，二甲基甲酰胺中为3克/千克，煤油中低于1克/千克，丁酮中为2克/千克，二甲苯中为8克/千克。热稳定性在于周围温度，对紫外光是稳定的（水介质和晶体状态），在酸性和微碱性溶液中是稳定的，pH 9时慢慢水解。

【使用范围和防治对象】百菌清是广谱、保护性杀菌剂。作用机理是能与真菌细胞中的三磷酸甘油醛脱氢酶发生作用，与该酶中含有半胱氨酸的蛋白质相结合，从而破坏该酶活性，使真菌细胞的新陈代谢受破坏而失去生命力。百菌清没有内吸传导作用，但喷到植物体上后，能在体表上有良好的黏着性，不易被雨水冲刷掉，因此药效期较长。主要用于果树、蔬菜上锈病、炭疽病、白粉病、霜霉病的防治。

【使用技术或施用方法】

（1）防治甘蓝黑斑病、霜霉病，在病害发生初期，气候条件又有利病害发生时开始喷药，每次每667平方米用75%百菌清可湿性粉剂113.3克（有效成分85克），兑水50～75千克喷雾，以后每隔7～10天喷1次，连续喷2～3次。

（2）防治菜豆锈病、灰霉病及炭疽病等，在病害开始发生时每次每667平方米用75%百菌清可湿性粉剂113.3～206.7克（有效成分85～155克），兑水50～60千克喷雾，以后每隔7天喷1次，连续喷2～3次。

（3）防治芹菜叶斑病，在芹菜移栽后病害开始发生时，每次每667平方米用75%百菌清可湿性粉剂80～120克（有效成分60～90克），兑水40～60千克喷雾，以后视病情发展情况而定，一般隔7天喷药1次，连续喷2～3次。

（4）防治马铃薯晚疫病、早疫病及灰霉病等，在马铃薯封行前病害开始发生时，每次每667平方米用75%百菌清可湿性粉剂80～110克（有效成分60～82.5克），兑水40～60千克喷雾，以后根据病情而定，一般隔7～10天喷药1次，连续喷2～3次。

（5）防治番茄早疫病、晚疫病、叶霉病、斑枯病、炭疽病等，在病害初发生时开始喷药，每次每667平方米用75%百菌清可湿性粉剂135～150克（有效成分101.3～112.5克），兑水60～75千克喷雾，每隔7～10天喷药1次，连续喷2～3次。

（6）防治茄、甜椒炭疽病、早疫病等，在病害初发生时开始喷药，用75%百菌清可湿性粉剂110～135克（有效成分82.5～101.3克），兑水50～60千克喷雾，每隔7～10天喷药1次，连续喷2～3次。

（7）防治各种瓜类上的炭疽病、霜霉病，在病害初发时开始喷药，每次每667平方米用75%百菌清可湿性粉剂110～150克（有效成分82.5～112.5克），兑水50～75千克喷雾，每隔7天左右喷药1次，连续喷2～3次。防治各种瓜类白粉病、蔓枯病、叶枯病及疮痂病等，在病害发生初期开始喷药，每次每667平方米用75%百菌清可湿性粉剂150～225克（有效成分112.5～168.8克），兑水50～75千克喷雾，以后视病情而定，一般每隔7天喷药1次，直到病害停止发展时为止。

【毒性】百菌清属于低毒杀菌剂。低毒，对兔眼睛和角膜有明显刺激作用，可产生角膜混浊，且不可逆转，但对人眼睛没有此种作用。对少数人皮肤有刺激作用。对鱼类毒性大。原粉大鼠急性经口和兔急性经皮半致死中量（LD_{50}）均大于10000毫克/千克，大鼠急性吸入半致死中量（LD_{50}）大于4.7毫克/升（1小时）。对兔眼有强烈刺激作用，对某些人眼有明显的刺激作用。在试验条件下无致畸、致突变作用。

【注意事项】

（1）百菌清不能与强碱性农药混用。

（2）百菌清对鱼类有毒，施药时须远离池塘、湖泊和溪流，清洗药具的药液不要污染水源。

（3）百菌清对人的眼睛和皮肤有刺激作用，少数人有过敏反应或引起皮炎。

43. 菌核净

【中、英文通用名】菌核净，dimetachlone

【有效成分】【化学名称】*N*-(3,5-二氯苯基)丁二酰亚胺

【含量与主要剂型】40%菌核净可湿性粉剂。

【曾用中文商品名】纹枯利、纹枯灵。

【产品特性】纯品为白色鳞片状结晶，熔点137.5～139℃。易溶于丙酮、四氢呋喃、二甲基亚砜等有机溶剂，可溶于甲醇、乙醇，难溶于正己烷、石油醚，几乎不溶于水。原粉为浅黄色固体，常温下储存有效成分含量变化不大。遇酸较稳定，遇碱和日光照射易分解，应储存于遮光阴凉的地方。

【使用范围和防治对象】菌核净为亚胺类杀菌剂，具有直接杀菌、内渗治疗作用，残效期长的特性，对大棚番茄、黄瓜灰霉病等也有较好的防效。

【使用技术或施用方法】

（1）防治大棚黄瓜、番茄灰霉病，每667平方米用40%菌核净可湿性粉剂50～70克，加水50～100千克（苗期50千克，坐果期

100千克），在发病初期均匀喷雾，隔5～10天喷1次，连喷3次。

（2）在生产中保护地种植的芹菜、菜豆等对40%菌核净可湿性粉剂比较敏感，常规喷雾后对其生长有明显的抑制作用，建议广大菜农慎用40%菌核净进行常规喷雾。如需用该药剂进行喷雾时，要科学配比使用浓度，最好避开芹菜苗期和菜豆伸蔓期施药，还要特别注意该药的安全间隔期。

【毒性】 雄性大鼠急性经口半致死中量（LD_{50}）为2073毫克/千克，雄小鼠急性经口半致死中量（LD_{50}）为1280毫克/千克。大鼠急性经皮半致死中量（LD_{50}）大于5000毫克/千克。鲤鱼半致死浓度（LC_{50}）为55毫克/千克（48小时）。

【注意事项】

（1）菌核净属低毒杀菌剂，但配药和施药人员仍需注意防止污染手、脸和皮肤，如有污染应立即清洗，操作时不要抽烟、喝水和吃东西，工作完毕后应及时洗净手、脸和可能被污染的部位。菌核净能通过食道等引起中毒，无特效药解毒，可对症处理。

（2）菌核净在中性或微酸性下稳定，遇碱分解，因此不要与强碱性药物混用。

（3）菌核净要与不同作用机制的药剂交替使用

44. 氢氧化铜

【中、英文通用名】 氢氧化铜，copper hydroxide

【有效成分】【化学名称】 $Cu(OH)_2$

【含量与主要剂型】 77%可湿性粉剂，53.8%、61.4%干悬浮剂。

【曾用中文商品名】 克杀多。

【产品特性】 蓝色或蓝绿色凝胶或淡蓝色结晶粉末，难溶于水，受热分解，微显两性，溶于酸、氨水和氰化钠，易溶于碱性甘油溶液中，受热至60～80℃变暗，温度再高时分解为黑色氧化铜和水。

【使用范围和防治对象】 氢氧化铜是一种极细微的可湿性粉剂，主要成分是氢氧化铜，为多孔针形晶体，单位重量上颗粒最多，表面积最大。靠释放出铜离子与真菌或细菌体内蛋白质中的—SH、—N_2H、—COOH、—OH等基团起作用，导致病菌死亡。氢氧化铜为新型无机保护杀菌剂，通过铜离子对病原菌产生毒杀作用。已广泛应用于防治瓜果、蔬菜、茶树、烟草、花生、马铃薯及花卉等多种作物的真菌、细菌病害，在发病前或发病初期使用效果为佳。

【使用技术或施用方法】

(1) 防治番茄早疫病，发病前或发病初期开始喷药，每次每667平方米用77%氢氧化铜可湿性粉剂100～150克，加水75千克喷雾，每隔7～10天喷1次，连续喷3～4次。

(2) 防治黄瓜角斑病，发病前或发病初期开始喷药，每隔7～10天喷1次，每次每667平方米用77%氢氧化铜可湿性粉剂150～250克，加水75千克喷雾，小苗酌减。

(3) 防治番茄早疫病、赤霉病，在番茄开花结果期，用77%氢氧化铜可湿性粉剂500～750倍稀释液喷雾。以后视病情每隔5～7天喷1次，连喷3～4次。

(4) 防治黄瓜角斑病，在发病初期用77%氢氧化铜可湿性粉剂1100～1500倍稀释液喷雾。

(5) 防治黄瓜霜霉病、灰霉病，西瓜、辣椒炭疽病，在发病初期用77%氢氧化铜可湿性粉剂500～800倍稀释液喷雾。

(6) 防治白菜软腐病，马铃薯早疫病、晚疫病，甜菜褐斑病，在发病初期用77%氢氧化铜可湿性粉剂800～1000倍稀释液喷雾。

【毒性】按我国农药毒性分级标准，氢氧化铜属低毒杀菌剂。

【注意事项】

(1) 氢氧化铜对鱼类及水生生物有毒，应避免药液污染水源。

(2) 对铜离子敏感的作物应慎用。

(3) 氢氧化铜不可与强酸、强碱性农药混用。

(4) 施药宜在作物发病初期进行，发病后期效果较差，开花期慎用。

45. 多抗霉素

【中、英文通用名】多抗霉素，polyoxin

【有效成分】【化学名称】肽嘧啶核苷类抗生素

【含量与主要剂型】1.5%、2%、3%、10%可湿性粉剂，1%、

3%水剂。

【曾用中文商品名】 多氧清，保亮、宝丽安，保利霉素。

【产品特性】 多抗霉素是含有 A～N 共 14 种不同同系物的混合物，为肽嘧啶核苷类抗生素。我国多抗霉素是金色产色链霉菌所产生的代谢产物，主要成分是多抗霉素 A 和多抗霉素 B，含量为 84%（相当于 84 万单位/克）。多抗霉素易溶于水，不溶于甲醇、丙酮等有机溶剂，对紫外线及在酸性和中性溶液中稳定，在碱性溶液中不稳定，常温下储存稳定。

【使用范围和防治对象】 多抗霉素（polyoxin）是金色链霉菌所产生的代谢产物，属于广谱性抗生素类杀菌剂，具有较好的内吸传导作用。其作用机理是干扰病菌细胞壁几丁质的生物合成，使菌体细胞壁不能进行生物合成导致病菌死亡。芽管和菌丝接触药剂后，局部膨大、破裂、溢出细胞内含物，而不能正常发育，导致死亡，因此还具有抑制病菌产孢和病斑扩大的作用。主要用于防治黄瓜霜霉病，黄瓜、甜瓜的白粉病，瓜类枯萎病等病害。

【使用技术或施用方法】

（1）蔬菜苗期猝倒病的防治用 10%多抗霉素可湿性粉剂 1000 倍液土壤消毒。

（2）黄瓜霜霉病、白粉病的防治用 2%多抗霉素可湿性粉剂 1000 倍液土壤消毒。

（3）防治番茄晚疫病，用 2%多抗霉素可湿性粉剂 100 毫克/千克溶液喷雾。

（4）防治瓜类枯萎病，用 300 毫克/千克多抗霉素溶液灌根。

【毒性】 多抗霉素是一种高效、低毒、无环境污染的安全农药，属低毒杀菌剂。原药大小鼠性经口半致死中量（LD_{50}）均大于 2000 毫克/千克，大鼠急性经皮半致死中量（LD_{50}）大于 1200 毫克，大鼠急性吸入半致死浓度（LC_{50}）大于 10 毫克/升。对兔皮肤和眼睛无刺激作用。在试验剂量内动物无慢性毒性，对鱼类及水生生物安全，对蜜蜂低毒。

【注意事项】

（1）多抗霉素不能与碱性或酸性农药混用。

（2）多抗霉素应密封保存，以防潮结失效。

（3）多抗霉素虽属低毒药剂，使用时仍应按安全规则操作。

46. 春雷霉素

【中、英文通用名】 春雷霉素，kasugamycin

【有效成分】【化学名称】 [5-氨基-2-甲基-6-(2,3,4,5,6-羟基环己基氧代)吡喃-3-基]氨基-α-亚氨醋酸

【含量与主要剂型】 2%春雷霉素水剂，2%、4%、6%春雷霉素可湿性粉剂，0.4%春雷霉素粉剂，2%春雷霉素液剂。

【曾用中文商品名】 春日霉素。

【产品特性】 春雷霉素是一种小金色放线菌所产生的代谢物，其盐酸盐为白色针状或片状结晶。水剂为深绿色液体，可湿性粉剂为浅棕黄色粉末，在常温下储存2～3年以上。春雷霉素盐酸易溶于水，不溶于甲醇、乙醇、丙酮、苯等有机溶剂。在酸性和中性溶液中较稳定，遇碱性溶液易分散失效。

【使用范围和防治对象】 春雷霉素是农用抗生素，具有较强的内吸性，其作用机制在于干扰氨基酸代谢的酯酶系统，从而影响蛋白质的合成，抑制菌丝伸长和造成细胞颗粒化，但对孢子萌发无影响，该药常用于稻瘟病防治，对高粱炭疽病亦有较好的防治效果，对人、畜、水生物均安全。主要用于防治甘蓝黑腐病、白菜软腐病、番茄叶霉病、番茄灰霉病、辣椒细菌性疮痂病、马铃薯环腐病等。

【使用技术或施用方法】

主要用于喷雾和灌根，于发病初期开始用药，7～10天后第2次用药，共用2次即可。

（1）用2%春雷霉素水剂喷雾 ①用400～750倍液，防治黄瓜的炭疽病、细菌性角斑病；②用550～1000倍液，防治番茄的叶霉病、灰霉病，甘蓝黑腐病等；③每公顷用水剂1.5～1.95升，兑水900～1200千克，防治辣椒细菌性疮痂病、芹菜早疫病等。

（2）灌根 用2%春雷霉素水剂50～100倍液，灌根防治黄瓜枯萎病。

（3）浸种 用25～40毫克/升浓度的春雷霉素药液，浸泡种薯15～30分钟，防治马铃薯环腐病。

（4）用2%春雷霉素可湿性粉剂喷雾　用400～500倍液，防治白菜软腐病。

【毒性】对人、畜、家禽的急性毒性均低。大白鼠急性经口毒性22000毫克/千克，小白鼠急性经口为20000毫克/千克，兔则为20900毫克/千克。对鱼、虾类的毒性很低，只有滴滴涕的八千分之一。

【注意事项】

（1）春雷霉素在作物体外杀菌力较差，如与体外杀菌力强的异稻瘟净或克瘟散混合使用，能提高防治效果。

（2）春雷霉素施药5～6小时后遇雨对药效无影响，不能与碱性农药混用。

（3）春雷霉素对大豆有轻微药害，在邻近大豆地使用时应注意。

（4）春雷霉素不能与碱性农药混用，以免分解失效。

（5）作物收获前21天内停止使用。

47. 嘧菌酯

【中、英文通用名】嘧菌酯，azoxystrobin

【有效成分】【化学名称】(E)-[2-[6-(2-氰基苯氧基)嘧啶-4-基氧]苯基]-3-甲氧基丙烯酸甲酯

【含量与主要剂型】25%悬浮剂、50%水分散粒剂、32.5%嘧菌酯苯醚悬浮剂、20%～32%嘧菌酯丙环唑悬浮剂、20%～50%嘧菌酯戊唑醇悬浮剂，10%～50%嘧菌酯烯酰吗啉悬浮剂/水分散粒剂等。

【曾用中文商品名】阿米西达、嘧菌酯、恶霜菌酯、安灭达。

【产品特性】为白色或浅棕色固体，无特殊气味，密度为1.096克/毫升，pH值为7.64。蒸气压1.1×10^{-13}千帕（20℃）。纯品在360℃左右热分解，熔点为114～116℃。分配系数（20℃）为2.5；溶解度（20℃，pH 5.2）水6.7克/千克，正己烷0.057克/千克、甲醇20克/千克、甲苯55克/千克、丙酮86克/千克、乙酸乙酯130克/千克、二氯甲烷400克/千克。水溶液中光解半衰期为11～17天。

【使用范围和防治对象】嘧菌酯为β-甲氧基丙烯酸酯类杀菌剂。线粒体呼吸抑制剂，破坏病菌的能量合成，即通过在细胞色素Bcl向细胞色素C的电子转移，从而抑制线粒体的呼吸。对14-脱甲基化酶抑制剂、苯甲酰胺类、二羧酰胺类和苯并咪唑类产生抗性的菌株有效。具有保护、铲除、渗透、内吸活性。抑制孢子萌发和菌丝生长并抑制产孢。它对几乎所有真菌纲（子囊菌纲、担子菌纲、卵菌纲和半知菌类）病害，如白粉病、锈病、颖枯病、网斑病、霜霉病等均有良好的活性，且与目前已有杀菌剂无交互抗性。用于马铃薯等蔬菜作物。

【使用技术或施用方法】

嘧菌酯对子囊菌、担子菌、半知菌和卵菌纲四大类病真菌所引起的霜霉病、白粉病、炭疽病、叶斑病等大部分病害均有很好的防效。使用剂量为25～50毫升/667平方米。

【毒性】 嘧菌酯为低毒药剂，对人、畜及非靶生物安全，无害，无残留，大鼠急性口服毒性大于5000毫克/千克，经皮毒性大于4000毫克/千克。

【注意事项】

（1）嘧菌酯的优势是预防保护作用，一定要在发病前或发病初期使用。

（2）足够的喷水量是保证药效的重要因素。

（3）嘧菌酯不能与杀虫剂乳油、尤其是有机磷类乳油混用，也不能与有机硅类增效剂混用，会由于渗透性和展着性过强引起药害。

48. 甲霜·锰锌

【中、英文通用名】 甲霜·锰锌，metalaxyl＋mancozeb

【有效成分】【化学名称】 甲霜灵（metalaxyl）＋代森锰锌（mancozeb）

【含量与主要剂型】 72%可湿性粉剂（8%甲霜灵＋64%代森锰锌）、60%可湿性粉剂（10%甲霜灵＋50%代森锰锌）、58%可湿性粉剂（10%甲霜灵＋48%代森锰锌）、36%悬浮剂（4%甲霜灵＋32%代森锰锌）。

【曾用中文商品名】 康正雷、宝大森、宝多生、露速净、农丰喜、农士旺、普霜霖、普霜娇、霜必康、霜即熔、霜太克、诺毒霉、瑞森霉、瑞利德、速治宁、雷克宁、波菌登、菌统思、蓝兴隆、高乐尔、倍得丰、稳好、刺霜、敌霜、医霜、博霜、霜伏、霜愈、霜安、霜息、菌息、病飞、辣克、瑞旺、瑞尔、索除、劳特、和禾、激活、诛除、驱逐、润蔬、润亮、亮葡、亮雷、高雷、超雷、冠雷、佳雷、佳信、叶佳、叶盾、小矾、西里、剑诺、强诺、万歌、固宁、奇秀、喜秀、霉愈、福门、舒坦、玛贺、进金、赛福、双福、风潮、金诺毒霉、国光艾德、雷多米尔-锰锌。

【产品特性】

【使用范围和防治对象】甲霜·锰锌系广谱内吸性杀菌剂，具有保护和治疗作用，对霜霉菌、疫霉菌、腐霉菌引起的植物病害均有较好的防效，可作茎叶、种子、土壤处理。

【使用技术或施用方法】

甲霜·锰锌主要通过喷雾防治各种病害，一般使用72%甲霜·锰锌可湿性粉剂600～800倍液，或58%甲霜·锰锌可湿性粉剂600～800倍液，或36%甲霜·锰锌悬浮剂400～500倍液，均匀喷雾，使叶片正反两面都要有药，特别是叶片背面。从初见病斑时或病害发生初期开始喷药，7天左右1次，与其他类型药剂连续交替使用效果好。

（1）黄瓜霜霉病和疫病的防治　初见病斑时开始喷第一次药，以后每隔10～15天喷药1次，共喷药2～3次，每次每667平方米用58%甲霜·锰锌可湿性粉剂80～120克，加水50千克喷雾。

（2）大白菜、莴苣霜霉病、番茄晚疫病的防治　叶面初见病斑时开始喷第一次药，以后每隔10～15天喷药1次，共喷2～3次，每次每667平方米用58%甲霜·锰锌100克，加水50千克喷雾。

【毒性】按我国农药毒性分级标准，甲霜锰锌属低毒杀菌剂。大白鼠急性经口半致死中量（LD_{50}）为5189毫克/千克。对人的眼睛、皮肤有刺激性。

【注意事项】

该药虽为混配制剂，使用时还是尽量与不同类型的药剂交替使用，以防病菌产生抗药性。

49. 恶霜·锰锌

【中、英文通用名】恶霜·锰锌，oxadixyl. mancozeb

【有效成分】【化学名称】2-甲氧基-N-(2-氧代-1,3-噁唑烷-3-基)乙酰胺-N-(2′,6′-二甲基苯)

【含量与主要剂型】64%恶霜·锰锌可湿性粉剂。

【曾用中文商品名】杀毒矾。

【产品特性】恶霜灵原药为无色无臭结晶固体。恶霜锰锌在25的溶解度，水中为0.34%，丙酮中为34.4%，二乙醚中为0.6%，二甲亚砜中为39%，乙醇中为5%，二甲苯中为1.7%，化学性质稳定。

【使用范围和防治对象】恶霜锰锌是一种广谱内吸性杀菌剂，具有保护、治疗作用。对烟叶、蔬菜、果村等作物多种病害有效。恶霜灵属于苯基酰胺类内吸杀菌剂，药效略低于甲霜灵，与其他苯基酰胺类药剂有正交互抗药性，属于易产生抗药性的产品，具有接触杀菌和内吸传导活性，其作用机制为抑制RNA聚合酶从而抑制了RNA的生物合成。恶霜灵被植物内吸后很快转移到未施药部位，其向顶传导能力最强。因此根施后向顶性明显，施在叶背向叶正面传导略差，施于叶正面向反面传导更差，具有优良的保护、治疗、铲除活性，施药后药效可持续13～15天，恶霜灵的抗菌活性仅限于卵菌纲，包括霜霉科、白锈科、腐霉科，对子囊菌、担子菌和半知菌无活性。

【使用技术或施用方法】

防治番茄晚疫病、早疫病、腐烂病，黄瓜霜霉病、疫病，茄子绵疫病，辣椒疫病，马铃薯晚疫病、早疫病，白菜霜霉病、白粉病等，在发病前或发病初期喷药，每667平方米用64%恶霜·锰锌可湿性粉剂400倍液喷雾，想个10～12天施药一次，连施2～3次。

【毒性】大白鼠急性经口半致死中量（LD_{50}）为3380毫克/千克（雄），1860毫克/千克（雌）；小白鼠急性经口半致死中量（LD_{50}）为1860毫克/千克（雄），2150毫克/千克（雌），雄大白鼠急性经皮大于2000毫克/千克。对兔眼睛和皮肤物刺激作用，对豚鼠皮肤无过敏性。

【注意事项】

恶霜锰锌不可与碱性杀菌农药混用，本品对鱼类有毒，安全间隔期3天。

50. 霜脲·锰锌

【中、英文通用名】 霜脲氰+代森锰锌，cymoxanilmancozeb

【有效成分】【化学名称】 2-氰基-N-[(乙胺基)羰基]-2-(甲氧基亚胺基)乙酰胺；见代森锰锌

【含量与主要剂型】 36%、72%可湿性粉剂，5%粉剂，36%悬浮剂，20%烟剂，18%热雾剂。

【曾用中文商品名】 克露、霜露、霜霉疫清、泰隆、克抗灵、赛露、疫菌净、威克、双克菌、霜星、霜脲锰锌、霜脲氰·锰锌。

【产品特性】 纯品为无色结晶固体，25℃时相对密度为1.31，熔点为160～161℃。

【使用范围和防治对象】 霜脲·锰锌是霜脲氰和全络合态代森锰锌混配的二元杀菌剂，低毒、低残留，具有保护和治疗双重作用。霜脲氰具有很强的内吸作用，既可阻止病菌孢子萌发，又对侵入植物组织内的病菌具有很好的杀灭作用，但持效期较短，且易诱使病菌产生抗药性。代森锰锌是广谱保护性杀菌剂，主要通过抑制病菌体内丙酮酸的氧化而起杀菌效果，且病菌极难产生抗药性。两者混配强强结合，优势互补，防病治病作用并举，混配药剂持效期较长。

霜脲·锰锌主要用于防治低等真菌病害，生产上多用于防治各种作物的霜霉病、晚疫病或疫（霉）病及荔枝霜疫霉病、番茄褐腐病等。

【使用技术或施用方法】

霜脲·锰锌多用于喷雾，在病害发生前或初期使用72%霜脲·锰锌可湿性粉剂600～800倍液，或36%霜脲·锰锌可湿性粉剂300～400倍液，或36%悬浮剂400～500倍液喷雾。

(1) 防治黄瓜霜霉病、疫病　在发病初期，每667平方米每次用72%霜脲氰·锰锌可湿性粉剂130～170克，加水100千克，均匀叶面喷雾，间隔7～14喷1次，喷洒2～4次。

(2) 防治番茄早晚疫病　用72%霜脲·锰锌可湿性粉剂，每667平方米每次用130～180克，加水70千克，于发病初期开始喷洒，每7～14天一次，与其他农药交替使用，连续喷药3～4次。

(3) 防治白菜、甘蓝、香瓜霜霉病 在发病初期，用72%霜脲·锰锌可湿性粉剂70～100克，兑水50～75千克喷雾，隔7～10天喷1次，连喷2～3次。在收前21天停止施药。

(4) 防治辣椒和西瓜疫病 在发生前或初发生时，每667平方米用72%霜脲·锰锌可湿性粉剂100～166.7克对水50～60千克进行叶面喷雾。

【毒性】按我国农药毒性分级标准，霜脲·锰锌属低毒杀菌剂。

【注意事项】

(1) 霜脲·锰锌不宜与碱性农药、肥料混合使用。

(2) 要按农药安全操作规程施药，使用时穿工作服戴手套，如药液溅到身上，立即用水冲洗。严防中毒。

(3) 远离儿童、食物、饲料等，避免吸入、接触皮肤及眼睛。

51. 烯酰·锰锌

【中、英文通用名】烯酰·锰锌，dimethomorph mancozeb

【有效成分】【化学名称】烯酰吗啉＋代森锰锌

【含量与主要剂型】5%、80%、69%可湿性粉剂，69%水分散粒剂。

【曾用中文商品名】烯酰吗啉、霜安、安克、专克、雄克、安玛、绿捷、破菌、瓜隆、上品、灵品、世耘、良霜、霜爽、霜电、雪疫、斗疫、拔萃、巨网、优润、洽益发、异瓜香。

【产品特性】烯酰·锰锌是烯酰吗琳与代森锰锌复配的杀菌剂。是针对烯酰吗啉具有一定抗性风险、不宜单剂使用而研制的。烯酰吗啉是一种内吸治疗性成分，主要是破坏病菌细胞壁膜的形成，对卵菌的各个生长发育阶段都有作用，尤其对孢子囊梗和卵孢子的形成阶段最为敏感，若在孢子形成前用药，则可完全抑制孢子的产生、防止病害蔓延。代森锰锌为广谱保护性成分，主要作用于病菌丙酮酸的氧化过程，而导致病菌死亡。两者混配，优势互补，混剂兼有保护和治疗双重防病作用，且延缓了病菌对内吸治疗成分的抗药性产生。

【使用范围和防治对象】烯酰·锰锌主要用于防治低等真菌性病害，如霜霉病、霜疫霉病、晚疫病、疫病、疫腐病、疫霉病、腐霉病、黑胫病等，可适用于葡萄、荔枝、番茄、辣椒、黄瓜、西瓜、甜瓜、苦瓜、马铃薯、烟草、十字花科蔬菜等多种植物。

【使用技术或施用方法】

（1）防治黄瓜、苦瓜、十字花科蔬菜的霜霉病，在病害发生前或刚刚发病时开始施药，每 667 平方米用 69%烯酰·锰锌可湿性粉剂或水分散粒剂 100～133 克、80%烯酰·锰锌可湿性粉剂 100～125 克或 50%烯酰·锰锌可湿性粉剂 95～120 克，兑水 60～75 千克喷雾 7～10 天喷 1 次，共喷 3～4 次。

（2）防治黄瓜疫病，用 69%烯酰·锰锌可湿性粉剂或水分散性粒剂 1000 倍液喷雾。

（3）防治黄瓜幼苗猝倒病，每平方米喷淋 69%烯酰·锰锌可湿性粉剂或水分散粒剂 1000 倍液 2～3 千克，防治 1～2 次。

（4）防治辣椒疫病、马铃薯疫病，每 667 平方米用 69%烯酰·锰锌水分散粒剂或可湿性粉剂 134～167 克，兑水常规喷雾。

【毒性】 毒性低毒。

（1）中毒症状为头痛、恶心、呕吐等。不慎接触皮肤，立即用肥皂和清水彻底清洗受染皮肤。

（2）不慎溅及眼睛，用清水彻底冲洗眼睛数不少于 15 分钟。

（3）不慎误服，请不要引吐，不要喂入任何食物，立即送医院诊治，本品无特殊解毒药剂，医生应对症治疗。

【注意事项】 喷药应均匀、周到，特别注意植株下部和内部叶片，使叶片背面一定着药。与含甲霜灵等苯胺类成分的药剂交替使用，可以延缓病菌产生抗药性。

（1）本品在黄瓜上的安全间隔期为 15 天，每季作物最多使用 3 次。

（2）用于预防处理，可使用低剂量，发病后使用高剂量。

（3）每季作物使用本品不要超过 3 次，建议与其他不同作用机制的杀菌剂轮用。

（4）施药时，要穿防护服，戴橡皮手套，戴口罩，避免接触药液。避免孕妇及哺乳期妇女接触。

（5）施药后，请用大量的清水和肥皂彻底清洗，同时清洗工作服。

（6）使用过的空包装，用清水冲洗三次，压烂后土埋，切勿重复使用或改作其他用途。所有施药器具，用后应立即用清水或适当的洗涤剂清洗。禁止在河塘等水体中清洗施药器具，避免药液污染水源。

52. 唑菌酮

【中、英文通用名】 唑菌酮，famoxadone

【有效成分】【化学名称】 1-(4-氯苯氧基)-3,3-二甲基-1-(1*H*,1,2,4-三唑-1-基)-2-丁酮

【含量与主要剂型】 15%、25%可湿性粉剂，20%乳油。

【曾用中文商品名】 粉锈宁。

【产品特性】 在酸、碱介质中较稳定。

【使用范围和防治对象】 唑菌酮为内吸性杀菌剂，具有保护和治疗作用，还具有一定的熏蒸作用。在低剂量下就能达到明显的药效，且持效期较长。粉锈宁对多种作物由真菌引起的病害，如锈病、白粉病等有一定的治疗作用。

【使用技术或施用方法】

（1）防治黄瓜、西瓜、丝瓜白粉病、炭疽病，用15%唑菌酮可湿性粉剂1000～1200倍液喷雾，间隔15天1次，连喷3～4次；防治菜豆炭疽病、豌豆白粉病，连喷2～3次即可。

（2）防治温室、塑料棚等保护地设施内蔬菜白粉病，每立方米耕层土壤用15%唑菌酮可湿性粉剂12克拌和，作栽培土，持效期可达2个月左右。

（3）防治豇豆锈病，豌豆白粉病，蚕豆锈病，用25%唑菌酮可湿性粉剂2000～3000倍液，每隔15～20天喷1次，连喷2～3次。

（4）防治番茄白绢病，用25%唑菌酮可湿性粉剂2000倍液浇灌根部，每隔10～15天灌1次，连灌2次。

【毒性】 对人、畜、鱼、蜜蜂低毒，对人黏膜和皮肤均无刺激性。

【注意事项】

（1）唑菌酮持效期长，叶菜类应在收获前15～20天停止使用。

（2）唑菌酮不能与强碱性药剂混用。可与酸性和微碱性药剂混用，以扩大防治效果。

（3）使用浓度不能随意增大，以免发生药害。出现药害后常表现植株生长缓慢、叶片变小、颜色深绿或生长停滞等，遇到药害要停止用药，并加强肥水管理。

（4）能够抑制茎叶芽的生长。

53. 丙森锌

【中、英文通用名】 丙森锌，propineb

【有效成分】【化学名称】 丙烯基双二硫代氨基甲酸锌

【含量与主要剂型】 粉剂和65%、70%、75%可湿性粉剂。

【曾用中文商品名】 安泰生。

【产品特性】 白色或微黄色粉末。160℃以上分解。蒸气压小于1毫帕（20℃）。溶解性（20℃）：水0.01克/千克，一般溶剂中小于0.1克/千克。在冷、干燥条件下储存时稳定，在潮湿强酸、强碱介质中分解。

【使用范围和防治对象】 丙森锌的杀菌机制为抑制病原菌体内丙酮酸的氧化。丙森锌对蔬菜、葡萄、烟草和啤酒花等作物的霜霉病以及番茄和马铃薯的早、晚疫病均有优良的保护性作用，并且对白粉病、锈病和葡萄孢属的病害也有一定的抑制作用，如白菜霜霉病、黄瓜霜霉病、葡萄霜霉病、番茄早疫病和晚疫病、马铃薯早疫病和晚疫病、芒果炭疽病、烟草赤星病。

【使用技术或施用方法】

（1）防治黄瓜霜霉病　在露地黄瓜定植后，田间尚未发病时或发病初期先摘除病叶后立即喷布70%丙森锌可湿性粉剂500～700倍液，以后每隔5～7天喷药1次，连喷3次。

（2）防治大白菜霜霉病　在发病初期或发现中心病株时用70%丙森锌可湿性粉剂150～215克加水喷雾。每间隔5～7天喷药1次，连喷3次。

（3）防治番茄早疫病　结果初期尚未发病时开始喷药保护，每667平方米用70%丙森锌可湿性粉剂125～187.5克，兑水喷雾，每隔5～7天喷药1次，连喷3次。

（4）防治番茄晚疫病　在发现中心病株时先摘除病株，喷布

70%丙森锌可湿性粉剂500～700倍液喷雾，每隔5～7天喷药1次，连喷3次。

【毒性】按中国农药毒性分级标准，丙森锌属低毒杀菌剂。对蜜蜂无毒。雄大鼠急性经口半致死中量（LD_{50}）为8500毫克/千克。

【注意事项】

(1) 丙森锌是保护性杀菌剂，故必须在病害发生前或始发期喷药。

(2) 丙森锌不可与铜制剂和碱性药剂混用。若喷了铜制剂或碱性药剂，需1周后再使用丙森锌。

54. 代森联

【中、英文通用名】代森联，metiram

【有效成分】【化学名称】乙烯二硫代氨基甲酸盐、乙烯二硫代氨基甲酸盐

【含量与主要剂型】代森联70%可湿性粉剂。

【曾用中文商品名】代森连、品润。

【产品特性】代森联纯品为白色粉末，工业品为灰白色或淡黄色粉末，有鱼腥味，难溶于水，不溶于大多数有机溶剂，但能溶于吡啶中，对光、热、潮湿不稳定，易分解出二硫化碳，遇碱性物质或铜、汞等物质均易分解放出二硫化碳而减效，挥发性小。

【使用范围和防治对象】代森联主要用于防治蔬菜霜霉病、炭疽病、褐斑病等。目前是防治番茄早疫病和马铃薯晚疫病的理想药剂，防效分别为80%和90%左右。对代森锰锌产生抗性的病害，改用代森联可收到良好的防治效果。

【使用技术或施用方法】

(1) 防治瓜菜类疫病、霜霉病、炭疽病，用600～800倍70%代森联水分散颗剂+50%纯烯酰吗啉，每7～14天一次，中间交替喷洒其他农药。

(2) 防治番茄、茄子、马铃薯疫病、炭疽病、叶斑病，用80%代森联可湿性粉剂400～600倍液．发病初期喷洒，连喷3～5次。

(3) 防治蔬菜苗期立枯病、猝倒病，用80%代森联可湿性粉剂，

按种子重量的0.1%～0.5%拌种。

（4）防治瓜类霜霉病、炭疽病、褐斑病，用400～500倍液喷雾，连喷3～5次。

（5）防治白菜、甘蓝霜霉病、芹菜斑点病，用500～600倍液喷雾。

【毒性】 代森联是一种优良的保护性杀菌剂，属低毒农药。大鼠急性经口半致死中量（LD_{50}）大于5000毫克/千克，大鼠急性经皮半致死中量（LD_{50}）大于2000毫克/千克。

【注意事项】

（1）储藏时，应注意防止高温，并要保持干燥，以免在高温、潮湿条件下使药剂分解，降低药效。

（2）为提高防治效果，可与多种农药、化肥混合使用，但不能与碱性农药、化肥和含铜的溶液混用。

（3）药剂对皮肤、黏膜有刺激作用，使用时留意保护。

（4）代森联不能与碱性或含铜药剂混用。对鱼有毒，不可污染水源。

55. 双炔酰菌胺

【中、英文通用名】 双炔酰菌胺，mandipropamid

【有效成分】【化学名称】 2-(4-氯-苯基)-*N*-[2-(3-甲氧基)-4-(2-丙炔氧基)-苯基-乙烷基]-2-(2-丙炔氧基)-乙酰胺

【含量与主要剂型】 双炔酰菌胺原药，双炔酰菌胺250克/千克悬浮剂

【曾用中文商品名】 瑞凡。

【产品特性】 双炔酰菌胺属酰胺类杀菌剂。纯品为浅褐色无味粉末；熔点96.4～97.3℃；蒸气压（25℃）小于9.4×10^{-7}帕；在水中的溶解度（25℃）为4.2毫克/千克，*n*-辛醇/水的分配系数为3.2（25℃）。双炔酰菌胺原药质量分数大于（等于）93%；pH值6～8。在有机溶剂中溶解度（25℃）：丙酮300克/千克，二氯甲烷400克/千克，乙酸乙酯120克/千克，甲醇66克/千克，辛醇4.8克/千克，甲苯29克/千克，正己烷0.042克/千克。250克/千克悬浮剂为

灰白色至棕色液体；悬浮率98%；常温储存稳定。

【使用范围和防治对象】其作用机理为抑制磷脂的生物合成，对绝大多数由卵菌引起的叶部和果实病害均有很好的防效。对处于萌发阶段的孢子具有较高的活性，并可抑制菌丝成长和孢子形成。可以通过叶片被迅速吸收，并停留在叶表蜡质层中，对叶片起保护作用。

【使用技术或施用方法】

（1）防治辣椒疫病，可先用62.5%氟菌·霜霉威悬浮剂15毫升/桶水控制病害的流行，3～5天后使用25%嘧菌酯悬浮剂5毫升+25%双炔酰菌胺悬浮剂10毫升配成1桶水（即15千克）喷施，控制疫病的蔓延和减缓疫病的流行速度。

（2）防治西瓜疫病，发病初期可喷洒25%双炔酰菌胺悬浮剂2500倍液，隔7～10天一次，连续防治3～4次，必要时还可灌根，每株灌兑好的药液0.25～0.4升，如喷洒与灌根能同时进行，防效明显提高。

（3）防治马铃薯晚疫病，用25%双炔酰菌胺悬浮剂20～40毫升/亩。

（4）防治甜瓜霜霉病，用25%双炔酰菌胺悬浮剂2500倍喷雾。还可防治甜瓜疫病、瓠瓜疫病等。

【毒性】双炔酰菌胺原药和250克/千克悬浮剂对大鼠急性经口、经皮半致死中量（LD_{50}）大于5000毫克/千克，急性吸入半致死浓度（LC_{50}）为5190～4890毫克/立方米；对白兔眼睛和皮肤有轻度刺激性；豚鼠皮肤变态反应（致敏性）试验结果为无致敏性。原药大鼠90天亚慢性喂养毒性试验最大无作用剂量：雄性大鼠41毫克/(千克·天)。毒性试验最大无作用剂量：雄性大鼠41毫克/(千克·天)，雌性大鼠44.7毫克/(千克·天)。4项致突变试验：Ames试验、小鼠骨髓细胞微核试验、小鼠淋巴瘤细胞基因突变试验、活体大鼠肝细胞程序外DNA修复合成试验结果均为阴性，未见致突变作用。双炔酰菌胺原药和250克/千克悬浮剂均属低毒杀菌剂。

双炔酰菌胺250克/千克悬浮剂对鲤鱼和蚤急性毒性半致死浓度（LC_{50}）（96小时）大于100毫克/千克；蜜蜂急性经口和接触半致死中量（LD_{50}）（48小时）均大于858微克/蜂；家蚕（食下毒叶法，96小时）半致死浓度（LC_{50}）大于5000毫克/千克桑叶。原药对绿头鸭急性经口半致死中量（LD_{50}）大于1000毫克/千克。该产品对鱼、鸟、蜜蜂、家蚕均为低毒。

【注意事项】

（1）为防止病菌对药剂产生抗性，一个生长季内双炔酰菌胺的使用次数最好不超过3次，建议与其他种类的杀菌剂轮换使用。

（2）储藏温度应避免低于－10℃或高于35℃。

（3）应储藏在避光、干燥、通风处。运输时应注意避光，防高温、雨淋。

（4）避免药液接触皮肤、眼睛和污染衣物，避免吸入雾滴。

（5）一般作物安全间隔期为3天，每季作物最多使用3次。

56. 氰霜唑

【中、英文通用名】氰霜唑，cyazofamid

【有效成分】【化学名称】4-氯-2-氰基-*N*,*N*-二甲基-5-对甲苯基咪唑-1-磺酰胺

【含量与主要剂型】10%悬浮剂、40%颗粒剂。

【曾用中文商品名】科佳、赛座灭、氰唑磺菌胺。

【产品特性】浅黄色无味粉状固体，20℃时在水中溶解度为0.121微克/毫升（pH 5），分配系数为3.2（25℃）。

【使用范围和防治对象】氰霜唑是一种新型低毒杀菌剂，具有很好的保护活性和一定的内吸治疗活性，持效期长，耐雨水冲刷，使用安全、方便。该药属线粒体呼吸抑制剂，其作用机制是阻断卵菌纲病菌体内线粒体细胞色素bc1复合体的电子传递来干扰能量的供应，其结合部位为酶的Q中心，称为QiI（Quinone inside Inhibitors）类杀菌剂，与其他杀菌剂无交叉抗性。其对病原菌的高选择活性可能是由于靶标酶对药剂的敏感程度差异造成的。对卵菌纲真菌（如霜霉菌、假霜霉菌、疫霉菌、腐霉菌以及根肿菌纲的芸苔根肿菌）具有很高的生物活性。

氰霜唑主要用于防治卵菌类病害，如霜霉病、霜疫霉病、疫病、晚疫病等；可适用于马铃薯、番茄、辣椒、黄瓜、甜瓜、白菜、莴苣、洋葱、葡萄、荔枝等多种植物。

【使用技术或施用方法】氰霜唑主要通过喷雾防治病害。防治马铃薯及番茄、黄瓜、白菜等瓜果蔬菜病害时，一般每667平方米使用100克/升氰霜唑悬浮剂53～66毫升，兑水30～45升喷雾。从病害发生前或发生初期开始喷药，7～10天1次，与不同类型药剂交替使用。

【毒性】大鼠急性经口半致死中量（LD_{50}）大于5000毫克/千克，急性经皮半致死中量（LD_{50}）大于5000毫克/千克，急性吸入半致死中量（LD_{50}）大于2000毫克/千克，兔皮肤过敏性有极轻微刺激，豚鼠无致敏作用。无致癌、致畸、致突变作用。鲤鱼半致死浓度（LC_{50}）大于69.6毫克/千克（48小时），虹鳟鱼半致死浓度（LC_{50}）大于100毫克/千克（48小时），水蚤半致死浓度（LC_{50}）大于0.487毫克/千克（3小时），月牙藻半致死浓度（LC_{50}）大于0.858毫克/千克（72小时）。鹌鹑急性半致死中量（LD_{50}）大于2000毫克/千克；鸭急性半致死中量（LD_{50}）大于2000毫克/千克，饲料半致死浓度（LC_{50}）大于5000毫克/千克；蜜蜂经口半致死中量（LD_{50}）大于151.7微克/只，接触半致死中量（LD_{50}）大于100微克/只，蚯蚓急性半致死中量（LD_{50}）大于1000毫克/千克。

【注意事项】

（1）不能与碱性药剂混用。

（2）注意与不同类型杀菌剂交替使用，避免病菌产生抗药性。

57. 吡唑醚菌酯

【中、英文通用名】吡唑醚菌酯，pyraclostrobin

【有效成分】【化学名称】*N*-{2-[[1-(4-氯苯基)吡唑-3-基]氧甲基]苯基}-*N*-甲氧基氨基甲酸甲酯

【含量与主要剂型】25%、250克/升乳油。

【曾用中文商品名】百克敏、唑菌胺酯。

【产品特性】吡唑醚菌酯纯品为白色至浅米色无味结晶体。熔点63.7～65.2℃；蒸气压（20～25℃）为2.6×10^{-8}帕。溶解度（20℃）：水（蒸馏水）0.00019克/100毫升，正庚烷0.37克/100毫升，甲醇10克/100毫升，乙腈大于（等于）50克/100毫升，甲苯、二氯甲烷大于（等于）57 克/100 毫升，丙酮、乙酸乙酯大于（等于）65 克/100 毫升，正辛醇 2.4 克/100 毫升；正辛醇/水分配系数为 4.18（pH 6.5）；纯品在水溶液中光解半衰期 0.06 天（1.44 小时）；制剂 20℃时 2 年稳定。

【使用范围和防治对象】吡唑醚菌酯为新型广谱杀菌剂，为线粒体呼吸抑制剂，即通过在细胞色素合成中阻止电子转移。具有保护、治疗、叶片渗透传导作用。吡唑醚菌酯乳油经田间药效试验结果表明对黄瓜白粉病、霜霉病和香蕉黑星病、叶斑病、菌核病等有较好的防治效果。

【使用技术或施用方法】

（1）防治黄瓜白粉病、霜霉病的用药量为有效成分 75～150 克/公顷（折成乳油商品量为 20～40 毫升/667 平方米）。加水稀释后于发病初期均匀喷雾，一般喷药 3～4 次，间隔 7 天喷 1 次药。

（2）防治香蕉黑星病、叶斑病的有效成分浓度为 83.3～250 毫克/千克（稀释倍数为 1000～3000 倍），于发病初期开始喷雾. 一般喷药 3 次，间隔 10 天喷 1 次药。喷药次数视病情而定。对黄瓜、香蕉安全，未见药害发生。

【毒性】吡唑醚菌酯原药大鼠急性经口半致死中量（LD_{50}）大于 5000 毫克/千克，急性经皮半致死中量（LD_{50}）大于 2000 毫克/千克，急性吸入半致死浓度（LC_{50}）（4 小时）为 0.31 毫克/千克。对兔眼睛、皮肤无刺激性：豚鼠皮肤致敏试验结果为无致敏性。大鼠 3 个月亚慢性喂饲试验最大无作用剂量：雄性大鼠为 9.2 毫克/(千克・天)，雌性大鼠为 12.9 毫克/(千克・天)。三项致突变试验：Ames 试验、小鼠骨髓细胞微核试验、生殖细胞染色体畸变试验均为阴性，未见致突变作用。大鼠致畸试验未见致畸性：大鼠 2 年慢性喂饲试验最大无作用剂量：雄性大鼠为 3.4 毫克/(千克・天)，雌性大鼠为 4.6 毫克/(千克・天)。大鼠、小鼠致癌试验结果未见致癌性。25%吡唑醚菌酯乳油大鼠急性经口半致死中量（LD_{50}）为 500 毫克/千克（雄），260 毫克/千克（雌）；急性经皮半致死中量（LD_{50}）为 4000 毫克/千克，急性吸入半致死浓度（LC_{50}）为 3.51 毫克/千克；对兔眼睛和皮肤均有刺激性，豚鼠皮肤致敏试验结果为无致敏性。吡唑醚菌酯原药和 25%乳油均属中等毒。吡唑醚菌酯乳油对鱼半致死浓度

（LC_{50}）（96 小时）：虹鳟鱼 0.01 毫克/千克，蓝鳃太阳鱼 0.0316 毫克/千克，鲤鱼 0.0316 毫克/千克。水蚤半致死浓度（LC_{50}）（48 小时）为 15.71 毫克/千克；北美鹌鹑半致死中量（LD_{50}）为 2000 毫克/千克，野鸭半致死中量（LD_{50}）为 5000 毫克/千克。该制剂对鱼剧毒。对鸟、蜜蜂、蚯蚓低毒。在产品标签上注明药械不得在池塘等水源和水体中洗涤，施药残液不得倒入水源和水体中。

【注意事项】

（1）必须掌握在发病初期，否则效果差，每季作物从病害症状开始出现到采收，最多使用 4 次。

（2）对黄瓜安全，未见药害发生。

（3）生长季节需要多次用药时，应与其他种类杀菌剂轮换使用。

（4）喷雾时雾滴要细，水量要足，最好早晚用药，夏天高温不要在中午用药，喷雾要仔细、周到，作物的叶片、果实、主干都要喷到，防止漏喷。

（5）对有些未注明的作物喷药时，尤其在真叶期，要先小范围试验，待取得效果后再大面积推广应用。

（6）吡唑醚菌酯有促进作物生长的作用，不需要施叶面肥。

（7）该制剂属中等毒性，对鱼剧毒；对鸟、蜜蜂、蚯蚓低毒。

（8）药械不得在池塘等水源和水体中洗涤，施药残液不得倒入水源和水体中。

（9）一般作物安全间隔期为 7～14 天，每季作物最多使用 3～4 次。

58. 咪鲜胺

【中、英文通用名】 咪鲜胺，prochloraz

【有效成分】【化学名称】 *N*-丙基-*N*-[2-(2,4,6-三氯苯氧基)乙基]-咪唑-1-甲酰胺

【含量与主要剂型】 常见制剂有 25%咪鲜胺乳油（巴斯夫的施保克、使百克），45%咪鲜胺水乳剂，50%咪鲜胺锰盐可湿粉（使百功），63.5%咪鲜胺锰盐·多菌灵可湿粉（百功），46%几丁咪鲜胺（中达第五季）绿怡乳油，20%硅唑·咪鲜胺等。

【曾用中文商品名】百克、丙氯灵、扑克拉、扑霉灵、施保克、旋保克。

【产品特性】咪鲜胺原药为浅棕色固体，有芳香味，难溶于水，易溶于丙酮、乙醇、二甲苯等溶剂。熔点：46.5～49.3℃。蒸汽压（20℃）为0.48毫帕。溶解度（25℃）：不溶于水，二氯甲烷、甲苯中大于600克/千克。在日光下降解，在正常储存条件下稳定，在强酸、强碱条件下不稳定。

【使用范围和防治对象】咪鲜胺为高效、广谱、低毒型杀菌剂，具有预防保护治疗等多重作用，内含咪鲜胺，为咪唑类广谱杀菌剂。通过抑制甾醇的生物合成而起作用，无内吸作用，对于子囊菌和半知菌引起的多种病害防效极佳。采用基因诱导技术，激活植物抗病基因表达，速效性好，持效期长。常规使用防治瓜果蔬菜炭疽病、叶斑病。还可防治蒂腐病、青霉病、绿霉病，辣椒、茄子、甜瓜、番茄等蔬菜炭疽病，草莓炭疽病，油菜菌核病、叶斑病，蘑菇褐斑病等。

【使用技术或施用方法】

（1）将本品稀释1500倍叶面喷雾，使植物充分着药又不滴液为宜，间隔10～15天，连喷三次可获最佳防效。对大田作物、水果、蔬菜、草皮及观赏植物上的多种病害具有治疗和铲除作用。对于水果、蔬菜，在收获前喷施的一般剂量为20～50克/100千克。

（2）咪鲜胺与氟硅唑按照一定科学比例混用（如20%的硅唑·咪鲜胺）用于防治多种蔬菜等作物的黑星病、白粉病、叶斑病、锈病、炭疽病、黑斑病、黑痘病、蔓枯病、斑枯病、赤星病等多种病害。

【毒性】咪鲜胺属低毒杀菌剂，大白鼠急性经口半致死中量（LD_{50}）大于1600毫克/千克，大鼠（吸入）半致死浓度（LC_{50}）大于200毫克/千克，大鼠（皮上）半致死中量（LD_{50}）大于5毫克/千克，大鼠（腹膜）半致死中量（LD_{50}）为400毫克/千克；小鼠（口服）半致死中量（LD_{50}）为2400毫克/千克；兔子（皮上）半致死中量（LD_{50}）大于3毫克/千克；鸭子（口服）半致死中量（LD_{50}）为3132毫克/千克；鸟（口服）半致死中量（LD_{50}）为590毫克/千克，由于食盐的半致死中量（LD_{50}）是3000毫克/千克，故咪鲜胺急性毒性程度与食盐同。

【注意事项】

(1) 咪鲜胺为环保型水悬浮剂，无公害产品，使用前应先摇匀再稀释，即配即用。

(2) 咪鲜胺可与多种农药混用，但不宜与强酸、强碱性农药混用。

(3) 施药时不可污染鱼塘、河道、水沟。

(4) 药物置于阴凉干燥避光处保存。

59. 苯醚甲环唑

【中、英文通用名】苯醚甲环唑，difenoconazole

【有效成分】【化学名称】顺，反-3-氯-4-(4-甲基-2-1H-1，2，4-三唑-1-基甲基)-1，3-二噁戊烷-2-基-苯基 4-氯苯基醚（顺、反比例约为 45：55）

【含量与主要剂型】3%悬浮种衣剂、10%水分散粒剂、25%乳油、30%悬浮剂、37%水分散粒剂、10%可湿性粉剂。

【曾用中文商品名】恶醚唑、显粹、思科、世高。

【产品特性】苯醚甲环唑为无色固体，熔点 76℃，沸点 220℃。溶解性（20℃）：水 3.3 毫克/升，易溶于有机溶剂。分配系数为 20000。小于（等于）300℃稳定，在土壤中移动性小，缓慢降解。

【使用范围和防治对象】苯醚甲环唑具有内吸性杀菌、保护和治疗作用，是三唑类杀菌剂中安全性比较高的，广泛应用于蔬菜作物，有效防治黑星病、白粉病、褐斑病、锈病、条锈病、赤霉病等，对子囊亚门，担子菌亚门和包括链格孢属、壳二抱属、尾孢霉属、刺盘抱属、球座菌属、茎点霉属、柱隔孢属、壳针孢属、黑星菌属在内的半知菌，白粉菌科、锈菌目和某些种传病原菌有持久的保护和治疗活性，同时对甜菜褐斑病、锈病和由几种致病菌引起的霉病，马铃薯早疫病等均有较好的治疗效果。

【使用技术或施用方法】

主要用作叶面处理剂和种子处理剂。其中 10%苯醚甲环唑水分散颗粒剂主要用于茎叶处理，使用剂量为 30～125 克（有效成分）/公顷，10%苯醚甲环唑水分散颗粒剂主要用于防治番茄早疫病、西瓜蔓枯病、辣椒炭疽病、草莓白粉病等。

（1）番茄早疫病发病初期用 800～1200 倍流或每 100 千克水加制剂 83～125 克（有效浓度 83～125 毫克/千克），或每 667 平方米用制剂 4.0～60 克（有效成分 4～6 克）。

（2）辣椒炭疽病发病初期用 800～1200 倍液或每 100 千克水加制剂 83～125 克（有效浓度 83～125 毫克/千克），或每 667 平方米用制剂 40～60 克（有效成分 4～6 克）。

【毒性】 大鼠急性经口半致死中量（LD_{50}）为 1453 毫克/千克，兔急性经皮半致死中量（LD_{50}）大于 2010 毫克/千克。对兔皮肤和眼睛有刺激作用，对豚鼠无皮肤过敏。大鼠急性吸入半致死浓度（LC_{50}）（4 小时）大于 0.045 毫克/升空气，野鸭急性经口半致死中量（LD_{50}）大于 2150 毫克/千克，鳟鱼半致死浓度（LC_{50}）（96 小时）0.8 毫克/升。对蜜蜂无毒。

【注意事项】

（1）苯醚甲环唑不宜与铜制剂混用。因为铜制剂能降低它的杀菌能力，如果确实需要与铜制剂混用，则要加大苯醚甲环唑 10%以上的用药量。苯醚甲环唑虽有内吸性，可以通过输导组织传送到植物全身，但为了确保防治效果，在喷雾时用水量一定要充足，要求全株均匀喷药。

（2）苯醚甲环唑虽有保护和治疗双重效果，但为了尽量减轻病害造成的损失，应充分发挥其保护作用，因此施药时间宜早不宜迟，应在发病初期进行喷药效果最佳。

60. 戊唑醇

【中、英文通用名】 戊唑醇，tebuconazole

【有效成分】【化学名称】（RS）-1-（4-氯苯基）-4,4-二甲基-3-（1*H*-1,2,4 三唑-1-基甲基）戊-3-醇

【含量与主要剂型】 95%、98%原药，125 克/千克水乳剂，25%乳油，25%可湿性粉剂，43%悬浮剂，80%水分散粒剂。

【曾用中文商品名】 立克秀。

【产品特性】 戊唑醇为无色晶体，熔点为 102.4℃，蒸气压 0.0133 毫帕（20℃）。溶解度（20℃）：水 32 毫克/千克，甲苯 50～

100 克/千克。

【使用范围和防治对象】戊唑醇属高效、广谱、内吸性三唑类杀菌农药，具有保护、治疗、铲除三大功能，杀菌谱广、持效期长。与所有的三唑类杀菌剂一样，戊唑醇能够抑制真菌的麦角甾醇的生物合成。该品属三唑类杀菌农药，是甾醇脱甲基抑制剂，是用于重要经济作物的种子处理或叶面喷洒的高效杀菌剂，可有效地防治蔬菜作物上的多种锈病、黄瓜白粉病、黑星病、炭疽病、茄子白粉病、茄子褐纹病、茄子叶斑病等。

【使用技术或施用方法】

(1) 黄瓜白粉病、黑星病、炭疽病　在发现病害的初期进行喷施治疗，可以和不同类型的杀菌剂交替使用，每隔 10 天喷一次，连喷 3～4 次。具体的配比比例：一般使用 430 克/升悬浮剂 3000～4000 倍液，或 25%乳油或 250 克/升水乳剂或 25%水乳剂或 25%可湿性粉剂 2000～2500 倍液均匀喷雾。

(2) 西瓜、甜瓜、南瓜及苦瓜的白粉病、炭疽病　发现病害出现的初期就进行及时喷施，间隔时间为 10 天左右，连续喷施 2～3 次。药剂喷施倍数同“黄瓜白粉病”。

(3) 茄子白粉病、褐纹病、叶斑病　病害初期进行喷施治疗，可以和其他不同类型的杀菌剂交替喷施，间隔10 天，连续 2～4 次。药剂喷施倍数同“黄瓜白粉病”。

(4) 辣椒炭疽病、白粉病　在刚发现病斑出现的时候就要着手开始喷施，每 10 天左右喷 1 次，连喷 2～3 次。药剂喷施倍数同“黄瓜白粉病”。

(5) 番茄叶斑病　发现病害就要及时配比喷施，间隔 10 天左右喷施 1 次，连喷 2 次左右。药剂喷施倍数同“黄瓜白粉病”。

(6) 豆类蔬菜的炭疽病、白粉病、锈病、角斑病　蔬菜出现病害早期开始喷施，交替使用其他不同类型的杀菌剂：间隔 10 天左右 1 次，连喷 3～4 次。一般使用 430 克/升悬浮剂 2500～3000 倍液，或 25%乳油或 250 克/升水乳剂或 25%水乳剂或 25%可湿性粉剂 1500～2000 倍液均匀喷雾。

(7) 芹菜叶斑病　在病菌出现的初期进行喷施，替换使用不同类型的杀菌剂喷施，每 7～10 天喷 1 次，连喷 3～4 次。药剂喷施倍数同“豆类蔬菜炭疽病”。

（8）芦笋茎枯病、锈病　一经发现病害就及时喷施，7～10天为一个循环，连喷2～3次，重点喷洒植株中下部。

（9）十字花科蔬菜黑斑病、白斑病　在病菌出现的早期使用，喷施间隔为7～10天，持续喷施2～3次。一般每亩次使用430克/升悬浮剂20～25毫升，或25%乳油或250克/升水乳剂或25%水乳剂30～40毫升，或25%可湿性粉剂30～40克，兑水30～45千克均匀喷雾。

（10）葱、洋葱及蒜的紫斑病　发现得越早，治疗效果越好，每隔7～10天喷1次，连喷2次左右。用药量同“十字花科蔬菜黑斑病”。

【注意事项】

（1）接触戊唑醇应遵守农药安全使用操作规程，穿好防护衣服。工作时禁止吸烟和进食。工作结束后，应用肥皂和清水洗脸、手和裸露部位。

（2）用戊唑醇处理过的种子，严禁用于人食或动物饲料。

（3）戊唑醇应储存于干燥、通风、阴凉和儿童触及不到的地方。

（4）如有中毒情况发生，应立即就医。该药无特殊解毒剂，应对症治疗。

（5）茎叶喷雾时，在蔬菜幼苗期应注意使用浓度，以免造成药害。

61. 三唑酮

【中、英文通用名】三唑酮，triadimefon

【有效成分】【化学名称】1-(4-氯苯氧基)-3,3-二甲基-1-(1*H*-1,2,4-三唑-1-基)-α-丁酮

【含量与主要剂型】5%、15%、25%可湿性粉剂，25%、20%、10%乳油，20%糊剂，25%胶悬剂，0.5%、1%、10%粉剂；15%烟雾剂。

【曾用中文商品名】百理通、粉锈宁、百菌酮。

【产品特性】三唑酮为无色固体，熔点82～83℃，有特殊芳香味，蒸气压0.02毫帕（20℃），密度1.22（20℃），分配系数为

3.11，溶解度水64毫克/千克（20℃），中度溶于许多有机溶剂，除脂肪烃类以外，二氯甲烷、甲苯大于200克/千克，异丙醇50～100克/千克，己烷5～10克/千克（20℃），酸性或碱性（pH1～13）条件下都较稳定。pH值为3、6、9（22℃）时半衰期超过1年。化学性质稳定，残效期30～50天。

【使用范围和防治对象】 三唑酮是一种高效、低毒、低残留、持效期长、内吸性强的三唑类杀菌剂。被植物的各部分吸收后，能在植物体内传导。对锈病和白粉病具有预防、铲除、治疗等作用。对鱼类及鸟类较安全。对蜜蜂和天敌无害。三唑酮的杀菌机制、原理极为复杂，主要是抑制菌体麦角甾醇的生物合成，因而抑制或干扰菌体附着孢及吸器的发育、菌丝的生长和孢子的形成。三唑酮对某些病菌在活体中活性很强，但离体效果很差。对菌丝的活性比对孢子强。三唑酮可以与许多杀菌剂、杀虫剂、除草剂等现混现用。

【使用技术或施用方法】

瓜类白粉病大田用25%三唑酮可湿性粉剂5000倍液喷雾1～2次，温室用25%三唑酮可湿性粉剂1000倍液喷雾1～2次。菜豆类锈病可在发病初期或再感染时，用25%三唑酮可湿性粉剂2000倍液喷1～2次。

【毒性】 三唑酮属于低毒性杀菌剂。原药大鼠急性经口半致死中量（LD_{50}）为1000～1500毫克/千克，大鼠经皮半致死中量（LD_{50}）大于1000毫克/千克。对皮肤有轻度刺激作用，在试验剂量内无致癌、致畸、致突变作用，对鱼类毒性中等，对蜜蜂和鸟类无害。

【注意事项】

（1）三唑酮可与碱性以及铜制剂以外的其他制剂混用。

（2）三唑酮拌种可能使种子延迟1～2天出苗，但不影响出苗率及后期生长。

（3）药剂置于干燥通风处。

（4）三唑酮无特效解毒药，只能对症治疗。

62. 烯唑醇

【中、英文通用名】 烯唑醇，diniconazole

【有效成分】【化学名称】(E)-(RS)-1-(2,4-二氯苯基)-4,4-二甲基-2-(1*H*-1,2,4-三唑-1-基)戊-1-烯-3-醇

【含量与主要剂型】12.5%超微可湿性粉剂。

【曾用中文商品名】戊唑醇，速保利。

【产品特性】无色晶体，熔点约134～156℃，蒸气压2.93毫帕(20℃)，4.9毫帕(25℃)，相对密度1.32(20℃)。溶解度(25℃)：水中4毫克/千克，丙酮、甲醇95克/千克，二甲苯14克/千克，己烷0.7克/千克。在光、热和潮湿环境下稳定。

【使用范围和防治对象】烯唑醇属三唑类杀菌剂，在真菌的麦角甾醇生物合成中抑制14α-脱甲基化作用，引起麦角甾醇缺乏，导致真菌细胞膜不正常，最终真菌死亡，持效期长久。对人、畜、有益昆虫、环境安全。是具有保护、治疗、铲除作用的广谱性杀菌剂，对于囊菌、担子菌引起的多种植物病害(如白粉病、锈病、黑粉病、黑星病等)有特效。另外，还对尾孢霉、球腔菌、核盘菌、菌核菌、丝核菌引起的病害有良效。

【使用技术或施用方法】防治蔬菜锈病、白绢病等用12.5%烯唑醇可湿性粉剂3000～4000倍液，喷雾；将25%可湿性粉剂兑水稀释后喷雾。用2500～3000倍液，防治菜豆白粉病；用2500倍液，防治冬瓜白粉病、豌豆锈病；用2000～3000倍液，防治莴苣、莴笋、扁豆等的锈病；用3000～4000倍液，防治西葫芦白粉病、菜豆锈病。

【毒性】按我国农药毒性分级标准，烯唑醇属中等毒性杀菌剂。大白鼠急性经口半致死中量(LD_{50})为474～639毫克/千克，急性经皮半致死中量(LD_{50})大于5000毫克/千克，急性吸入半致死中量(LD_{50})大于2770毫克/千克。对鱼类中等毒，对人的眼睛有轻微刺激作用，纯品大鼠急性经口半致死中量(LD_{50})为639毫克/千克，对兔眼有轻微刺激作用，对鱼类毒性中等，对鸟类半致死中量(LD_{50})为1500～2000毫克/千克。低毒，小鼠急性经口半致死中量(LD_{50})为639毫克/千克，小鼠急性经皮半致死中量(LD_{50})大于5000毫克/千克。

【注意事项】

(1) 施用烯唑醇应避免药剂沾染皮肤。

(2) 烯唑醇应存放在阴凉干燥处。

（3）烯唑醇对少数植物有抑制生长现象。

63. 氟硅唑

【中、英文通用名】氟硅唑，flusilazole

【有效成分】【化学名称】双（4-氟苯基）甲基（1*H*-1，2，4-唑-1-基亚甲撑）硅烷

【含量与主要剂型】40％氟硅唑乳油。

【曾用中文商品名】福星、克菌星、秋福。

【产品特性】本品为淡棕色结晶固体，熔点53℃，蒸气压为0.039毫帕（25℃）。溶解性：水900毫克/千克（pH 1.1）、900毫克/升（pH 7.8），在许多有机溶剂中大于2千克/千克。对日光稳定，在310℃以下稳定。

【使用范围和防治对象】可用于内吸性杀菌。可抑制甾醇脱甲基化。主要可用于防治子囊菌纲、担子菌纲和半知菌类真菌，如壳针孢属菌、钩丝壳菌等，球座菌及甜菜上的各种病原菌。为三唑类杀菌剂，破坏和阻止麦角甾醇的生物合成，导致细胞膜不能形成，使病菌死亡。

【使用技术或施用方法】

（1）防治黄瓜黑星病　在发病初期，用40％氟硅唑乳油8000～10000倍稀释液喷雾，隔7～10天喷1次，连喷3～4次。

（2）防治烟草赤星病、蔬菜白粉病　在发病初期，用40％氟硅唑乳油6000～8000倍稀释液喷雾，每隔5～7天喷1次，连续喷3～4次。

【毒性】按我国农药毒性分级标准，氟硅唑属低毒杀菌剂。大白鼠急性经口半致死中量（LD_{50}）为674～1110毫克/千克，急性吸入半致死中量（LD_{50}）大于5毫克/升。对人的皮肤和眼睛有轻微刺激作用。

【注意事项】

（1）适宜作物为苹果、梨、黄瓜、番茄和禾谷类等。

（2）氟硅唑安全间隔期为18天。

（3）为了避免病菌对氟硅唑产生抗性，一个生长季内使用次数不宜超过4次，应与其他保护性药剂交替使用。

64. 氟菌唑

【中、英文通用名】 氟菌唑，triflumizole

【有效成分】【化学名称】 (E)-1-{1-[(4-氯-2-(三氟甲基)苯基)亚氨]-2-丙氧乙基}-1*H*-咪唑

【含量与主要剂型】 30%可湿性粉剂、15%乳油、10%烟剂。

【曾用中文商品名】 特富灵。

【产品特性】 氟菌唑纯品为白色结晶，无味。熔点63.5℃，蒸气压1.4×10^{-6}帕（25℃）。25℃时溶解度为：二甲苯639克/千克，氯仿2.22千克/千克，丙酮1.44千克/千克，乙腈1.03千克/千克，已烷17克/千克，水中溶解度为12.5毫克/千克。

【使用范围和防治对象】 氟菌唑为广谱性杀菌剂，甾醇脱甲基化抑制剂，具有预防、治疗、铲除效果，内吸作用传导性好，抗雨水冲刷，可防多种作物病害。主要用于蔬菜作物防治白粉病、锈病等。

【使用技术或施用方法】

用30%可湿性粉剂20～30倍液浸种10分钟，可防治瓜类和蔬菜的立枯病、炭疽病等。对黄瓜白粉，发病初期第一次施药，间隔10天第2次施药，每667平方米用量33.3～40克/667平方米。

【毒性】 氟菌唑属于低毒性杀菌剂。对大雌鼠急性经口半致死中量（LD_{50}）大于659毫克/千克，大鼠急性经皮半致死中量（LD_{50}）大于5000毫克/千克。对兔眼睛黏膜有轻度刺激作用。无慢性毒性，对鱼类有一定毒性，鲤鱼半致死浓度（LC_{50}）（48小时）为1.26毫克/升，对蜜蜂无毒，对作物安全性高。

【注意事项】

(1) 氟菌唑对鱼类有一定毒性，防治污染池塘。

(2) 氟菌唑放置在远离食物和饲料的阴暗处。

(3) 氟菌唑在黄瓜上安全间隔期仅为2天。每季最多使用2次。

65. 丙环唑

【中、英文通用名】 丙环唑，propiconazole

【有效成分】【化学名称】1-[2-(2,4-二氯苯基)-4-丙基-1,3-二氧戊环-2-甲基]-1氢-1,2,4三唑

【含量与主要剂型】25%丙环唑乳油。

【曾用中文商品名】农力脱。

【产品特性】原药外观为淡黄色黏稠液体，沸点（13.3Pa）180℃，蒸汽压（20℃）为0.133毫帕，折光率1.5468，密度（20℃）为1.27克/立方厘米。在水中溶解度为110毫克/千克，易溶于有机溶剂。320℃以下稳定，对光较稳定，水解不明显。在酸性、碱性介质中较稳定，不腐蚀金属。储存稳定性三年。

【使用范围和防治对象】

丙环唑是属于甾醇抑制剂中的三唑类杀菌剂，其作用机理是影响甾醇的生物合成，使病原菌的细胞膜功能受到破坏，最终导致细胞死亡，从而起到杀菌、防病和治病的功效。丙环唑是一种具有保护和治疗作用的内吸性三唑类杀菌剂，可被根、茎、叶部吸收，并能很快地在植株内向上传导。丙环唑可以防治子囊菌、担子菌和半知菌所引起的病害，但对卵菌病害无效。丙环唑残效期在1个月左右。

【使用技术或施用方法】

(1) 防治番茄炭疽病、辣椒叶斑病　用丙环唑（20%乳油）2500倍液稀释，在发病初期喷雾。

(2) 防治草莓白粉病　在发病初期，用丙环唑（20%乳油）4000倍液喷雾。

【毒性】原药对大鼠急性经口半致死中量（LD_{50}）大于1517毫克/千克，急性经皮肤半致死中量（LD_{50}）大于4000毫克/千克。对家兔眼睛和皮肤有轻度刺激作用。

【注意事项】

(1) 应避免丙环唑接触皮肤和眼睛，不要直接接触被药剂污染的衣物，不要吸入药剂气体和雾滴。喷雾时不要吃东西、喝水和吸烟。吃东西、喝水和吸烟前要洗手、洗脸。施药后应及时洗手和洗脸。

(2) 喷药时应穿防护服，工作后要换洗衣服并洗澡。

(3) 施药后剩余的丙环唑药液和空容器要妥善处理，可烧毁或深埋，不得留做它用。

(4) 储存温度不得超过35℃。

(5) 丙环唑要存放在儿童和家畜接触不到的地方。

(6) 应储存在通风、干燥的库房中，防止潮湿、日晒，不得与食物、种子、饲料混放，避免与皮肤、眼睛接触，防止由口鼻吸入。保证期从生产日期起为两年。

(7) 孕妇及哺乳期妇女避免接触。

(8) 禁止在河塘水域清洗施药用具，避免污染水源。

66. 醚菌酯

【中、英文通用名】醚菌酯，kresoxim-methyl

【有效成分】【化学名称】(E)-2-甲氧亚氨基-[2-(邻甲基苯氧基甲基)苯基]乙酸甲酯

【含量与主要剂型】干悬浮剂，30%可湿性粉剂。

【曾用中文商品名】苯氧菊酯。

【产品特性】醚菌酯原药为白色粉末结晶体，熔点 97.2～101.7℃，密度为 1.258 千克/千克（20℃），蒸气压 1.3×10^{-6} 帕（25℃），溶解度 2 毫克/千克（20℃）。

【使用范围和防治对象】醚菌酯可抑制病原孢子侵入，具有良好的保护活性，全面有效控制蔬菜植物的各种真菌病害，如白粉病、黑星病、炭疽病、锈病、疫病等。它能控制治疗子囊菌纲等大多数病害，对孢子萌发及叶内菌丝体的生长有很强的抑制作用，具有保护、治疗和铲除活性，另外有很好的渗透及局部内吸活性，持效期长。是一种高效、广谱、新型杀菌剂。对草莓白粉病、甜瓜白粉病、黄瓜白粉病等病害具有良好的防效。

【使用技术或施用方法】

(1) 西瓜及甜瓜的炭疽病、白粉病　从病害发生初期或初见病斑时开始喷药，10 天左右 1 次，与不同类型药剂交替使用，连喷 3～4 次。一般使用 250 克/升醚菌酯悬浮剂 1000～1500 倍液，或 50%醚菌酯水分散粒剂 2000～3000 倍液均匀喷雾。

(2) 黄瓜霜霉病、白粉病、黑星病、蔓枯病　以防治霜霉病为主，兼防白粉病、黑星病、蔓枯病。从定植后 3～5 天或初见病斑时开始喷药，7～10 天 1 次，与不同类型药剂交替使用，连续喷药。一般每667平方米次使用250克/升醚菌酯悬浮剂60～90毫升，或50%醚菌酯水分散粒剂30～45克，兑水60～90千克均匀喷雾。植株小时用药量适当降低。

（3）丝瓜霜霉病、白粉病、炭疽病 从病害发生初期开始喷药，10天左右1次，与不同类型药剂交替使用，连喷2～4次。药剂使用量同“黄瓜霜霉病”。

（4）冬瓜霜霉病、疫病、炭疽病 从病害发生初期开始喷药，7～10天1次，与不同类型药剂交替使用，连喷3～4次。药剂使用量同“黄瓜霜霉病”。

（5）番茄晚疫病、早疫病、叶霉病 前期以防治晚疫病为主，兼防早疫病，从初见病斑时开始喷药，7～10天1次，与不同类型药剂交替使用，连喷3～5次；后期以防治叶霉病为主，兼防晚疫病、早疫病，从初见病斑时开始喷药，10天左右1次，连喷2～3次，重点喷洒叶片背面。药剂使用量同“黄瓜霜霉病”。

（6）辣椒炭疽病、疫病、白粉病 从病害发生初期或初见病斑时开始喷药，10天左右1次，与不同类型药剂交替使用，连喷3～4次。一般每667平方米次使用250克/升醚菌酯悬浮剂50～70毫升，或50%醚菌酯水分散粒剂25～35克，兑水6075千克均匀喷雾。

（7）十字花科蔬菜霜霉病、黑斑病 从病害发生初期开始喷药，10天左右1次，连喷1～2次。一般每667平方米次使用250克/升醚菌酯悬浮剂40～60毫升，或50%醚菌酯水分散粒剂20～30克，兑水45～60千克均匀喷雾。

（8）花椰菜霜霉病 从初见病斑时开始喷药，7～10天1次，连喷2次左右。一般每667平方米次使用250克/升醚菌酯悬浮剂40～60毫升，或50%醚菌酯水分散粒剂20～30克，兑水45～60千克均匀喷雾。

（9）芸豆、豌豆、豇豆等豆类蔬菜的白粉病、锈病 从病害发生初期开始喷药，10天左右1次，与不同类型药剂交替使用，连喷2～4次。一般使用250克/升醚菌酯悬浮剂1000～1200倍液，或50%醚菌酯水分散粒剂2000～2500倍液均匀喷雾。

（10）菜用大豆锈病、霜霉病 从病害发生初期开始喷药，10天左右1次，连喷1～2次。一般每667平方米次使用250克/升醚菌酯悬浮剂 40～60 毫升，或 50%醚菌酯水分散粒剂 20～30 克，兑水 45～60 千克均匀喷雾。

（11）马铃薯晚疫病、早疫病、黑痣病　防治晚疫病、早疫病时，从初见病斑时开始喷药，10 天左右 1 次，与不同类型药剂交替使用，连喷 4～7 次，一般每 667 平方米次使用 250 克/升醚菌酯悬浮剂60～80 毫升，或 50%醚菌酯水分散粒剂 30～40 克，兑水 0～75 千克均匀喷雾。防治黑痣病时，在播种时于播种沟内喷药，每 667 平方米次使用 250 克/升醚菌酯悬浮剂 40～60 毫升，或 50%醚菌酯水分散粒剂 20～30 克，兑水 30～45 千克喷雾。

（12）菜用花生叶斑病、锈病　从病害发生初期开始喷药，10 天左右 1 次，连喷 2 次左右。一般每 667 平方米次使用 250 克/升醚菌酯悬浮剂 40～60 毫升，或 50%醚菌酯水分散粒剂 20～30 克，兑水 30～45 千克均匀喷雾。

【毒性】急性经口半致死中量（LD_{50}）：大鼠雌雄急性经口半致死中量（LD_{50}）均大于 5000 毫克/千克。急性经皮半致死中量（LD_{50}）：大鼠雌雄急性经皮半致死中量（LD_{50}）均大于 2000 毫克/千克。对家兔眼睛、皮肤无刺激性。Ames 试验、小鼠精子致畸试验和小鼠微核试验均为阴性。

【注意事项】

（1）醚菌酯不可与强碱、强酸性的农药等物质混合使用。

（2）醚菌酯安全间隔为 4 天，作物每季度最多喷施 3～4 次。

（3）苗期注意减少用量，以免对新叶产生危害。

（4）使用醚菌酯时应穿戴防护服、口罩、手套和护眼镜，施药期间不可进食和饮水，施药后应及时洗手和洗脸。

（5）孕妇及哺乳妇女不宜接触醚菌酯。

（6）干燥、通风、远离火源储存。

67. 氟啶胺

【中、英文通用名】氟啶胺，fluazinam

【有效成分】【化学名称】3-氯-*N*-(3-氯-5-三氟甲基-2-吡啶基)-α，α，α-三氟-2，6-二硝基-对-甲苯胺

【含量与主要剂型】50%可湿性粉剂和0.5%粉剂。

【曾用中文商品名】科佳。

【产品特性】氟啶胺纯品为黄色结晶粉末，溶解度：水0.0001克/千克（pH 5），0.0017克/千克（pH 6）、大于1克/千克（pH 11）；正己烷12克/千克；1，2-丙二醇约8.6克/千克；环己烷14克/千克；乙酸乙酯680克/千克；甲苯410克/千克；丙醇470克/千克；乙醇470克/千克；二氯甲烷330克/千克。

【使用范围和防治对象】氟啶胺属2,6-二硝基苯胺类化合物，是保护性杀菌剂。以50～100克（有效成分）/100千克剂量可防治由灰葡萄胞引起的病害。氟啶胺对交链孢属、葡萄孢属、疫霉属、单轴霉属和核盘菌属病菌非常有效，对抗苯并咪唑类和二羧酰亚胺类杀菌剂的灰葡萄孢也有良好效果，耐雨水冲刷，持效期长，兼有优良的控制食植性螨类的作用，对十字花科植物根肿病也有卓越的防效。防治根肿病的施用剂量为125～250克（有效成分）/公顷，防治根霉病的施用剂量为12.5～20毫克（有效成分）/公顷土壤。

【使用技术或施用方法】

用氟啶胺50～100克/公顷剂量喷雾，可防治葡萄孢引起的病害；125～250克/公顷土壤处理可防治根肿病，12.5～20毫克/千克土壤剂量可防治根霉病。

【毒性】雄大、小鼠急性经口半致死中量（LD_{50}）大于5000毫克/千克。Ames试验呈阴性。鲤鱼半致死中量（LD_{50}）（48小时）为0.15毫克/千克。

【注意事项】

（1）氟啶胺应存放在密封容器内，并放在阴凉、干燥处。

（2）氟啶胺储存的地方必须远离氧化剂，避光2～10℃保存。

68. 咯菌腈

【中、英文通用名】咯菌腈，fludioxonil

【有效成分】【化学名称】4-(2,2-二氟-1,3-苯并二氧-4-基)吡咯-3-腈

【含量与主要剂型】50%水分散粒剂，10%粉剂，50%可湿性粉

剂等。

【曾用中文商品名】氟咯菌腈、适乐时。

【产品特性】咯菌腈纯度 99.8%，熔点 199.8℃；密度为 1.54 克/立方厘米；蒸气压（25℃）为 3.9×10^{-7} 帕；在不同溶剂中的溶解度（25℃）：丙酮 190 克/千克，乙醇 44 克/千克，正辛烷 20 克/千克，甲苯 2.7 克/千克，正己烷 0.0078 克/千克，水 0.0018 克/千克。无旋光性（丙酮作溶剂）。

【使用范围和防治对象】咯菌腈通过抑制葡萄糖磷酰化有关的转移，并抑制真菌菌丝体的生长，最终导致病菌死亡。作用机理独特，与现有杀菌剂无交互抗性。国际上杀菌剂抗性行动小组（FRAC）认为咯菌腈的作用机理是影响渗透压调节信号相关的组氨酸激酶的活性。可防治蔬菜枯萎病、炭疽病、褐斑病、蔓枯病。

【使用技术或施用方法】

马铃薯每 100 千克种子用 2.5%咯菌腈制剂 100～200 毫升或 10%咯菌腈制剂 25～50 毫升（有效成分 2.5～5 克）；蔬菜每 100 千克种子用 2.5%咯菌腈制剂 400～800 毫升，或 10%咯菌腈制剂100～200 毫升（有效成分 10～20 克）等拌种。

【毒性】大鼠（小鼠）急性经口半致死中量（LD_{50}）雄雌均大于 5000 毫克/千克，野鸭和鹌鹑的急性经口半致死中量（LD_{50}）大于 2000 毫克/千克，大鼠急性经皮半致死中量（LD_{50}）大于 2000 毫克/千克，咯菌腈对兔眼睛和皮肤无刺激。鱼类半致死浓度（LC_{50}）(96 小时)：大翻车鱼 0.31 毫克/千克，鲤鱼 1.5 毫克/千克，虹鳟鱼 0.5 毫克/千克，对蜜蜂无毒，水蚤半致死浓度（LC_{50}）(48 小时) 为 1.1 毫克/千克。Ames 等试验结果表明不致畸、不发生突变、不致癌。

【注意事项】

（1）对水生生物有毒，勿把剩余药物倒入池塘、河流。

（2）农药泼洒在地，立即用沙、锯末、干土吸附，把吸附物集中深埋。曾经泼洒的地方用大量清水冲洗。回收药物不得再用。

（3）经处理种子绝对不能用来喂禽畜和加工饲料或食品。

（4）用剩种子可以储放 3 年，但若已过时失效，绝对不可把种子洗净作饲料及食品。

（5）播后必须盖土。

69. 嘧霉胺

【中、英文通用名】 嘧霉胺，pyrimethanil

【有效成分】【化学名称】 4,6-二甲基-*N*-苯基-2-嘧啶胺；*N*-(4,6-二甲基嘧啶-2-基)苯胺

【含量与主要剂型】 20%、30%、37%、40%悬浮剂，20%、40%可湿性粉剂。

【曾用中文商品名】 二甲基嘧啶胺。

【产品特性】 原药为无色或白色带微黄色结晶。能溶于有机溶剂，微溶于水，室温下（25℃）在水中溶解度为0.121克/千克，熔点96.3℃（纯品），蒸气压 2.2×10^{-3} 帕（25℃），在弱酸-弱碱性条件下稳定。

【使用范围和防治对象】 嘧霉胺又称甲基嘧啶胺、二甲嘧啶胺，属苯氨基嘧啶类杀菌剂，对灰霉病有特效。其杀菌作用机理独特，通过抑制病菌侵染酶的分泌从而阻止病菌侵染，并杀死病菌。具有保护和治疗作用，同时具有内吸和熏蒸作用，用于防治黄瓜、番茄、葡萄、草莓、豌豆、韭菜、等作物灰霉病、枯萎病。

【使用技术或施用方法】

（1）防治黄瓜番茄等灰霉病，在发病前或初期，每667平方米用40%嘧霉胺悬浮剂或可湿性粉剂25～95克，兑水量30～75千克（即稀释800～1200倍）。植株大，高药量高水量；植株小，低药量低水量；每隔7～10天用一次，共用2～3次。一个生长季节的防治需用药4次以上，应与其他杀菌剂轮换使用，避免产生抗性。露地菜用药应选早晚风小、低温时进行。

（2）防治葡萄灰霉病，喷40%嘧霉胺悬浮剂或可湿性粉剂1000～1500倍液，生长季节需施药4次以上时，应与其他杀菌剂交种使用，避免产生耐药性。

【毒性】 嘧霉胺属低毒杀菌剂，小鼠经口半致死中量（LD_{50}）为4061～5358毫克/千克，大鼠经口半致死中量（LD_{50}）为4150～5971毫克/千克，大鼠经皮半致死中量（LD_{50}）大于5000毫克/千

克。对家兔眼睛和皮肤无刺激性，在实验剂量内对动物无致畸、致癌、致突变作用。

【注意事项】

（1）储存嘧霉胺时不得与食物、种子、饮料混放。

（2）晴天上午 8 时至下午 5 时、空气相对湿度低于 65%时使用，气温高于 28℃时应停止施药。

70. 异菌脲

【中、英文通用名】 异菌脲，iprodione

【有效成分】【化学名称】 3-(3,5-二氯苯基)-1-异丙基氨基甲酰基乙内酰脲

【含量与主要剂型】 50%可湿性粉剂，50%悬浮剂，25%、5%扑油悬浮剂。

【曾用中文商品名】 扑海因。

【产品特性】 异菌脲纯品为无色结晶。异菌脲在 25℃时，水中的溶解度约为 13 毫克/升、乙醇 25 克/升、苯 200 克/升。遇碱易分解。

【使用范围和防治对象】 异菌脲能抑制蛋白激酶，控制许多细胞功能的细胞内信号，包括与碳水化合物结合后进入真菌细胞内，对细胞的组分起到干扰作用。因此，它即可抑制真菌孢子的萌发及产生，也可抑制菌丝生长，即对病原菌生活史中的各发育阶段均有影响。适用于瓜类、番茄、辣椒、茄子、园林花卉、草坪等多种蔬菜及观赏植物等。主要防治对象为由葡萄孢菌、珍珠菌、交链孢菌、核盘菌等引起的病害，如灰霉病、早疫病、黑斑病、菌核病等。

【使用技术或施用方法】

（1）防治番茄灰霉病、早疫病、菌核病和黄瓜灰霉病、菌核病等，发病初期开始喷药，全生育期施药 1～3 次，施药间隔期 7～10 天。每次每 667 平方米用 50%异菌脲悬浮剂或可湿性粉剂 50～100 毫升（克），兑水喷雾。

（2）防治大白菜、菜豆、甘蓝、西瓜、甜瓜、芦笋等蔬菜灰霉病、菌核病、黑斑病、斑点病、茎枯病等，发病初期开始施药，施药间隔期，叶部病害 7～10 天，根茎部病害 10～15 天，每次每 667 平

方米用50%异菌脲悬浮剂或可湿性粉剂66～100毫升（克），兑水喷雾。

（3）防治黄瓜灰霉病和黄瓜菌核病，在发病初期每667平方米用50%异菌脲可湿性粉剂75～100克，分别兑水50千克和80～100千克喷雾。间隔7～10天喷洒1次，共喷1～3次。

（4）防治蚕豆赤斑病、韭菜灰霉病，每667平方米用50%异菌脲可湿性粉剂50克，兑水50～75千克喷雾，7～10天喷1次，连喷2～3次。

（5）防治莴苣灰霉病，用50%异菌脲可湿性粉剂25克，兑水50千克，于发病初期每隔10～15天喷1次，连喷2～3次。

（6）防治温室葫芦科蔬菜、胡椒、茄子等的灰霉病、早疫病、斑点病等，发病初期开始施药，每隔7天施1次药，连续施2～3次，每次每667平方米用50%异菌脲悬浮剂或可湿性粉剂50～100毫升（克），兑水喷雾。

【毒性】按中国农药毒性分级标准，异菌脲属低毒杀菌剂。大鼠急性经口半致死中量（LD_{50}）为3500毫克/千克，小鼠为4000毫克/千克；大鼠经皮半致死中量（LD_{50}）大于1000毫克/千克。对北美鹌鹑急性经口半致死中量（LD_{50}）为930毫克/千克，对野鸭子为10400毫克/千克。对蜜蜂半致死中量（LD_{50}）大于400微克/头（触杀）。对鱼类毒性中等。

【注意事项】

（1）异菌脲不能与腐霉利（速克灵）、乙烯菌核利（农利灵）等作用方式相同的杀菌剂混用或轮用。

（2）异菌脲不能与强碱性或强酸性的药剂混用。

（3）为预防抗性菌株的产生，作物全生育期异菌脲的施用次数要控制在3次以内，在病害发生初期和高峰前使用，可获得最佳效果。

71. 腐霉利

【中、英文通用名】腐霉利，procymidone

【有效成分】【化学名称】*N*-(3,5-二氯苯基)-1,2-二甲基环丙烷-1,2-二羰基亚胺

【含量与主要剂型】 50%可湿性粉剂、30%颗粒熏蒸剂、25%流动性粉剂、25%胶悬剂 10%、15%烟剂、20%悬浮剂。

【曾用中文商品名】 杀霉利、二甲菌核利、速克灵、黑灰净、必克灵、消霉灵、扫霉特、棚丰、福烟、克霉宁、灰霉灭、灰霉星、胜得灵、天达腐霉利。

【产品特性】 原粉为白色或浅棕色结晶，几乎不溶于水，易溶于丙酮、二甲苯等，微溶于乙醇。在酸性条件下稳定，在碱性条件下不稳定。制剂为浅棕色粉末，除碱性物质外，可与其他大多数农药混用，常温下可储存 2 年以上。对皮肤、眼睛有刺激作用。

【使用范围和防治对象】 腐霉利是新型杀菌剂，属于低毒性杀菌剂。主要是抑制菌体内甘油三酯的合成，具有保护和治疗的双重作用。对葡萄孢属和核盘菌属真菌有特效，可防治蔬菜的菌核病、灰霉病、黑星病、褐腐病、大斑病，对苯丙咪唑产生抗性的真菌亦有效。

【使用技术或施用方法】

(1) 防治黄瓜灰霉病，在幼果残留花瓣初发病时开始施药，喷 50%腐霉利可湿性粉剂 1000～1500 倍液，隔 7 天 1 次，连喷 3～4 次。

(2) 防治黄瓜菌核病，住发病初期开始施药每 667 平方米用 50%腐霉利可湿性粉剂 35～50 克，兑水 50 千克喷雾；或每 667 平方米用 10%腐霉利烟剂 350～400 毫升点燃放烟，隔 7～10 天施 1 次。喷雾，还应结合涂茎，即用 50%腐霉利加 50 倍水调成糊状液，涂于患病处。

(3) 防治番茄灰霉病，在发病初苗用 35%腐霉利悬浮剂 75～125 克或 50%腐霉利可湿性粉剂 35～50 克，兑水常规喷雾。对棚室的番茄，在进棚前 5～7 天喷 1 次；移栽缓苗后再喷 1 次；开花期施 2～3 次，重点喷花；幼果期重点喷青果。在保护地里也可熏烟，每 667 平方米用 10%腐霉利烟剂 300～450 克。也可与百菌清交替使用。

(4) 防治番茄菌核病、早疫病，每 667 平方米喷 50%腐霉利可湿性粉剂 1000～1500 倍液 50 千克，隔 10～14 天再施 1 次。

(5) 防治辣椒灰霉病，发病前或发病初喷 50%腐霉利可湿性粉剂 1000～1500 倍液，保护地每 667 平方米用 10%腐霉利烟剂 200～250 克放烟。

（6）防治辣椒等多种蔬菜的菌核病，在育苗前或定植前，每667平方米用50%腐霉利可湿性粉剂2千克进行土壤消毒。田间发病喷可湿性粉剂1000倍液，每保护667平方米用10%腐霉利烟剂250～300克进行放烟。

【毒性】 急性经口半致死中量（LD_{50}）雄大鼠为6800毫克/千克，雌大鼠7700毫克/千克，雄小鼠7800毫克/千克，雌小鼠9100毫克/千克。大、小鼠急性经皮半致死中量（LD_{50}）大于2500毫克/千克。大、小鼠皮下注射半致死中量（LD_{50}）大于10000毫克/千克。腹腔注射半致死中量（LD_{50}）雄大鼠为850毫克/千克，雌大鼠730毫克/千克，雄小鼠1560毫克/千克，雌小鼠1900毫克/千克。雄小鼠业急性经日无作用剂量为22.0毫克/千克，雌性为83.5毫克/千克。含1000毫克/千克剂量的饲料喂养大鼠12个月，体重无减少，临床血液化学参数无异常，尿分析无异常。鲤鱼半致死浓度（LC_{50}）大于10毫克/千克（48小时），虹鳟鱼半致死浓度（LC_{50}）7.22毫克/千克（96小时），蓝鳃鱼半致死浓度（LC_{50}）10.25毫克/千克（96小时）。对鸟和蜜蜂安全。

【注意事项】

（1）容易产生抗药性，不可连续使用，应与其他农药交替喷洒，药剂要现配现用，不要长时间放置。

（2）不要与强碱性药物（如波尔多液、石硫合剂）混用，也不要与有机磷农药混配。

（3）防治病害应尽早用药，最好在发病前，最迟也要在发病初期使用。

（4）应存放在阴暗、干燥通风处。若不慎皮肤沾染药液，或者眼睛溅入药液，应该立即用大量清水冲洗；误服后要立即送医院洗胃，按照医嘱治疗。

72. 氯苯嘧啶醇

【中、英文通用名】 氯苯嘧啶醇，fenarimol

【有效成分】【化学名称】 2,4′-二氯-*O*-(嘧啶-5-基)二苯基甲醇

【含量与主要剂型】 6%可湿性粉剂。

【曾用中文商品名】乐必耕、异嘧菌、哑菌灵。

【产品特性】米黄色结晶，熔点117～119℃。在水中的溶解度为13.7毫克/千克（pH 7，25℃）。25℃下在下列溶剂中的溶解度：丙酮大于250克/千克，甲醇125克/千克，二甲苯50克/千克。溶于大多有机溶剂，微溶于已烷。光照下分解迅速，52℃时稳定28天。

【使用范围和防治对象】氯苯嘧啶醇属广谱性杀菌剂，具有保护、治疗和铲除作用。能抑制病菌的菌丝生长发育，致使不侵染植物组织；不能抑制孢子的萌发。

【使用技术或施用方法】

（1）防治黄瓜、西瓜、西葫芦等瓜类白粉病　从病害发生初期开始，用6%可湿性粉剂1500～2500倍液喷雾防治，以后每隔10～15天喷1次，共喷3～4次。每次每667平方米喷50～75千克。

（2）防治番茄、冬瓜、草莓白粉病　发病初期，可选用6%乐必耕可湿性粉剂1000～1500倍液喷雾防治。

（3）防治牛蒡白粉病　发病初期，可选用6%乐必耕可湿性粉剂3000倍液喷雾防治。

（4）防治扁豆、大豆、豌豆、生菜、茭白锈病　发病初期可选用6%乐必耕可湿性粉剂1000～1500倍液喷雾防治。

（5）防治荸荠秆枯病　发病初期可选用6%乐必耕可湿性粉剂1200倍液，既可以用来浸泡荸荠种球茎，也可以在生长期喷施。

（6）防治西瓜炭疽病　发病初期可选用6%乐必耕可湿性粉剂1500倍液喷雾防治。

（7）防治甜瓜叶斑病　发病初期可选用6%乐必耕可湿性粉剂1000倍液喷雾防治。

（8）防治芦笋褐斑病　发病初期可选用6%乐必耕可湿性粉剂1500倍液喷雾防治。

【毒性】氯苯嘧啶醇属于低毒性杀菌剂，原药大鼠急性经口半致死中量（LD_{50}）为2500毫克/千克，对眼睛和皮肤无刺激作用。无慢性毒性，对鱼类毒性中等。对蜜蜂和鸟类低毒。大鼠急性经口半致死中量（LD_{50}）2500毫克/千克，小鼠4500毫克/千克；家兔急性经皮半致死中量（LD_{50}）大于2000毫克/千克；大鼠急性吸入半致死浓度（LC_{50}）大于429毫克/千克；对皮肤无刺激作用，对眼睛有轻微刺激性。大鼠亚急性饲喂试验无作用剂量为50毫克/千克，小鼠为365毫克/千克。动物试验未见致癌、致畸、致突变作用。二代繁殖试验和神经毒性试验未见异常。肖鲲翻车鱼半致死浓度（LC_{50}）为0.91毫克/千克（96小时），虹鳟鱼为1.8～2.4毫克/千克（96小时），对鸟和蜜蜂低毒。

【注意事项】

（1）避免药液直接接触身体，药液溅入眼睛应立即用清水冲洗。

（2）氯苯嘧啶醇应存放在远离火源的地方。

（3）氯苯嘧啶醇应在发病初期使用，并均匀喷洒。

73. 恶霉灵

【中、英文通用名】 恶霉灵，hymexazol

【有效成分】【化学名称】 3-羟基-5-甲基异噁唑

【含量与主要剂型】 8%、15%、30%水剂，15%、70%、95%、96%、99%可湿性粉剂，20%乳油，70%种子处理干粉剂。

【曾用中文商品名】 绿亨一号、土菌消、土菌克、绿佳宝。

【产品特性】 为无色结晶；熔点86～87℃；闪点（205±2)℃；25℃时蒸气压133.3×10^{-3}帕；25℃时在水中溶解度为85克/千克；溶于大多数有机溶剂。在酸、碱溶液中均稳定，无腐蚀性。

【使用范围和防治对象】 恶霉灵是广谱性杀菌剂，对多种病原真菌引起的植物病害有较高的防治结果，对鞭毛菌、子囊菌、担子菌、半知菌亚门的腐霉菌、苗腐菌、镰刀菌、丝核菌、伏革菌、根壳菌、雪霉菌都有很好的治疗效果，是一种高效、低毒、环保的杀菌剂、土壤消毒剂，同时又是一种植物生长调节剂。恶霉灵进入土壤后被土壤吸收并与土壤中的铁、铝等无机金属盐离子结合，有效抑制孢子的萌发和病原真菌菌丝体的正常生长或直接杀灭病菌，药效可达两周。具有内吸性和传导性，能直接被植物根部吸收，且在植物体内移动迅速；在土壤中能提高药效，且持效期长，施用两周内仍有杀菌活性。对枯萎病、立枯病、黄萎病、猝倒病、纹枯病、烂秧病、菌核病、疫病、干腐病、黑星病、菌核软腐病、苗枯病、茎枯病、叶枯病、沤根、连作重茬障碍有特效，并具有促进作物根系生长发育、生根壮苗、提高成活率的作用。

【使用技术或施用方法】

（1）苗床消毒，对蔬菜的苗床，在播种前，每667平方米用2.5～3千克0.1%恶霉灵颗粒剂处理苗床土壤或用3000～6000倍96%恶霉灵（或1000倍30%恶霉灵）细致喷洒苗床土壤，每平方米喷洒药液3克，可预防苗期猝倒病、立枯病、枯萎病、根腐病、茎腐病等多种病害的发生。

（2）蔬菜作物幼苗定植时或秧苗生长期，用3000～6000倍96%恶霉灵（或1000倍30%恶霉灵）喷洒，间隔7天再喷1次，不但可预防枯萎病、根腐病、茎腐病、疫病、黄萎病、纹枯病、稻瘟病等病害的发生，而且可促进秧苗根系发达，植株健壮，增强对低温、霜冻、干旱、涝渍、药害、肥害等多种自然灾害的抗御性能。

（3）防治甜菜立枯病，每100千克种子，用70%可湿性粉剂400～700克，加50%福美双可湿性粉剂400～800克，混合后拌种。

（4）防治西瓜枯萎病，用30%恶霉灵水剂600～800倍液喷淋苗床或本田灌根。

（5）治黄瓜、番茄、茄子、辣椒的猝倒病、立枯病，发病初期喷淋15%恶霉灵水剂1000倍液，每平方米喷药液2～3千克；防治黄瓜枯萎病，定植时每株浇灌15%恶霉灵水剂1250倍液200毫升。

【毒性】按我国农药毒性分级标准，恶霉灵属低毒杀菌剂。大白鼠急性经口半致死中量（LD_{50}）为3909～4678毫克/千克。对人的皮肤、眼睛有轻度刺激作用，对鸟和鱼类低毒。

【注意事项】

（1）使用恶霉灵时须遵守农药使用防护规则。用于拌种时，要严格掌握药剂用量，拌后随即晾干，不可闷种，防止出现药害。

（2）恶霉灵宜无风晴朗天气喷施，喷后4小时遇雨不需补喷。

（3）如有误服，饮大量温水催吐，洗胃，并携带本标签立即就医。

（4）恶霉灵可与一般农药混用，并相互增效。

74. 霜霉威

【中、英文通用名】霜霉威，propamocarb

【有效成分】【化学名称】 3-(二甲氨基) 丙基氨基甲酸丙酯。

【含量与主要剂型】 65%霜霉威水剂。

【曾用中文商品名】 霜霉威、百维威、普力克、普而富、扑霉特、扑霉净、免劳露、疫霜净、破霜、蓝霜、挫霜、亮霜、霜敏、霜杰、霜灵、霜妥、双泰、普露、普润、普佳、普生、上宝、欣悦、惠佳、广喜、耘尔、病达、双达、疫格、劳恩、卡普多、拒霜侵、宝力克、霜霉普克、霜霉先灭、霜疫克星。

【产品特性】 霜霉威纯品为无色、无味并且极易吸湿的结晶固体，熔点45～55℃。在水及部分溶剂中溶解度很高。25℃时的溶解度为：在水中867克/千克，甲醇大于500克/千克，二氯甲烷大于430克/千克，异丙醇大于300克/千克，乙酸乙酯23克/千克，在甲苯和乙烷中小于0.1克/千克。在水溶液中2年以上不分解（55℃），但在微生物活跃的水中迅速分解并转化为无机化合物。

【使用范围和防治对象】 霜霉威是一种具有局部内吸作用的低毒杀菌剂，属氨基甲酸酯类，对卵菌纲真菌有特效。其杀菌机制主要是抑制病菌细胞膜成分的磷脂和脂肪酸的生物合成，进而抑制菌丝生长、孢子囊的形成和萌发。该杀菌机制与其他类型杀菌剂不同，无交互抗药性。该药内吸传导性好，用做土壤处理时，能很快被根吸收并向上输送到整个植株；用做茎叶处理时，能很快被叶片吸收并分布在叶片中，在30分钟内就能起到保护作用。霜霉威全，并对作物的根、茎、叶有明显的促进生长作用。霜霉威可广泛用于黄茄、辣椒、莴苣、马铃薯等蔬菜及烟草、草莓、草坪、花卉卵菌纲真菌病害，如霜霉病、疫病疫病、猝倒病、晚疫病、黑胫病等，具有很好的防治效果。

【使用技术或施用方法】

（1）喷雾　从病害发生前或发生初期开始喷药，7～10天1次，与其他不同类型杀菌剂交替使用。一般使用722克/升霜霉威水剂600～800倍液，或66.5%霜霉威水剂500～700倍液，或40%霜霉威水剂300～400倍液，或35%霜霉威水剂300～400倍液，均匀喷雾。

（2）浇灌　主要用于防治苗床及苗期病害，播种前或播种后、移栽前或移栽后，每平方米使用722克/升霜霉威水剂5～7.5毫升，或

66.5%霜霉威水剂5.5～8毫升，或40%霜霉威水剂9～13.5毫升，或35%霜霉威水剂10～15毫升，兑水2～3升后浇灌。

【毒性】 按我国农药毒性分级标准，霜霉威属低毒杀菌剂。大鼠急性经口半致死中量（LD_{50}）为2000～2900毫克/千克，小鼠急性经口半致死中量（LD_{50}）为1960～2800毫克/千克，大、小鼠急性经皮半致死中量（LD_{50}）大于3000毫克/千克。

【注意事项】

（1）为预防和延缓病菌抗病性，注意应与其他农药交替使用，每季喷洒次数最多3次。配药时，按推荐药量加水后要搅拌均匀，若用于喷施，要确保药液量，保持土壤湿润。

（2）霜霉威在碱性条件下易分解，不可与碱性物质混用，以免失效。

（3）霜霉威不可与呈强碱性的农药等物质混合使用。

（4）使用霜霉威时应穿戴防护服和手套，避免吸入药液。施药期间不可吃东西和饮水，施药后应及时洗手和洗脸。

（5）孕妇及哺乳期妇女应避免接触。

（6）霜霉威与叶面肥及植物生长调节剂混用时需特别注意，建议在农艺师指导下进行。

75. 噻菌铜

【中、英文通用名】 噻菌铜，thiodiazole-copper

【有效成分】【化学名称】 2-氨基-5-巯基-1,3,4-噻二唑铜。

【含量与主要剂型】 95%原药，20%噻菌铜（龙克菌）悬浮剂。

【曾用中文商品名】 龙克菌。

【产品特性】 原药为黄绿色粉末结晶，相对密度为1.94，熔点300℃，微溶于二甲基甲酰胺，不溶于水和各种有机溶剂。制剂产品为黄绿色黏稠液体，相对密度为1.16～1.25，pH值为5.5～8.5，悬浮率90%以上，54±2℃及0℃以下储存稳定，遇强碱分解，在酸性下稳定。

【使用范围和防治对象】 噻菌铜是目前国内的高效、低毒、安全的噻唑类有机铜新杀菌剂。在噻唑基团和铜离子的作用下，侵入细胞使细胞壁变薄，铜离子与病原菌细胞膜表面上的阳离子交换，导致病菌细胞膜上的蛋白质凝固杀死病菌；部分铜离子渗透进入病原菌细胞内，与某些酶结合，影响其活性，导致机能失调，病菌因而衰竭死亡。用于防治细菌性条斑病、柑橘溃疡病、柑橘疮痂病、白菜软腐病、黄瓜细菌性角斑病、西瓜枯萎病、香蕉叶斑病、茄科青枯病等。

【使用技术或施用方法】

(1) 黄瓜细菌性角斑病　在发病初期，用噻菌铜悬浮剂 600 倍液，每隔 7～10 天喷 1 次，连续防治 2～3 次。

(2) 大白菜软腐病　在发病初期及时拔去病株，并在病穴及四周用噻菌铜 600 倍液喷浇。每隔 10 天喷 1 次，连续防治 2～3 次；或者用噻菌铜 600 倍液对发病部位喷雾。

(3) 辣椒细菌性斑点病　在发病初期用噻菌铜 500 倍液喷雾，每隔 5～7 天喷 1 次，连续防治 2～3 次，并可兼治辣椒炭疽病。

(4) 番茄、辣椒、茄子青枯病（又称细菌性枯萎病）　可在发病初期用噻菌铜 600 倍液灌根，每株灌药液 250 毫升，每隔 7～10 天灌 1 次，连续防治 3～4 次。

(5) 大蒜、韭菜、洋葱软腐病　在发病初期用噻菌铜 500 倍液对植株基部喷雾，每隔 7～10 天喷 1 次，连续防治 2～3 次。

(6) 大豆细菌性斑点病　在植株开始分枝时用噻菌铜 500 倍液喷雾，每隔 7 天喷 1 次，连续防治 2～3 次。

(7) 十字花科蔬菜细菌性病害　在发病初用噻菌铜 600 倍液喷雾，每隔 7 天左右喷 1 次，连续防治 2～3 次。

【毒性】 噻菌铜属低毒杀菌剂。原药雄性大鼠急性经口为半致死中量（LD_{50}）大于 2150 毫克/千克；原药雌雄大鼠急性经皮半致死中量（LD_{50}）大于 2000 毫克/千克；原药在各实验剂量下，无致生殖细胞突变作用；AMES 实验，原药的致突变作用为阴性；原药在实验所使用剂量下，亚慢性经口毒性的最大无作用剂量为 20.16 毫克/(千克·天)；原药对皮肤无刺激性，对眼睛有轻度刺激。对人、畜、鱼、鸟、蜜蜂、青蛙、有益生物、天敌和农作物安全，对环境无污染。

【注意事项】

(1) 噻菌铜应掌握在初发病期使用，采用喷雾或弥雾。

（2）使用噻菌铜时，先用少量水将悬浮剂搅拌成浓液，然后加水稀释。

（3）噻菌铜不能与碱性药物混用。

（4）经口中毒时，立即催吐、洗胃。

76. 吗胍·乙酸铜

【中、英文通用名】 吗胍·乙酸铜，moroxydinehydrochloride+copperacetate

【有效成分】【化学名称】 *N*,*N*-脱水双(*β*-羟乙基)-双胍盐酸液，醋酸铜

【含量与主要剂型】 20%可湿性粉剂，20%可溶粉剂。

【曾用中文商品名】 病毒A、病毒净、毒克星、盐酸吗啉胍·铜、毒克清。

【产品特性】 盐酸吗啉胍原药为无臭、味微苦的白色结晶性粉末，有效成分含量98%，熔点206～212℃（同时分解），易溶于水，微溶于乙醇，在氯仿中几乎下溶解。

本品为混配杀菌剂，有效成分为乙酸铜和盐酸吗啉胍。可湿性粉剂为灰褐色粉末，在一般情况下稳定，但遇碱易分解。对人、畜低毒，对环境安全。对病害具有触杀作用，内吸性弱，但可通过水孔、气孔进入植株体内，对各种植物病毒病具有良好的预防和治疗作用。

【使用范围和防治对象】

吗胍·乙酸铜是一种广谱、低毒病毒防治剂，喷施到植物叶面后，可通过气孔进入体内，抑制或破坏核酸和脂蛋白的形成，起到防治病毒病的作用。而醋酸铜主要通过 Cu^{2+} 来预防和防治菌类引起的其他病害，从而起到辅助作用。用于防治白菜类、甘蓝类、萝卜、榨菜、芽用芥菜、乌塌菜、青花菜、紫甘蓝、甘蓝、番茄、茄子、甜（辣）椒、马铃薯等作物白菜类病毒病、甘蓝类病毒病、萝卜病毒病、榨菜病毒病、芽用芥菜病毒病、乌塌菜病毒病、青花菜病毒病、紫甘蓝病毒病、甘蓝花叶病、萝卜花叶病毒病、番茄病毒病、茄子病毒病、甜（辣）椒病毒病、马铃薯病毒病、番茄斑萎病毒病、番茄曲顶病毒病、茄子斑萎病毒病、甜（辣）椒（CaMV）花叶病、马铃薯小

叶病等。

【使用技术或施用方法】

(1) 将20%吗胍·乙酸铜可湿性粉剂（可溶粉剂）兑水稀释后喷施，每隔10天左右喷1次，连喷3～4次。用500倍液，防治黄瓜、南瓜、西葫芦、冬瓜、金瓜、番茄、茄子、甜（辣）椒、马铃薯、莴苣、莴笋、茼蒿、白菜类、甘蓝类、萝卜、榨菜、菠菜、芽用芥菜、乌塌菜、青花菜、紫甘蓝等的病毒病，西葫芦、菜用大豆、蕹菜等的花叶病，水芹等的花叶病毒病，洋葱的黄矮病，黄瓜绿斑花叶病，番茄的斑萎病毒病、曲顶病毒病，茄子斑萎病毒病，甜（辣）椒花叶病，菜豆花叶病，菠菜矮花叶病，甘蓝（CaMV）花叶病，萝卜（RMV）花叶病毒病，马铃薯小叶病。

(2) 防治番茄病毒病，在发生初期每次每667平方米用20%吗胍·乙酸铜可湿性粉剂166.7～250克（有效成分33.3～50克），加水70～75千克稀释后喷雾。每隔7天喷1次，共喷3次。

【毒性】 按我国农药分级标准，盐酸吗啉胍和醋酸铜原药均属低毒杀菌剂。

【注意事项】

(1) 吗胍·乙酸铜不能与碱性农药混用。使用本剂时，稀释倍数不能低于300倍（即1千克可湿性粉剂，稀释用水量不能少于300千克），否则易产生药害。

(2) 应在早期预防性施药，或在发病初期施药。若能与其他防治病毒病措施配合使用，防治效果更好。可根据当地昆虫传毒媒介（如蚜虫、白粉虱等）发生程度，确定本剂的使用次数。

(3) 吗胍·乙酸铜应在避光、阴凉、干燥处储存。

77. 菇类蛋白多糖

【中、英文通用名】 菇类蛋白多糖，mushrooms proteoglycan

【有效成分】【化学名称】 菌类多糖，由葡萄糖、甘露糖、半乳糖、木糖与蛋白质片段组成的复合体

【含量与主要剂型】 0.5%水剂。

【曾用中文商品名】 抗毒剂1号、抗毒丰、菌毒宁、真菌多糖。

【产品特性】 主要成分是菌类多糖，其结构是由葡萄糖、甘露糖、半乳糖、木糖与蛋白质片段组成的复合体。原药为乳白色粉末，溶于水，制剂外观为深棕色，稍有沉淀，无异味，pH 为 4.5～5.5，常温储存稳定。

【使用范围和防治对象】 菇类蛋白多糖通过钝化病毒活性，有效地破坏植物病毒基因和病毒细胞，抑制病毒复制。为预防性抗病毒生物制剂，对由 TMV、CMV 等引起的病毒病害有显著的防治效果，宜在病毒病发生前施用，可使作物生育期内不感染病毒；且含丰富的蛋白多糖、氨基酸及微量元素等物质，并对植物生长发育有良好的促进作用；对人畜无毒，不污染环境，对植物安全。

【使用技术或施用方法】

（1）喷雾　用 0.5%抗毒剂 1 号水剂 250～300 倍液于苗期或发病初期开始，防治番茄、辣椒、茄子、芹菜、西葫芦、菜豆、大白菜、韭菜、甜瓜、西瓜等瓜类、大蒜、生姜、菠菜、苋菜、蕹菜、茼蒿、落葵、魔芋、莴苣等病毒病，茄子斑萎病毒病，黄瓜绿斑花叶病，番茄斑萎病毒病、曲顶病毒病，辣椒花叶病，大蒜褪绿条斑病毒病、嵌纹病毒病等，每隔 7～10 天喷 1 次，连喷 3～5 次，发病严重的地块，应缩短使用间隔期。用 0.5%抗毒剂 1 号水剂 300 倍液，防治菜豆花叶病，扁豆花叶病毒病，菠菜矮花叶病，萝卜花叶病毒病，乌塌菜、青花菜、紫甘蓝、黄秋葵、草莓等的病毒病。用 0.5%抗毒剂 1 号水剂 300～350 倍液，防治芦笋（石刁柏）、百合等的病毒病。

（2）浸种　防治马铃薯病毒病，可用 0.5%抗毒剂 1 号水剂 600 倍液浸薯种 1 小时左右，晾干后种植。

（3）灌根　用 0.5%抗毒剂 1 号水剂 250 倍液灌根，每株次用 50～100 毫升药液，每隔 10～15 天 1 次，连灌 2～3 次。

（4）蘸根　在番茄、茄子、辣椒等的幼苗定植时，用 0.5%抗毒剂 1 号水剂 300 倍液浸根 30～40 分钟后，再栽苗。

【毒性】 菇类蛋白多糖属低毒杀菌剂，小鼠急性经口和急性经皮半致死中量（LD_{50}）均大于 5000 毫克/千克。

【注意事项】

（1）菇类蛋白多糖应避免与酸、碱性农药混用，可与中性或微酸性农药、叶面肥和生长素混用，但必须先配好本药后再加入其他农药或肥料。

（2）最好在幼苗定植前2～3天喷1次药液，喷雾、蘸根、灌根可配合使用，若与其他防治病毒病措施（如防治蚜虫）配合作用，防效更好。

（3）配制时需用清水，现配现用。

78. 氨基寡糖素

【中、英文通用名】氨基寡糖素，oligosaccharins

【有效成分】【化学名称】D-氨基葡萄糖以β-1,4糖苷键连接的低聚糖

【含量与主要剂型】0.5%、2%、乳油、水剂。

【曾用中文商品名】施特灵、好普、净土灵、天达裕丰。

【产品特性】氨基寡糖素本身含有丰富的C、N，可被微生物分解利用并作为植物生长的养分。氨基寡糖素可改变土壤微生物区系，促进有益微生物的生长而抑制一些植物病原菌。壳氨基寡糖素可刺激植物生长，使农作物和水果蔬菜增产丰收。氨基寡糖素可诱导植物的抗病性，对多种真菌、细菌和病毒产生免疫和杀灭作用，对番茄晚疫病具有良好的防治作用。同时，氨基寡糖素对多种植物病原菌具有一定程度的直接抑制作用。氨基寡糖素在农业上应用具有微量（毫克/千克级）、高效、低成本、无公害等特点，对我国农业可持续性发展具有重要意义。

【使用范围和防治对象】氨基寡糖素（农业级壳寡糖）能对一些病菌的生长产生抑制作用，影响真菌孢子萌发，诱发菌丝形态发生变异、孢内生化发生改变等。能激发植物体内基因，产生具有抗病作用的几丁酶、葡聚糖酶、保素及PR蛋白等，并具有细胞活化作用，有助于受害植株的恢复，促根壮苗，增强作物的抗逆性，促进植物生长发育。氨基寡糖素溶液具有杀毒、杀细菌、杀真菌作用，不仅对真菌、细菌、病毒具有极强的防治和铲除作用，而且还具有营养、调节、解毒、抗菌的功效。可广泛用于防治蔬菜的病毒、细菌、真菌引起的花叶病、小叶病、斑点病、炭疽病、霜霉病、疫病、蔓枯病、黄矮病、青枯病、软腐病等病害。

【使用技术或施用方法】

（1）防治番茄病害　防治番茄病毒病、番茄晚疫病、番茄枯萎病、番茄疫霉根腐病、番茄茎基腐病、番茄绵腐病，每667平方米用0.5%氨基寡糖素水剂220～250毫升，喷雾。

（2）防治辣椒病害　防治辣椒病毒病、辣椒茎基腐病、辣椒疫病、辣椒早疫病、辣椒软腐病，每667平方米用0.5%氨基寡糖素水剂200～260毫升，喷雾。防治辣椒根腐病、辣椒脐腐病，每667平方米用0.5%氨基寡糖素水剂200～220毫升，喷雾。

（3）防治马铃薯病害　防治马铃薯病毒病、马铃薯花叶病毒病、马铃薯枯萎病、马铃薯晚疫病，每667平方米用0.5%氨基寡糖素水剂200～260毫升，喷雾。

（4）防治黄瓜病害　防治黄瓜病毒病、黄瓜疫病、黄瓜枯萎病，每667平方米用0.5%氨基寡糖素水剂200～260毫升，喷雾。

（5）防治大白菜病害　防治大白菜病毒病、大白菜东格鲁病毒病、大白菜软腐病、大白菜褐腐病每667平方米用0.5%氨基寡糖素水剂220～250毫升，喷雾。

【毒性】壳寡糖在应用上具有微量（毫克/千克级）、高效、低成本、无公害等特点，对我国农业可持续性发展具有重要意义。

【注意事项】

（1）氨基寡糖素不得与碱性药剂混用。

（2）为防止和延缓抗药性，应与其他有关防病药剂交替使用，每一生长季中最多使用3次。

（3）氨基寡糖素与有关杀菌保护剂混用，可显著增加药效。

（4）氨基寡糖素宜在苗期或发病初期喷施，越早效果越好。

（5）氨基寡糖素防治病毒性病害应结合杀虫。

（6）氨基寡糖素不能与强碱性物质混用，施药勿污染水源。

（7）避光保存，冬季库房温度应在冰点以上。

（8）使用氨基寡糖素时应穿戴防护服和手套，避免吸入药液。施药期间不可吃东西和饮水，施药后应及时洗手和洗脸，避免孕妇及哺乳期妇女接触。

（9）禁止在河塘等水域清洗施药器具，避免污染水源。

（10）用过的容器妥善处理，不可做他用，或随意丢弃。

79. 宁南霉素

【中、英文通用名】 宁南霉素，ningnanmycin

【有效成分】【化学名称】 1-(4-肌氨酰胺-L-丝氨酰胺-4-脱氧-β-D-吡喃葡萄糖醛酰胺）胞嘧啶

【含量与主要剂型】 2%水剂、8%水剂、10%可溶性粉剂、苦·宁种衣剂等宁南霉素系列产品。

【曾用中文商品名】 菌克毒克。

【产品特性】 原药为白色粉末（游离碱），易溶于水，可溶于甲醇，难溶于丙酮、苯等溶剂。酸性条件下稳定，碱性条件下易分解失活。

【使用范围和防治对象】 宁南霉素对植物病毒病害及一些真菌病害具有防治效果。喷药后，病毒症状逐渐消失，并有明显的促长作用。它能抑制病毒核酸的复制和外壳蛋白的合成。

【使用技术或施用方法】

（1）白菜类软腐病　发病初期及时用药防治，可选用8%宁南霉素水剂800～1000倍液淋喷或灌根。

（2）白菜类病毒病、甘蓝菌核病、青花菜病毒病　发病初期选用2%宁南霉素水剂200～250倍液等喷雾防治。

【毒性】 宁南霉素属低毒抗生素类杀菌剂，对大、小鼠急性经口半致死中量（LD_{50}）为5492～6845毫克/千克，小鼠急性经皮半致死中量（LD_{50}）大于1000毫克/千克，无致癌、致畸、致突变作用，无蓄积作用。

【注意事项】

（1）宁南霉素不能与碱性物质混用，如有蚜虫发生则可与杀虫剂混用。

（2）宁南霉素存放于阴凉干燥处，密封保管，注意保质期。

第三章 无公害蔬菜常用杀线虫剂

1. 苯线磷

【中、英文通用名】苯线磷，fenamiphos

【有效成分】【化学名称】O-乙-基-O-(3-甲基-4-甲硫基) 苯异丙基氨基磷酸酯

【含量与主要剂型】10%颗粒剂。

【曾用中文商品名】力满库，克线磷，苯胺磷。

【产品特性】苯线磷纯品为无色结晶体，在中性介质中储存50天没有分解现象，在酸性或碱性介质中有缓慢分解现象。原药为无色结晶体，有效成分含量不少于87%，熔点为46℃，20℃时水中溶解度力0.4克/升，可溶于异丙醇、甲苯等多种有机溶剂。pH 2时，14天可降解40%；pH 7时，50天后无降解现象；在1∶1异丙醇溶液pH 11.3时，40℃的药效半衰期为31.5小时，分解迅速。力满库10%颗粒剂为灰色至蓝色颗粒，常规条件下储存稳定期达两年以上。

【使用范围和防治对象】苯线磷属内吸性杀线虫剂，具有触杀作用，用于蔬菜、观赏植物等。

【使用技术或施用方法】

分别在播种、定植时或生长期，使用10%力满库颗粒剂每公顷30～60千克，沟施、穴施，亦可随灌水随施药，能有效地防治多种蔬菜作物的根结线虫和茎线虫，对植株地上部的蓟马、白粉虱等多种害虫均有良好的防治效果。

【毒性】高毒杀线虫剂。原药雄性大鼠急性经口半致死中量（LD_{50}）为15.3毫克/千克，急性经皮半致死中量（LD_{50}）约500毫克/千克，急性吸入半致死浓度（LC_{50}）为110～175毫克/千克（1小时），在试验剂量下，对兔皮肤和眼睛无刺激作用，无致癌、致畸、致突变作用，对鱼类毒性中等。按推荐剂量使用，对蜜蜂和蚕无害，对鸟类有毒，对家禽剧毒。

【注意事项】

（1）施药时要穿防护服，避免药剂接触皮肤。喷药时不可饮水、吃东西、吸烟，喷完药立即用肥皂水清洗接触药剂部位。

（2）施药6周内不能让家畜、家禽进入处理区。

（3）在远离粮食、饲料的阴凉干燥处保存。

（4）不慎发生苯线磷中毒可先吞服2片硫酸阿托品，并立即送医院救治。

2. 硫线磷

【中、英文通用名】硫线磷，cadusafos

【有效成分】【化学名称】*O*-乙基-S,S-二仲丁基二硫代磷酸酯

【含量与主要剂型】10%克线丹颗粒剂、250克/千克硫线磷乳油。

【曾用中文商品名】硫线磷。

【产品特性】克线丹原药为淡黄色透明液体，有效成分含量为92%，熔点112～114℃（107帕），相对密度1.054（20℃），蒸气压0.12帕（25℃），闪点129.4℃。可与大多数有机溶剂完全混溶，水中溶解度0.25克/千克。可溶于乙腈、甲苯、二甲苯、甲醇、氯甲烷等多种有机溶剂。对光、热稳定，常温下储存稳定期为1年，50℃下可存放3～6个月。

【使用范围和防治对象】 克线丹是一种触杀性杀线虫剂和杀虫剂，无熏蒸作用，适用于马铃薯、大豆、葫芦科植物；对番茄和甜菜有一定的植物毒性。能有效地防治根结线虫、穿孔线虫、短体线虫、纽带线虫、螺旋线虫、刺线虫、拟环线虫等，对孢囊线虫效果较差。此外，对鞘翅目的许多昆虫（如金针虫、马铃薯麦蛾）也有防治效果。

【使用技术或施用方法】

一般在播种时或作物生长期施用，可以采用沟施、穴施或撒施，推荐用量为每 667 平方米 1～4 千克。根据不同作物种类和种植方式，用药量和施药方法有一定区别。低温使用容易发生药害。马铃薯种植时每 667 平方米 1～1.5 千克带施，与土壤混合。

【毒性】 剧毒。原药大白鼠急性经口致死中量半致死中量（LD_{50}）为 37.1 毫克/千克，对雌、雄家兔急性经皮致死中量半致死中量（LD_{50}）分别为 24.4 毫克/千克和 41.8 毫克/千克。对家兔眼睛有轻微刺激性，对皮肤无刺激作用。颗粒制剂对雌、雌大白鼠急性经口致死中量半致死中量（LD_{50}）分别为 679 毫克/千克和 391 毫克/千克，而对雌、雌家兔急性经皮致死中量半致死中量（LD_{50}）分别为 155 毫克/千克和 143 毫克/千克。克线丹属高毒性杀线虫、杀虫剂。

【注意事项】

（1）施药时戴手套，避免克线丹与人体接触。操作完毕用肥皂和清水冲洗手、脸以防中毒。

（2）若不慎误食中毒，立即送医院诊治。

3. 二氯异丙醚

【中、英文通用名】 二氯异丙醚，nemamort

【有效成分】【化学名称】 二氯异丙醚，二氯异乙醚，2,2′-二氯异丙醚

【含量与主要剂型】 8%乳油、30%颗粒剂、95%油剂。

【曾用中文商品名】 灭线虫。

【产品特性】 原油为淡黄色液体，具有特殊的刺激性臭味，有效成分含量为 98%以上；相对密度为 1.1135（20℃），沸点 187℃

(101.3千帕)，闪点87℃，蒸气压为74.6帕（20℃），在水中可溶解0.17%，溶于有机溶剂。对热、光和水稳定。

【使用范围和防治对象】 二氯异丙醚是有熏蒸作用的杀线虫剂，在土壤中挥发缓慢，对植物较安全，可在生育期使用。适用于防治烟草、柑橘、茶叶、甘薯、花生、桑、蔬菜上的线虫，还对烟草立枯病和生理性斑点病有预防作用。

【使用技术或施用方法】

二氯异丙醚适用于多种蔬菜根结线虫的防治。黄瓜、茄子、番茄、芹菜等蔬菜播种前7～20天，每公顷使用80%二氯异丙醚75千克，拌匀细砂150～300千克进行土壤处理，施药后播种覆土。亦可在生长期两侧距根部约15厘米处开沟施药，沟深10～15厘米，施药后立即盖土。

【毒性】 二氯异丙醚属于低毒杀线虫剂。原药雄性大鼠急性经口半致死中量（LD_{50}）为698毫克/千克，急性经皮半致死中量（LD_{50}）为2000毫克/千克，急性吸入半致死浓度（LC_{50}）为12.8毫克/千克。对眼睛有中等刺激作用，对皮肤有轻度刺激作用。在试验剂量内对动物无致癌、致畸、致突变作用。对鱼类低毒。

【注意事项】

（1）土壤温度低于10℃时不宜施用二氯异丙醚。

（2）施二氯异丙醚时严禁吸入气雾。

（3）避免溅入眼睛或沾染皮肤，否则用大量清水冲洗。

（4）二氯异丙醚应储存在远离火源、饲料、食物及阳光直射场所。

4. 噻唑磷

【中、英文通用名】 噻唑磷，fosthiazate

【有效成分】【化学名称】 (RS)-*S*-仲丁基-*O*-乙基-2-氧代-1,3-噻唑烷-3-基硫代膦酸酯；(RS)-3-(仲丁基硫基(乙氧基)膦酸)-1,3-噻唑烷-2-酮

【含量与主要剂型】 10%颗粒剂，900克/升乳油，10%乳油。

【曾用中文商品名】 福气多。

【产品特性】噻唑磷纯品为浅棕色油状物。溶解度（20℃）：水9.85毫克/千克（0.87%），正己烷15.14毫克/千克。沸点198℃（66.66帕），蒸气压5.6×10^{-4}帕（25℃），分配系数为1.75。

【使用范围和防治对象】噻唑磷属杀虫剂和杀线虫剂，主要作用方式是抑制靶标害物的乙酰胆碱酯酶，影响第二幼虫期的生态。用于防治地面缨翅目、鳞翅目、鞘翅目、双翅目许多害虫，对地下根部害虫也十分有效；对许多螨类也有效，对各种线虫具良好杀灭活性，对常用杀虫剂产生抗性害虫（如蚜虫）有良好内吸杀灭活性。

【使用技术或施用方法】

噻唑硫磷施用后以立即混于土中最为有效，可在作物种植前直接施于土表，也可在作物播种时使用，推荐用量1～4千克有效成分/公顷。

【毒性】噻唑磷的急性毒性比常规杀线虫剂低，大鼠急性经口半致死中量（LD_{50}）为57～73毫克/千克，小鼠91～104毫克/千克；大鼠急性经皮半致死中量（LD_{50}）为2396毫克/千克（雄），861毫克/千克（雌）；大鼠急性吸入半致死中量（LD_{50}）为0.832毫克/千克（雄）、0.558毫克/千克（雌）。母鸡迟发神经毒性阴性。对兔眼睛有刺激性，对皮肤无刺激性。鲤鱼半致死中量（LD_{50}）为208毫克/千克（48小时），水蚤2.17毫克/千克。

【注意事项】

（1）噻唑磷不能直接与根系接触，可以拌土穴施。

（2）使用噻唑磷不要过量使用，10%噻唑磷颗粒剂一般穴施每667平方米地用量为1～1.5千克，沟施每667平方米地用量为1000～2000克。不能超量使用，否则会给蔬菜造成药害。

（3）建议农户最好沟施或者穴施噻唑磷，不建议撒施，因为撒施需要量大，而且药量不集中，防效差。但可以撒施1500～2000克，穴施500克，这样效果不错，但是成本高。

5. 棉隆

【中、英文通用名】棉隆，dazomet

【有效成分】【化学名称】3,5-二甲基-1,3,5-噻二嗪烷-2-硫酮

【含量与主要剂型】98%～100%微粒剂，75%可湿性粉剂。

【曾用中文商品名】垄鑫、必速灭。

【产品特性】纯品为白色针状结晶，无气味，熔点99.5℃（分解）(104～105℃)。蒸气压400×10^{-6}帕。溶解度（20℃）：水3克/千克，环已烷400克/千克，氯仿391克/千克，丙酮173克/千克，苯51克/千克，乙醇15克/千克，乙醚6克/千克，难溶于醚、四氯化碳；25℃时在水中溶解度为0.12%，温水中溶解度稍有提高。水溶液中易分解，温度在45℃以上分解加快，影响药剂效果；遇强酸、强碱易分解。

【使用范围和防治对象】棉隆可用于苗床、温室、育种室、盆栽植物基质和大田等土壤处理。在土壤中分解出有毒的异硫氰酸甲酯、甲醛和硫化氰等；这些分解物能有效地防治为害蔬菜作物的多种线虫和土传病害。每公顷用有效成分60～75千克，撒施或沟施可防治短体虱、矮化虱，可防治纽带属、剑属、根结属、胞囊属、茎属等线虫。对土壤昆虫、真菌和杂草也有防治效果 。药剂施入土壤后，受土壤湿度、温度和土壤结构影响较大；为保证药效，土壤温度应保持在6℃以上，土壤含水量保持在40%以上。棉隆对鱼有毒，水田应慎用。

【使用技术或施用方法】

使用棉隆，先进行旋耕整地，浇水保持土壤湿度，每667平方米用98%微粒剂20～30千克，进行沟施或撒施，旋耕机旋耕均匀，盖膜密封20天以上，揭开膜敞气15天后播种。

【毒性】棉隆属低毒杀线虫剂。原药雄性大鼠急性口服半致死中量（LD_{50}）为420～588毫克/千克，兔急性经皮半致死中量（LD_{50}）为2360～2600毫克/千克。对兔皮肤无刺激作用，对眼黏膜有轻微刺激作用。在试验剂量下对动物无致畸、致癌、致突变作用。对鱼类毒性中等，对蜜蜂和鸟类无毒。

【注意事项】

（1）施用土壤后受土壤温湿度以及土壤结构影响较大，使用时土壤温度应大于12℃，12～30℃最宜，土壤湿度大于40%（湿度以手捏土能成团，1米高度掉地后能散开为标准）。

（2）为避免土壤受二次感染，农家肥（鸡粪等）一定要在消毒前加入。

（3）棉隆具有灭生性的特性，所以生物药肥不能同时使用。

6. 威百亩

【中、英文通用名】 威百亩，metham-sodium

【有效成分】【化学名称】 甲基二硫代氨基甲酸钠

【含量与主要剂型】 35%、42%、48%水剂。

【曾用中文商品名】 维巴姆、保丰收、硫威钠、线克。

【产品特性】 威百亩原药为白色具刺激气味的结晶样粉末状物，制剂为浅黄绿色稳定均相液体，无可见的悬浮物。溶解性（20℃）：水 772 克/千克、乙醇小于 5 克/千克，不溶于大多数有机溶剂，在碱性中稳定，遇酸则分解。

【使用范围和防治对象】 通常威百亩划为具有熏蒸作用的二硫代氨基甲酸酯类杀线虫剂，其在土壤中降解成异氰酸甲酯发挥熏蒸作用，通过抑制生物细胞分裂和 DNA、RNA 和蛋白质的合成以及造成生物呼吸受阻，能有效杀灭根结线虫、杂草等有害生物，从而获得洁净及健康的土壤。适用于温室大棚、塑料拱棚、花卉、烟草、中草药、生姜、山药等经济作物苗床土壤、重茬种植的土壤灭菌，及组培种苗等的培养基质、盆景土壤、食用菌菇床土等熏蒸灭菌，能预防线虫、真菌、细菌、地下害虫等引起的各类病虫害并且兼防马塘、看麦娘、莎草等杂草。

【使用技术或施用方法】

施药要点：温度、湿度、深度、均匀、密闭。

施药后保持土壤湿度在 65%～75%之间，土壤温度 10℃以上，施药均匀，药液在土壤中深度达 15～20 厘米，施药后立即覆盖塑料薄膜并封闭严密，防止漏气，密闭 15 天以上。

（1）苗床使用方法

① 整地：施药前先将土壤耕松，整平，并保持潮湿。

② 施药：按制剂用药量加水稀释 50～75 倍（视土壤湿度情况而定）稀释，均匀喷到苗床表面并让药液润透土层 4 厘米。

③ 覆盖：施药后立即覆盖聚乙烯地膜阻止药气泄漏。

④ 除膜：施药后10天后除去地膜，耙松土壤，使残留气体充分挥发5～7天。

⑤ 播种：待土壤残余药气散尽后，土壤即可播种或种植。

（2）营养土使用方法

① 准备营养土：如使用有机肥、基肥等，需先与土壤混合均匀。

② 配制药液：将本剂加水稀释80倍液备用。

③ 施药：将营养土均匀平铺于薄膜或水泥地面5厘米厚，将配制后的药液均匀喷洒到营养土上，润透3厘米以上，再覆5厘米营养土、喷洒配制后的药液，依此重复成堆，最后用薄膜覆盖严密，防止药气挥发。

④ 除膜：施药后10天后除去薄膜，翻松营养土，使剩余药气充分散出，5天后再翻松一次，即可使用。

（3）保护地及陆地使用方法

施药前准备工作。①清园：清除田间作物植株及残体（包括杂草等根茎叶）。②补水：根据土壤墒情，适当浇水使土壤湿度达到65%～75%。③施肥：为避免有机肥带有病菌，有机肥等需要在施药前均匀施到田间，"活体"菌肥应在施药后使用。④翻耕：施药前耕松土壤。

（4）施药方式

① 沟施：在翻耕后的田地上开沟，沟深15～20厘米，沟距20～25厘米，制剂按每667平方米用药量适量兑水（一般80倍左右，现用现兑），均匀施到沟内，施药后立即覆土、覆盖塑料薄膜，防止药气挥发。

② 注射施药：使用注射器械在田间均匀施药（根据器械情况和土壤湿度适量兑水），间距（20～25）厘米×（20～25）厘米，施药后封闭穴孔，覆盖塑料薄膜，防止药气挥发。

③ 滴灌施药：滴灌施药需适量加大用药量及水量，以期达到施药要求。

（5）散气　施药后密闭熏蒸时间随气温而变化，气温在20～25℃密闭15天以上，气温在25～30℃密闭10天以上。撤去薄膜后当日或隔日深翻田土，使土壤疏松，散气5～7天。检测散气效果可做白菜种子发芽试验，观察白菜出苗及根的健康情况判断毒气散尽与否。确定药气散净后即可播种或移栽。

(6) 注意事项

① 施药时间：一般选择早 4～9 时或午后 16～20 时，避开中午高温时间，防止药气过多挥发及保证施药人员安全。

② 该药在稀释溶液中易分解，使用时要现用现配。该药剂能与金属盐起反应，配制药液时避免使用金属器具。

③ 施药后如发现覆盖薄膜有漏气或孔洞，应及时封堵，为保证药效可重新施药。

④ 该药对眼睛及黏膜有刺激作用，施药时应佩戴防护用具。

⑤ 其他注意事项，详见商品标签。

【毒性】 威百亩属低毒杀菌剂，学术上划为杀线虫剂，并具有杀菌、除草的作用。原药雄性大鼠急性经口半致死中量（LD_{50}）为 820 毫克/千克，家兔急性经皮半致死中量（LD_{50}）为 800 毫克/千克，家兔急性经皮半致死中量（LD_{50}）为 800 毫克/千克。对眼睛及黏膜有刺激作用，对鱼有毒，对蜜蜂无毒。

【注意事项】

(1) 威百亩不可直接施用于作物表面，土壤处理每季最多施药 1 次。

(2) 地温 10℃以上时使用效果良好，地温低时熏蒸时间需延长。

(3) 威百亩应于 0℃以上存放，温度低于 0℃易析出结晶，使用前如发现结晶，可置于温暖处升温并摇晃至全溶即可，不影响使用效果；威百亩使用时需要现配现用，稀释液不可长期留存；威百亩不能与波尔多液、石硫合剂等混用。

(4) 施药时应穿长衣长裤，戴手套、眼镜、口罩等，禁止吸烟、饮食等，施药后清洗手、脸等暴露部位。

(5) 远离水产养殖区、河塘等水域施药，禁止在河塘等水域中清洗施药器具。

(6) 避免孕妇及哺乳期的妇女接触威百亩。

(7) 用过的容器应妥善处理，不可做他用，也不可随意丢弃。

第四章

无公害蔬菜常用除草剂

1. 除草醚

【中、英文通用名】除草醚，nithophen

【有效成分】【化学名称】2,4-二氯苯基-4′-硝基苯基醚

【含量与主要剂型】25%可湿性粉剂，25%、40%乳粉，25%乳油。

【曾用中文商品名】无。

【产品特性】除草醚纯品为淡黄色针状结晶，工业品为黄棕色或棕褐色粉末。难溶于水，易溶于乙醇、醋酸等，易被土壤吸附，向下移动和向四周扩散的能力很小。在黑暗条件下无毒力，见阳光才产生毒力。温度高时效果大，气温在20℃以下时药效较差，用药量要适当增大；在20℃以上时，随着气温升高，应适当减少用药量。

【使用范围和防治对象】除草醚可除治一年生杂草，对多年生杂草只能抑制，不能致死。毒杀部位是芽，不是根。对一年生杂草的种子胚芽、幼芽、幼苗均有很好的杀灭效果。可防除稗草、马齿苋、马唐草、三棱草、灰灰菜、野苋、蓼、碱草、牛毛草、鸭舌草、节节草、狗尾草等，最适合在芹菜、芫荽、茴香、胡萝卜等菜田使用。同时也适于莴苣、茼蒿、花椰菜、结球甘蓝、苤蓝、萝卜、小萝卜、大白菜、西红柿、黄瓜、芸豆、莲藕等菜田上使用。

【使用技术或施用方法】

(1) 用于胡萝卜、萝卜、芹菜、葱头、蒜、大葱、芫荽、莴苣、豇豆、菜豆、甘蓝、大白菜等直播田或育苗田，在播种后至出苗前，每 667 平方米用 25%除草醚可湿性粉剂 400 克，或乳油 500 毫升，与 50%扑草净可湿性粉剂 50 克混合使用，均兑水 50～75 千克喷雾处理土壤，或与 20 千克细土混合均匀，撒施于土壤表面。

(2) 用于芹菜、葱头、甘蓝、花椰菜、番茄等移栽田，于移栽成活后，每 667 平方米用 25%除草酸可湿性粉剂 500～700 克，兑水 40～50 千克，定向喷雾，均匀施于表面。

(3) 用于水生蔬菜（如莲藕）田除草，在栽藕前放风泡田，诱发杂草种子萌发，每 667 平方米用 25%除草醚可湿性粉剂 600～750 克，或 25%除草醚乳油 500 毫升与 50%扑草净可湿性粉剂 50 克混合使用，均兑水 40～50 千克喷雾。施药后 5～7 天内，田面保持水深3～5 厘米，以后按常规管理。

【毒性】 除草醚对人畜低毒。急性毒性：半致死中量（LD_{50}）（2630±134）毫克/千克（小鼠口服）；（3050±500）毫克/千克（大鼠口服）；（1470±365）毫克/千克（小鼠口服）；（1620±420）毫克/千克（家兔经口）。

【注意事项】

(1) 韭菜、葱头、大葱、蒜等百合科蔬菜及菠菜等对除草醚较敏感，使用时要慎重，浓度不能偏高。

(2) 蔬菜种子幼芽期对除草醚比较敏感，应避免在种子露白或萌发时用药。

(3) 温度在 20℃以下时施药效果差，在 20℃以上时，随温度升高药效提高。应根据温度变化调节用药量，气温在 20℃以下时适当增加每 667 平方米施药量，气温较高时，宜适当降低每 667 平方米施药量。

(4) 施药后如降大雨造成田间积水，会使药液集中于集水处而产生药害，应及时排水。

(5) 喷药后不能用热水洗手、脸。

(6) 药剂应储藏于阴凉、干燥处。

(7) 使用除草醚后不能翻动土层，以免影响药效。

2. 嗪草酮

【中、英文通用名】嗪草酮，metribuzin

【有效成分】【化学名称】4-氨基-6-(1,1-二甲基乙基)-3-甲硫基-1,2,4-三嗪-5-四氢酮

【含量与主要剂型】50%、70%可湿性粉剂，75%干悬浮剂。

【曾用中文商品名】赛克津、赛克、立克除、甲草嗪。

【产品特性】嗪草酮纯品为无色结晶，密度 1.28 克/立方厘米(20℃)，熔点 125.5～126.5℃。20℃在水中溶解度 1.2 克/千克，甲苯 120 克/千克，甲醇 450 克/千克。

【使用范围和防治对象】嗪草酮是内吸选择性除草剂，主要通过根吸收，茎、叶也可吸收。对 1 年生阔叶杂草和部分禾本科杂草有良好的防除效果，对多年生杂草无效。药效受土壤类型、有机质含量多少、湿度、温度影响较大，使用条件要求较严，使用不当，或无效，或产生药害。适用于大豆、马铃薯、番茄、苜蓿、芦笋、甘蔗等作物田防除蓼、苋、藜、芥菜、苦荬菜、繁缕、荞麦蔓、香薷、黄花蒿、鬼针草、狗尾草、鸭跖草、苍耳、龙葵、马唐、野燕麦等 1 年生阔叶草和部分 1 年生禾本科杂草。

【使用技术或施用方法】

马铃薯田使用播种后出苗前使用，每 667 平方米用 70%嗪草酮可湿性粉剂 66～76 克，兑水 30 千克，均匀喷洒土表，出苗后使用，一般在马铃薯株高 10 厘米以上时，耐药性下降，易产生药害。

【毒性】对人畜低毒。大鼠口服急性半致死中量（LD_{50}）为 1100～2300 毫克/千克，大鼠急性经皮半致死中量（LD_{50}）大于 20000 毫克/千克。慢性毒性试验未见异常。两年饲喂对狗和大鼠无作用剂量为 100 毫克/千克。对鱼类及水生物、鸟类、蜜蜂均低毒。

【注意事项】

(1) 大豆田只能苗前使用嗪草酮，苗期使用有药害。

(2) 有机质含量低于 2%以下的沙质土壤不宜使用嗪草酮。

（3）嗪草酮在气温高有机质含量低的地区，施药量用低限，相反用高限。

（4）嗪草酮对下茬或隔茬白菜、豌豆之类有药害影响，注意使用时期的把握。

3. 伏草隆

【中、英文通用名】伏草隆，fluometuron

【有效成分】**【化学名称】**N,N-二甲基-N'-[3-(三氟甲基)苯基]脲

【含量与主要剂型】50%、80%可湿性粉剂，20%粉剂。

【曾用中文商品名】棉草完、棉草伏、高度蓝、福士隆、氟草隆、棉土安、优草隆、氟草隆。

【产品特性】伏草隆纯品为白色结晶。熔点163～164.5℃，相对密度1.39（20℃），蒸气压6.65×10^{-5}帕（20℃），能溶于乙醇、异丙醇、丙酮等有机溶剂，水中溶解度为80毫克/千克。常温储存2年稳定，遇强酸、强碱易分解。工业品熔点155℃。

【使用范围和防治对象】伏草隆为内吸选择性土壤处理使用除草剂。主要通过杂草根吸收，叶部活性底。对1年生禾本科和阔叶杂草均有效。持效期长，棉田使用1次即能防除整个生育期内的杂草。适用于防除稗草、马唐、狗尾草、千金子、蟋蟀草、看麦娘、早熟禾、繁缕、龙葵、小旋花、马齿苋、铁苋菜、藜、碎米荠等1年生禾本科杂草和阔叶杂草。

【使用技术或施用方法】

作物播后苗前或出苗中耕后，杂草要在出苗前至1.5叶期前施药，每667米2用80%伏草隆可湿性粉剂50～167克，兑水60升，均匀喷雾。

【毒性】伏草隆大鼠急性经口半致死中量（LD_{50}）为6400毫克/千克，急性经皮半致死中量（LD_{50}）大于2000毫克/千克。按每天100毫克/千克剂量饲喂大鼠，180天无中毒症状。大鼠2年饲喂试验无作用剂量为30毫克/千克，小鼠为10毫克/千克。动物试验无致畸、致癌、致突变作用，繁殖试验也未见异常。虹鳟鱼半致死浓度（LC_{50}）

为 47 毫克/千克（96 小时），鲤鱼半致死浓度（LC_{50}）为 170 毫克/千克。蜜蜂半致死中量（LD_{50}）为 193 微克/只。对鸟类低毒。对眼睛和皮肤有轻微刺激作用。

【注意事项】

（1）切勿将药液喷到幼芽及叶片上，以免产生药害。

（2）伏草隆在沙质土壤中使用应适当减少用药量。

（3）喷雾器具使用后要清洗干净。

4. 氯苯胺灵

【中、英文通用名】 氯苯胺灵，chlorpropham

【有效成分】【化学名称】 3-氯氨基甲酸异丙基酯

【含量与主要剂型】 0.7%粉剂，2.5%粉剂。

【曾用中文商品名】 无。

【产品特性】 纯品是晶体（工业品深褐色油状液体），属低熔点固体，熔点 41.4℃，密度 1180 克/立方厘米；25℃时在水中的溶解度为 89 毫克/千克，在石油中熔解度中等（在煤油中 10%），可与低级醇、芳烃和大多数有机溶剂混溶；工业产品纯度为 98.5%，熔点 38.5～40℃；在低于 100℃时稳定，但在酸和碱性介质中缓慢水解。

【使用范围和防治对象】 氯苯胺灵既是植物生长调节剂又是除草剂。由于具有抑制β淀粉酶活性，抑制植物 RNA、蛋白质的合成，干扰氧化磷酸化和光合作用，破坏细胞分裂，因而常用于抑制马铃薯储存时的发芽。

【使用技术或施用方法】

氯苯胺灵用于马铃薯抑芽，在收获后待损伤自然愈合（约 14 天以上）和出芽前使用，将药剂混细干土均匀撒于马铃薯上，使用剂量为每吨马铃薯用 0.7%氯苯胺灵粉剂 1.4～2.1 千克（有效成分 9.8～14.7 克），或用 2.5%氯苯胺灵粉剂 400～600 克（有效成分 10～15 克）。

【毒性】 氯苯胺灵属低毒性的除草剂及植物生长调节剂。急性毒性：大鼠经口半致死中量（LD_{50}）为 1200 毫克/千克，小鼠经口半致死中量（LD_{50}）为 6500 毫克/千克。对眼睛稍有刺激性，对皮肤

无刺激性。动物试验未见致畸、致突变

【注意事项】

（1）氯苯胺灵切忌使用在种薯上，处理过的薯块也不可以留作种薯用。用该药抑芽时，处理马铃薯应与种用马铃薯分开储存，以免因该药挥发而伤害种用马铃薯。

（2）为防马铃薯采收后储存期病害发生，氯苯胺灵应与防腐剂结合使用。

5. 禾草灵

【中、英文通用名】 禾草灵，diclofop-methyl

【有效成分】【化学名称】（RS）-2-[4-(2,4-二氧苯氧基)苯氧基]甲酯

【含量与主要剂型】 36%、28%乳油。

【曾用中文商品名】 伊洛克桑。

【产品特性】 禾草灵纯品为土黄色结晶固体，相对密度 1.30（40 度），熔点 39～41℃，20℃时蒸气压 5 毫帕，20℃水中溶解度为 0.8 毫克/千克（pH 5.7），20℃时在丙酮、二氯乙烷、二甲砜、醋乙酸乙脂、甲苯中溶解度大于 500 克/千克，聚乙二醇 148 克/千克、甲醇 120 克/千克、异丙醇 51 克/千克。

【使用范围和防治对象】 禾草灵是苗后处理剂，主要供叶面喷雾，可被杂草根、茎、叶吸收，但在体内传导性差。叶片吸收的药剂，大部分分布在施药点上下叶脉中，破坏叶绿叶体，使叶片坏死，但不会抑制植株生长。对幼芽抑制作用强，将药剂施到杂草顶端或节间分生组织附近，能抑制生长，破坏细胞膜，导致杂草枯死。适用于防除稗草、马唐、毒麦、野燕麦、看麦娘、早熟禾、狗尾草、画眉草、千金子、牛筋等一年生禾本科杂草。对多年生禾本科杂草及阔叶杂草无效。

【使用技术或施用方法】

禾草灵在甜菜、大豆等阔叶作物使用。在作物苗期、杂草 2～4 叶期，每 667 平方米用 36%禾草灵乳油 170～200 毫升，兑水叶面喷雾。

【毒性】大鼠急性经口毒性半致死中量（LD_{50}）为 481～693 毫克/千克（雄），狗半致死中量（LD_{50}）为 1600 毫克/千克；大白鼠急性经皮毒性半致死中量（LD_{50}）为大于 5000 毫克/千克。对眼睛无刺激作用，对皮肤有轻微刺激刺激作用．

【注意事项】

（1）禾草灵可与氨基甲酸酯类、取代脲类、睛类以及甜菜宁等除草剂混用，但不宜与苯氧乙酸类以及苯达松等除草剂混用，也不宜与氮肥混用，否则会降低药效。喷过禾草灵后，间隔 7～10 天方可使用 2,4-滴等除草剂。

（2）禾草灵在气温高时反会降低药效，因而应注意在温度较低时（30℃以下）施药。

（3）选用性能好的机具，使雾滴均匀。

（4）土壤湿度高时，禾草灵活性增高。因此，宜在土壤湿度大时施药，或在施药后 1～2 天内灌水。

（5）禾草灵宜在干燥处存放，储存温度过低时，须在使用前将药液摇匀后再用。

6. 百草枯

【中、英文通用名】百草枯，gramoxon

【有效成分】【化学名称】1-1-二甲基-4-4-联吡啶阳离子盐

【含量与主要剂型】20%、25%水剂。

【曾用中文商品名】克芜踪、对草快、野火、百朵、紫精、紫罗碱、巴拉刈等。

【产品特性】原药为白色结晶，极易溶于水，不溶于碳水化合物，在酸性及中性溶液中稳定，在碱性溶液中易水解。制剂为黑灰色水溶性液体。不易燃、不易爆，对金属有腐蚀性，气温 25℃储存稳定期达 2 年以上。

【使用范围和防治对象】百草枯为速效触杀型灭生性季胺盐类除草剂。有效成分对叶绿体层膜破坏力极强，使光合作用和叶绿素合成很快中止，叶片着药后 2～3 小时即开始受害变色，克芜踪对单子叶和双子叶植物绿色组织均有很强的破坏作用，有一定的传导作用，但不能穿透栓质化的树皮，接触土壤后很容易被钝化。不能破坏植株的根部和土壤内潜藏的种子，因而施药后杂草有再生现象。

【使用技术或施用方法】

防除蔬菜移栽田杂草，每公顷用20%百草枯水剂3000毫升，兑水750千克稀释，均匀定向喷雾。蔬菜收获后进行免耕除草效果较好。

【毒性】 百草枯为低毒除草剂，但是对人毒性极大，且无特效解毒药，口服中毒死亡率可达90%以上。大鼠急性口服半致死中量（LD_{50}）为150毫克/千克，家兔急性经皮半致死中量（LD_{50}）为204毫克/千克，对家禽、鱼、蜜蜂低毒。对眼睛有刺激作用，可引起指甲、皮肤溃烂等。

【注意事项】

(1) 百草枯为灭生性除草剂，在园林及作物生长期使用，切忌污染作物，以免产生药害。

(2) 配药、喷药时要有防护措施，戴橡胶手套、口罩、穿工作服。如药液溅入眼睛或皮肤上，要马上进行冲洗。

(3) 使用百草枯时不要将药液飘移到果树或其他作物上，菜田一定要在没有蔬菜时使用。

(4) 喷洒百草枯要均匀周到，可在药液中加入0.1%洗衣粉以提高药液的附着力。施药后30分钟遇雨时基本能保证药效。

7. 丁草胺

【中、英文通用名】 丁草胺，butachlor

【有效成分】【化学名称】 2-氯-*N*-(2,6-二乙基苯基)-*N*-(丁氧甲基)乙酰胺

【含量与主要剂型】 50%、60%乳油，5%颗粒剂。

【曾用中文商品名】 灭草特、去草胺、马歇特、灭草特、去草胺、丁草镇、丁草锁、去草特、丁基拉草、新马歇特。

【产品特性】 丁草胺为琥珀色液体，沸点为196℃（66.7帕）。难溶于水，可与丙酮、苯、乙醇、乙酸乙酯、己烷混溶。275℃分解，在pH 7～10稳定，pH 4以下不稳定。对紫外光稳定。

【使用范围和防治对象】 丁草胺为选择性芽前除草剂，主要通过杂草的幼芽吸收，而后传导全株而起作用。芽前和苗期均可使用。植物吸收丁草胺后，在体内抑制和破坏蛋白酶，影响蛋白质的形成，抑制杂草幼芽和幼根正常生长发育，从而使杂草死亡。在黏壤土及有机质含量较高的土壤上使用，药剂可被土壤胶体吸收，不易被淋溶，持效期可达1～2个月。可防除稗草、马唐草、狗尾草、牛毛草、鸭舌草、节节草、异型沙草等一年生禾本科杂草和某些双子叶杂草。适用于白菜类、豆菜、萝卜类、甘蓝类、茄果类、菠菜等菜田除草。

【使用技术或施用方法】

(1) 菜豆、豇豆、小白菜、茴香、育苗甘蓝、菠菜等直播菜田除草，于播种前每667平方米用60%丁草胺乳油100毫升，兑水40～50千克，均匀喷雾畦面，然后播种。

(2) 花椰菜、甘蓝、茄子、甜（辣）椒、番茄等移栽田，于定植前每667平方米用60%丁草胺乳油150克，兑水50千克，均匀喷雾处理土壤。

【毒性】 丁草胺属低毒除草剂，大鼠急性经口半致死中量（LD_{50}）为3300毫克/千克，家兔急性经皮半致死中量（LD_{50}）为4080毫克/千克；大鼠3个月喂养无作用剂量为68～72毫克/千克，小白鼠为123～278毫克/千克。动物试验未见致癌、致畸、致突变作用，蓄积性弱。鲤鱼半致死浓度（LC_{50}）为0.81毫克/千克（48小时）、0.32毫克/千克（96小时），蓝鳃鱼半致死浓度（LC_{50}）为0.44毫克/千克（96小时）。蜜蜂经口半致死中量（LD_{50}）大于100微克/只。对眼睛和皮肤有轻微刺激性。对鱼类高毒。

【注意事项】

(1) 丁草胺对出土前杂草防效较好，大草防效差，应尽量在播种定植前施药。

(2) 土壤有一定湿度时使用丁草胺效果好。旱田应在施药前浇水或喷水，以提高药效。

(3) 瓜类和茄果类蔬菜的播种期，使用丁草胺有一定的药害，应用时应慎重。

(4) 丁草胺主要杀除单子叶杂草，对大部分阔叶杂草无效或药效不大。菜田阔叶杂草较多的地块，可考虑改用其他除草剂。

（5）喷药要力求均匀，防止局部用药过多造成药害，或漏喷现象。

（6）在稻田和直播稻田使用，60%丁草胺每667平方米用量不得超过150毫升，切忌田面淹水。一般南方用量采用下限。早稻秧田若气温低于15℃时施药会有不同程度药害。

（7）丁草胺对三叶期以上的稗草效果差，因此必须掌握在杂草一叶期以前，三叶期使用，水不要淹没秧心。

（8）麦田除草一般不用丁草胺，如用于菜地土壤水分过低会影响药效的发挥。

（9）丁草胺对鱼毒性较强，不能用于养鱼，稻田用药后的田水也不能排入鱼塘。

8. 地乐胺

【中、英文通用名】地乐胺，butralin

【有效成分】【化学名称】N-异丁基-4-特丁基-2,6-二硝基苯胺

【含量与主要剂型】48%乳油。

【曾用中文商品名】丁乐灵。

【产品特性】地乐胺纯品为橙黄色结晶体，溶于丙酮、甲苯、乙醇等有机溶剂，难溶于水。易挥发，在阳光下易分解，药效降低。

【使用范围和防治对象】地乐胺为选择性芽前除草剂，具有触杀作用和内吸作用，但传导能力较差。药剂进入植物体后，抑制分生组织细胞分裂，抑制杂草幼芽及幼根生长，导致杂草死亡。可用于马铃薯、甜菜等蔬菜等作物田及果园防除稗草、马唐、牛筋草、狗尾草等一年生禾本科杂草和部分双子叶杂草，对大豆菟丝子也有较好的防治效果。

【使用技术或施用方法】地乐胺对一年生种子繁殖的禾本科及阔叶杂草，如马唐、科、狗尾草、苋、藜等杂草有很好的防效。适用于西瓜、甜瓜、胡萝卜、马铃薯、番茄、育苗韭菜、茴香、菜豆、芹菜、萝卜、大白菜、黄瓜等菜田。地乐胺应在播种前喷药处理土壤，施药后，药混土深度约3～5厘米。

（1）胡萝卜、茴香、菜豆、青苗韭菜、蚕豆、豌豆，在播种前每667平方米用48%地乐胺乳油200～300毫升，兑水喷洒土壤。

（2）芹菜、菜豆、茴香、胡萝卜、萝卜、大白菜、黄瓜、育苗韭

菜，在播种后至出苗前，每 667 平方米用 48%地乐胺乳油 200～250 毫升，兑水喷洒土壤。

（3）架豆、韭菜、黄瓜、豇豆、小葱，于杂草出土前用 48%地乐胺乳油 200～250 毫升，兑水喷洒土壤。

（4）番茄、茄子、甜（辣）椒、结球甘蓝，在移栽后或移栽缓苗后，杂草出土前施药，葱头、移栽芹菜、黄瓜等在移栽缓苗后施药，每 667 平方米用 48%地乐胺乳油 250 毫升，兑水喷洒土壤。

【毒性】按我国农药毒性分级标准，地乐胺属低毒除草剂。大白鼠急性经口半致死中量（LD_{50}）为 28350 毫克/克。对人的黏膜有轻度刺激作用。

【注意事项】

（1）露地施用地乐胺后应进行混土，以免光解和挥发。

（2）土壤湿润或浇水后施药，不混土也有较好的防除效果。

9. 辛酰溴苯腈

【中、英文通用名】辛酰溴苯腈，bromoxyniloctanoate

【有效成分】【化学名称】3，5-二溴-4-辛酰氧苯甲腈

【含量与主要剂型】25%、30%乳油。

【曾用中文商品名】溴苯腈辛酸酯。

【产品特性】原药外观为浅黄色固体，熔点 45～46℃。溶解度（20℃）：丙酮 100 克/千克，甲醇 100 克/千克，二甲苯 700 克/千克，不溶于水。制剂为棕红色均相液体，相对密度 1.04，酸碱度（H_2SO_4）小于（等于）0.7%，闪点 66℃，稍有腐蚀性，在中性及酸性介质中稳定，碱性条件下易分解。

【使用范围和防治对象】辛酰溴苯腈为选择性苗后茎叶处理触杀型除草剂，主要由叶片吸收，在植物体内进行极有限的传导，通过抑制光合作用的各个过程，包括抑制光合磷酸化反应和电子传递，特别是光合作用的希尔反应，使植物组织迅速坏死，从而达到杀草目的，气温较高时加速叶片枯死。它广泛用于禾谷类、亚麻、大蒜、玉米、洋葱、高粱等多种作物田，防除蓼、藜、苋、麦瓶草、龙葵、苍耳、田旋花等多种阔叶杂草。

【使用技术或施用方法】

辛酰溴苯腈防治蒜、洋葱等作物的阔叶杂草，用25%辛酰溴苯腈乳油25～30克兑水喷雾，有较好的防除效果。

【毒性】 急性口服半致死中量（LD_{50}）大鼠为250毫克/千克，小鼠为245毫克/千克，家兔为325毫克/千克，狗为50毫克/千克。大鼠以含312毫克/千克的饲料饲养3个月无不良影响，但781毫克/千克的饲料则抑制大鼠生长。狗每天饲喂5毫克/千克，90天无不良影响；以25毫克/千克剂量饲喂，虽无厌食现象，但体重减轻。野鸡半致死浓度（LC_{50}）（8天）为4400毫克/千克。虹鳟半致死浓度（LC_{50}）（96小时）为0.05毫克/千克。对蜜蜂无毒。

【注意事项】

（1）勿在高温天气或气温低于8℃或在近期内有严重霜冻的情况下用药，施药后需6小时内无雨。

（2）辛酰溴苯腈不宜与碱性农药混用，辛酰溴苯腈不能与肥料混用。

（3）辛酰溴苯腈为其他类除草剂，建议与其他作用机制不同的除草剂轮换使用。

（4）辛酰溴苯腈不宜与肥料混用，也不可添加助剂，否则易产生药害。

（5）辛酰溴苯腈对鱼类等水生生物有毒，施药时应远离水产养殖区施药，应避免药液流入河塘等水体中，清洗喷药器械时切忌污染水源。

（6）使用过辛酰溴苯腈的喷雾器，应清洗干净方可用于喷其他的农药。

（7）使用辛酰溴苯腈时应穿戴防护服和手套，避免吸入药液。施药期间不可吃东西和饮水。施药后应及时冲洗手、脸及裸露部位。

（8）丢弃的包装物等废弃物应避免污染水体，建议用控制焚烧法或安全掩埋法处置包装物或废弃物。

（9）孕妇及哺乳期妇女禁止接触本品。

10. 噻吩磺隆

【中、英文通用名】 噻吩磺隆，thifensulfuron methyl

【有效成分】【化学名称】3-［（4-甲氧基-6-甲基-1,2,3-三嗪基-2-基）氨基碳基氨基磺酰基］-2-噻吩羧酸甲酯

【含量与主要剂型】10%、15%、25%、30%、70%、75%可湿性粉剂，75%干悬浮剂。

【曾用中文商品名】叶散、阔叶散、宝收。

【产品特性】噻吩磺隆纯品为白色结晶体。熔点186℃，相对密度1.49，蒸气压3.6×10^{-4}帕（25℃）。在有机溶剂中的溶解度为：二氯甲烷27.5克/千克，丙酮11.9克/千克，乙腈7.3克/千克，乙酸乙酯2.6克/千克，甲醇2.6克/千克，乙醇0.9克/千克，二甲苯0.2克/千克，已烷小于0.1克/千克。在水中的溶解度为：24毫克/千克（pH4）、260毫克/千克（pH5.3）、2400毫克/千克（pH6）。分配系数为3.3（pH5）、0.027（pH7）。温度低于55℃时稳定，对光也稳定。45℃时水解反应半衰期为4.7小时（pH3）、38小时（pH5）、250小时（pH7）、11小时（pH9），在土壤中半衰期为1～4天。

【使用范围和防治对象】噻吩磺隆属选择性内吸传导型苗后选择性除草剂，是支链氨基酸合成抑制剂，施药后被杂草吸收，在体内迅速传导，能抑制缬氨酸、亮氨酸、异亮氨酸的生物合成，阻止细胞分裂，使杂草停止生长而逐渐死亡。主要用于防除一年生阔叶杂草，如苘麻、野蒜、凹头苋、反枝苋、藜、鸭跖草、苣荬菜、刺儿菜、问荆、猪殃殃、酸模叶蓼、猪毛菜、龙葵、婆婆纳等。

【使用技术或施用方法】

参照禾谷类作物使用方法，于苗后2叶期至孕穗期，1年生阔叶杂草苗期于开花前，每667平方米用75%噻吩磺隆悬浮剂1.6～3.1克，兑水30千克，均匀喷雾杂草。

【毒性】大鼠急性经口半致死中量（LD_{50}）大于5000毫克/千克，家兔急性经皮半致死中量（LD_{50}）大于2000毫克/千克。对眼睛有轻度刺激作用。大鼠2年饲喂试验无作用剂量为25毫克/千克。二代繁殖无作用剂量为2500毫克/千克。在试验条件下未见致畸、致突变作用。虹鳟鱼、翻车鱼半致死浓度（LC_{50}）大于100毫克/千克（96小时）。野鸭半致死中量（LD_{50}）大于2510毫克/千克。蜜蜂半致死中量（LD_{50}）大于12.5微克/只。

【注意事项】

（1）噻吩磺隆施药与后茬作物安全间隔期为60天。每季作物最多使用1次。

（2）请按照农药安全使用准则使用噻吩磺隆，避免药液接触皮肤、眼睛和污染衣物，避免吸入雾滴。切勿在施药现场抽烟或饮食。在饮水、进食和抽烟前，应先洗手、洗脸。

（3）配药时，应戴防护手套和面罩或眼镜，穿长袖衣和长裤；施药时，应穿长袖衣、长裤和靴子，戴帽子；施药后，彻底清洗防护用具、洗澡，并更换和清洗工作服。

（4）当作物处于不良环境时（如干旱、严寒、土壤水分过饱和及病虫害为害等），不宜施药。

（5）施药时尽量避免将药液漂移到敏感的阔叶作物上。

（6）噻吩磺隆不能与有机磷杀虫剂混用或顺序使用；沙质土、低洼地及高碱性土壤不宜使用。

（7）所有施药器具，用后应立即用清水清洗，洗刷施药用具的水，不要倒入田间。

（8）未用完的噻吩磺隆制剂应放在原包装内密封保存，切勿将本品置于饮、食容器内。

（9）噻吩磺隆对水生生物有毒，应远离河塘等水域施药，禁止在河塘等水体中清洗施药器具，切勿将制剂及其废液弃于池塘、河溪和湖泊等，以免污染水源。

（10）孕妇和哺乳期妇女避免接触噻吩磺隆。

11. 扑草净

【中、英文通用名】扑草净，prometryn

【有效成分】【化学名称】N,N'-二异丙基-6-甲硫基-1,3,5-三嗪-2,4-二胺

【含量与主要剂型】50%、80%可湿性粉剂。

【曾用中文商品名】扑蔓尽、割草佳、扑灭通。

【产品特性】扑草净纯品为白色结晶。熔点118～120℃，蒸气压1.33×10^{-4}帕。难溶于水，易溶于有机溶剂，20℃时在水中溶解度

48毫克/千克。不易燃、不易爆、无腐蚀性。原药为灰白色或米黄色粉末，熔点113～115℃，有臭鸡蛋味。

【使用范围和防治对象】扑草净是内吸选择性除草剂，可经根和叶吸收并传导，对刚萌发的杂草防效最好，杀草谱广，可防除年生禾本科杂草及阔叶杂草。适用于蔬菜田防除稗草、马唐、千金子、野苋菜、蓼、藜、马齿苋、看麦娘、繁缕、车前草等1年生禾本科及阔叶草。

【使用技术或施用方法】

胡萝卜、芹菜、大蒜、洋葱、韭菜、茴香等在播种时或播种后出苗前，每667平方米用50%扑草净可湿性粉剂100克，兑水50千克土表均匀喷雾，或每667平方米用50%扑草净可湿性粉剂50克与25%扑草净乳油200毫升混用，效果更好。

【毒性】扑草净对人畜低毒。大鼠口服急性半致死中量（LD_{50}）为3150～3750毫克/千克。对家兔经皮急性半致死中量（LD_{50}）大于10200毫克/千克。对大鼠无作用剂量为1250毫克/千克，对鸟类、蜜蜂低毒、对鱼毒性中等。

【注意事项】

（1）严格掌握扑草净施药量和施药时间，否则易产生药害。

（2）有机质含量低的沙质和土壤，容易产生药害，不宜使用扑草净。

（3）使用扑草净后半月不要任意松土或耘耥，以免破坏药层影响药效。

（4）喷雾器具使用后要清洗干净。

12. 烯草酮

【中、英文通用名】烯草酮，clethodim

【有效成分】【化学名称】（±）-2-[（E）-3-氯烯丙氧基亚氨基]丙基-5-[2-（乙硫基）丙基]-3-羟基环己-2-烯酮

【含量与主要剂型】12%、24%乳油。

【曾用中文商品名】氟烯草酸、乐田特、收乐通、赛乐特。

【产品特性】烯草酮原药为琥珀色透明液体。相对密度1.15

(20℃)，蒸气压 1.3×10^{-5} 帕（20℃），能溶于多种有机溶剂，对光不稳定。

【使用范围和防治对象】烯草酮为选择性杂草茎叶处理剂，在阔叶作物和禾本科杂草之间有优良的选择性。用于防除一年生禾本科杂草。喷药后药剂被禾本科杂草迅速吸收并传导至分生组织，在其体内抑制脂肪酸和黄酮类化合物的生物合成，使细胞分裂受到破坏，抑制生长，施药后 7～21 天内杂草褪绿黄化，随后干枯而死亡。对于大多数一年生和多年生的禾本科杂草有特效，对双子叶作物安全。适用于甜菜、马铃薯、红花、大蒜、黄瓜等防治防除一年生禾本科杂草。

【使用技术或施用方法】

24%烯草酮乳油对茄科蔬菜田间禾本科杂草有较好防治效果，对茄子和辣椒安全。24%烯草酮乳油建议使用剂量 450 毫升/公顷，在茄子和辣椒移栽缓苗后、杂草 3～5 叶期使用。

【毒性】烯草酮属低毒除草剂。大鼠急性经口半致死中量（LD_{50}）为 1360～1630 毫克/千克，兔急性经皮半致死中量（LD_{50}）大于 5000 毫克/千克，大鼠急性吸入半致死浓度（LC_{50}）大于 3.9 毫克/千克（42 小时）。对眼睛和皮肤和轻微刺激性。小鼠 30 天经口无作用剂量每天 625 毫克/千克体重。动物试验无致畸、致癌、致突变作用。对鱼类、鸟类低毒。虹鳟鱼半致死浓度（LC_{50}）为 67 毫克/千克（96 小时），蓝鳃鱼半致死浓度（LC_{50}）大于 120 毫克/千克。水蚤半致死浓度（LC_{50}）大于 120 毫克/千克（48 小时）。鹌鹑半致死中量（LD_{50}）大于 2000 毫克/千克。对眼睛和皮肤有轻微刺激性，对蜜蜂安全。

【注意事项】

（1）作物每个生长季节使用烯草酮次数为 1 次。

（2）烯草酮是茎叶处理剂，杂草出芽前使用无效。

（3）烯草酮对禾本科作物（如小麦、大麦、水稻、谷子、高粱、玉米等）有药害。应选择无风天施药，严禁药液飘移到禾本科作物上。

（4）施药时应避开中午高温时期，选择早晚气温较低时喷药，喷药后 4 小时下雨不影响药效。空气湿度大，杂草生长旺盛有利于药效的充分发挥。

（5）配制药液一定要搅拌均匀，最好先加少量水配成母液，再加入足量水，摇匀。

（6）喷药时要均匀细致周到，避免漏喷而造成防效降低。

（7）开启包装，配制药液及使用烯草酮时，请一定戴好口罩，眼罩，胶皮手套等防护用品，穿长衣长裤。避免误食、口鼻吸入，眼睛溅入及皮肤接触等。

（8）施药后及时更换衣服，洗澡。盛过药液的容器不得随意丢弃，应集中销毁。喷雾器应彻底清洗干净，不可将剩余药液倒入河流、鱼塘等水体中。

（9）避免孕妇及哺乳期妇女接触烯草酮。

13. 乙氧氟草醚

【中、英文通用名】乙氧氟草醚，oxyfluorfen

【有效成分】【化学名称】2-氯-4-三氟甲基苯基-3′-乙氧基-4′-硝基苯基醚

【含量与主要剂型】20%、24%、240克/升乳油。

【曾用中文商品名】氟果尔、果尔、割地草、惠光、施普乐、蒜保、美割、允草平、草枯特等。

【产品特性】纯品为无色结晶固体。工业品为红色至黄色固体。原药熔点65～84℃，纯品84～85℃；蒸气压（25℃）为0.0267毫帕。溶解度：水0.1毫克/升，丙酮725克/千克，氯仿500～550克/千克，环己酮615克/千克。

【使用范围和防治对象】乙氧氟草醚属选择性芽前或芽后除草剂。乙氧氟草醚为触杀型除草剂。在有光的情况下发挥其除草活性。主要通过胚芽鞘、中胚轴进入植物体内，经根部吸收较少，并有极微量通过根部向上运输进入叶部。乙氧氟草醚适用于大蒜、洋葱、大葱、韭菜、大姜、马铃薯、菜用花生、菜用大豆、麻山药、芹菜、胡萝卜、黄瓜、南瓜、冬瓜、丝瓜、菜瓜、苦瓜、角瓜、茄子、辣椒、番茄、菜用玉米等多种瓜果蔬菜，对藜、龙葵、苍耳、马齿苋、反枝苋、凹头苋、曼陀罗、繁缕、苘麻、酸模叶蓼、柳叶刺蓼、醉浆草、锦葵、稗草、早雀麦、狗尾草、看麦娘等阔叶杂草及单子叶杂草具有很好的防除效果。

【使用技术或施用方法】

（1）可有效防除大蒜田中的龙葵、苍耳、藜、马齿苋、凹头苋、刺黄花稔、看麦娘等多种一年生杂草；大蒜田一年生杂草用24%乙氧氟草醚乳油40～50毫升/667平方米播后苗前土壤喷雾；大蒜播种后至立针期或大蒜苗后2叶1心期以后、杂草4叶期以前施药。每667平方米使用20%乙氧氟草醚乳油60～70毫升，或24%乙氧氟草醚乳油50～60毫升，兑水20～30千克均匀喷雾。沙质土用低剂量，壤质土用较高剂量。地膜大蒜在播种后浅灌水，水干后施药，而后覆膜，用药量可适当降低，一般使用20%乙氧氟草醚乳油50毫升，或24%乙氧氟草醚乳油或240克/升乙氧氟草醚乳油40毫升。大蒜苗后施药时避开大蒜1叶1心至2叶期。

（2）洋葱直播田在洋葱2～3叶期施药，每667平方米使用20%乙氧氟草醚乳油50～60毫升，或24%乙氧氟草醚乳油或240克/升乳油40～50毫升；移栽田在洋葱移栽后6～10天（洋葱3叶期后）施药，每667平方米使用20%乙氧氟草醚乳油80～120毫升，或24%乙氧氟草醚乳油或240克/升乙氧氟草醚乳油70～100毫升，兑水30～45千克均匀喷雾。

（3）菜用花生在花生播种后苗前施药，每667平方米使用20%乳油50～70毫升，或24%乳油或240克/升乙氧氟草醚乳油40～60毫升，兑水30～45千克均匀喷雾。

（4）大姜播后苗前土壤表面喷雾施药。每667平方米使用20%乙氧氟草醚乳油50～60毫升，或24%乙氧氟草醚乳油或240克/升乙氧氟草醚乳油40～50毫升，兑水30～40千克均匀喷雾。

（5）菜用大豆播后苗前土壤表面施药。每667平方米使用20%乙氧氟草醚乳油50～70毫升，或24%乙氧氟草醚乳油或240克/升乙氧氟草醚乳油40～60毫升，兑水30～40千克均匀喷雾。

（6）菜用玉米在播后苗前施药，每667平方米使用20%乙氧氟草醚乳油40～50毫升，或24%乙氧氟草醚乳油或240克/升乙氧氟草醚乳油35～40毫升，兑水30千克均匀喷雾。

（7）芹菜、莴苣育苗田在播后苗前进行土壤处理，每667平方米使用20%乙氧氟草醚乳油40～50毫升，或24%乙氧氟草醚乳油或

240克/升乙氧氟草醚乳油30～40毫升，兑水30千克均匀喷雾。

(8) 马铃薯、麻山药播后苗前（马铃薯要盖土2厘米）施药。每667平方米使用20%乙氧氟草醚乳油60～70毫升，或24%乙氧氟草醚乳油或240克/升乙氧氟草醚乳油50～60毫升，兑水30～40千克均匀喷雾。

(9) 茄果类蔬菜在移栽前土壤用药。每667平方米使用20%乙氧氟草醚乳油70～80毫升，或24%乙氧氟草醚乳油或240克/升乙氧氟草醚乳油60～65毫升，兑水30～40千克均匀喷雾，而后移栽定植。

(10) 瓜果类蔬菜整地就绪后移栽前土壤用药，而后定植。每667平方米使用20%乙氧氟草醚乳油70～90毫升，或24%乙氧氟草醚乳油或240克/升乙氧氟草醚乳油60～70毫升，兑水30～40千克均匀喷雾。

【毒性】狗和雄大鼠急性经口半致死中量（LD_{50}）大于5000克/千克（原药），兔急性经皮半致死中量（LD_{50}）大于10000克/千克。90天饲喂试验的无作用剂量为大白鼠1000毫克/千克饲料，狗40毫克/千克饲料。对水生无脊椎动物、野生动物和鱼高毒。

【注意事项】

(1) 乙氧氟草醚用量少，活性高。大白菜、荠菜、花椰菜、甘蓝、芹菜、莴苣、茼蒿、菠菜、蕹菜、苋菜、芫荽等蔬菜上不提倡使用乙氧氟草醚。

(2) 初次使用乙氧氟草醚时应根据不同气候带先做小规模试验，找出适合当地使用的最佳施药方法和最适剂量后再大面积使用。

(3) 乙氧氟草醚为触杀性除草剂，喷药时要求均匀周到，施药剂量要准确。

(4) 乙氧氟草醚应选择土壤墒情较好时施药，可提高药效。

(5) 温度低于6℃时禁用乙氧氟草醚，大蒜1叶1心至2叶期施乙氧氟草醚易造成心叶折断或严重灼伤，不宜施用。2叶1心以后，大蒜叶处有褐色或白色斑点，对中后期大蒜生长无影响。白皮蒜比紫皮蒜对乙氧氟草醚耐药性强。

(6) 施药时应穿长衣长裤、戴眼镜、口罩等防护用品，防止药液溅入皮肤或眼睛；施药时不能吃东西、饮水、吸烟等，施药后用清水及肥皂洗干净手脸等裸露部分。

（7）清洗器具的废水不能排入河流、池塘等水源；废弃物要妥善处理，不能乱丢乱放，也不能做他用。

14. 氯吡嘧磺隆

【中、英文通用名】氯吡嘧磺隆，halosulfuron-methyl

【有效成分】【化学名称】3-（4,6-二甲氧基嘧啶-2-基）-1-（1-甲基-3-氯-4-甲氧基甲酰基吡唑-5-基）磺酰脲

【含量与主要剂型】50%可湿性粉剂、75%氯吡嘧磺隆水分散粒剂。

【曾用中文商品名】吡氯黄隆。

【产品特性】氯吡嘧磺隆纯品为白色粉末状固体，熔点175.5～177.2℃。原药为细粉末，部分聚集成小团块，密度1.5克/立方厘米（20℃），熔点158℃～163℃。溶解度：水9毫克/千克，正己烷0.001克/千克，丙酮8.1克/千克，甲苯0.256克/千克，二氯甲烷6.9克/千克，甲醇0.872克/千克，异丙醇0.099克/千克，乙酸乙酯3.0克/千克。

【使用范围和防治对象】氯吡嘧磺隆是磺酰脲类除草剂、选择性内吸传导型除草剂，有较大成分可在水中迅速扩散，为杂草根部和叶片吸收转移到杂草各部，阻碍氨基酸、赖氨酸、异亮氨酸的生物合成，阻止细胞的分裂和生长。敏感杂草生长机能受阻，幼嫩组织过早发黄抑制叶部生长，阻碍根部生长而坏死。可用于番茄、红薯、大豆、草坪和观赏作物。

【使用技术或施用方法】

氯吡嘧磺隆对番茄田香附子、野苋菜、马松子、铁苋菜等阔叶杂草和莎草防除效果好而且药效持久。在番茄移栽后、杂草2～4叶期，每667平方米用75%氯吡嘧磺隆水分散粒剂4～12克加水30千克喷雾，60天后对香附子、野苋菜、马松子和铁苋菜的株防效和总体株防效分别保持在84.86%～97.76%、82.72%～95.44%、76.29%～90.16%、71.85%～90.18%和82.52%～95.78%；鲜重防效和总体鲜重防效分别为86.06%～98.29%、84.73%～97.05%、79.91%～

93.25%、76.2%～93%和83.53%～96.09%，鲜重防效和株防效均显著优于人工除草的防效。随着用药量增加，对杂草的防除效果也提高。综合考虑，在番茄田杂草2～4叶期用75%氯吡嘧磺隆水分散粒剂喷雾除草，推荐每667平方米用制剂4～8克。

【毒性】 鹌鹑急性经口半致死中量（LD_{50}）大于2250毫克/千克，兔急性经皮半致死中量（LD_{50}）大于2000毫克/千克。对兔眼睛有轻微刺激，对兔皮肤无刺激作用。无致畸、致癌、致突变作用。鱼类半致死浓度（LC_{50}）（96小时）：大翻车鱼大于118毫克/千克，虹鳟鱼大于320毫克/千克。

【注意事项】

（1）每季最多使用1次。

（2）包装容器不可挪作他用或随便丢弃。施药后药械彻底清洗，剩余的药液和洗刷施药用具的水，不要倒入田间、河流。

（3）配制和运输该剂时请穿戴必要的防护用具。

（4）使用氯吡嘧磺隆应带防护手套、口罩，穿干净防护服。工作结束后，应用肥皂、清水洗脸、手和裸露部位。

（5）避免孕妇及哺乳期的妇女接触氯吡嘧磺隆。

（6）远离水产养殖区，禁止河塘等水体清洗施药器具。

（7）用过的容器应妥善处理，不可随意丢弃，更不可做他用。

15. 精喹禾灵

【中、英文通用名】 精喹禾灵，quizalofop-p-ethyl

【有效成分】【化学名称】（R）-2-［4-（6-氯喹噁啉-2-基氧）苯氧基］丙酸乙酯

【含量与主要剂型】 5%、8.8%、10%、10.8%乳油。

【曾用中文商品名】 精喹禾草灵。

【产品特性】 精喹禾灵纯品为白色粉末状结晶，熔点90.5～91.6℃，蒸气压9.33×10^{-5}帕（20℃），沸点220℃。20℃时在丙酮、二甲苯、乙醇、正己烷中可溶解，在水中溶解度为0.3毫克/千克。正常条件下储存稳定。工业品为浅褐色粉末状固体，熔点89～90℃。

【使用范围和防治对象】精唑禾灵是在合成禾草克的过程中去除了非活性的光学异构体后的改良制品。其作用机制和杀草谱与禾草克相似，通过杂草茎叶吸收，在植物体内向上和向下双向传导，积累在顶端及居间分生，抑制细胞脂肪酸合成，使杂草坏死。精禾草克是一种高度选择性的新型旱田茎叶处理剂，在禾本科杂草和双子叶作物间有高度的选择性，对阔叶作物田的禾本科杂草有很好的防效。精禾草克作用速度更快，药效更加稳定，不易受雨水、气温及湿度等环境条件的影响。适用于甜菜、油菜、马铃薯、豌豆、蚕豆、西瓜、阔叶蔬菜等杂草的防治。

【使用技术或施用方法】

精唑禾灵主要用于甜菜、番茄、甘蓝、葡萄等作物田，防除稗草、马唐、牛筋草、看麦娘、狗尾草、野燕麦、狗牙根、芦苇、白茅等一年生和多年生禾本科杂草。防除一年生禾本科杂草，在杂草3～6片叶时，每667平方米用5%精唑禾灵乳油40～60毫升，兑水40～50千克进行茎叶喷雾处理。防除多年生禾本科杂草，在杂草4～6片叶时，每667平方米用5%精唑禾灵乳油130～200毫升，兑水40～50千克进行茎叶喷雾处理。

防除油菜田看麦娘，在杂草出齐，处于分叶或有一个分叶时用药，用10%精唑禾灵乳油5.3～7.5毫升/100平方米；防除4～6叶期禾本科杂草，用10%精唑禾灵乳油20～30毫升/100平方米。在单、双叶子杂草混生田，可与防除阔叶杂草的除草剂（甜菜宁、虎威、阔叶枯、杂草焚等）隔天搭配使用，或用10%精唑禾灵乳油7.5毫升/100平方米，加45%阔叶枯乳油或48%苯达松液剂20毫升混用。

【毒性】据我国农药毒性分级标准，精唑禾草灵属低毒除草剂。大鼠急性经口半致死中量（LD_{50}）为3024毫克/千克（雄），2791毫克/千克（雌）；小鼠急性经口半致死中量（LD_{50}）为1753毫克/千克（雄），1805毫克/千克（雌）；大鼠和小鼠急性经皮半致死中量（LD_{50}）均大于2000毫克/千克。对皮肤无刺激作用，对眼睛有轻度刺激作用。大鼠3个月饲喂试验无作用剂量为128毫克/千克饲料。大鼠2年饲喂试验无作用剂量为25毫克/（千克·天），三代繁殖试验未见异常，在试验剂量内对动物无致畸、致突变、致癌作用。鲤鱼半致死浓度（LC_{50}）为0.6毫克/千克（48小时）、虹鳟鱼10.7毫克/千克（96小时）、蓝鳃翻车鱼2.8毫克/千克（96小时）、水蚤2.1毫克/千克（96小时）。野鸭半致死中量（LD_{50}）为2000毫克/千克，蜜蜂（接触）半致死中量（LD_{50}）为50微克/只。

【注意事项】

（1）精喹禾灵对禾本科作物敏感，喷药时切勿喷到邻近水稻、玉米、大麦、小麦等禾本科作物，以免产生药害。

（2）精喹禾灵对莎草科杂草和阔叶杂草无效。

（3）喷雾要均匀，杂草全株喷到。喷药后2小时内遇雨，对药效影响不大，不必重喷。

（4）土壤干燥时，可适当加大精喹禾灵用药量。

（5）在天气干燥条件下，作物的叶片有时会出现药害，但对新叶不会有药害，对产量无影响。

（6）精喹禾灵在阔叶作物的任何时期都可使用。对一年生和多年生禾本科杂草，在任何生育期间都有防效。耐雨水冲刷。

16. 异丙甲草胺

【中、英文通用名】异丙甲草胺，metolachlor

【有效成分】【化学名称】2-甲基-6-乙基-*N*-（1-甲基-2-甲氧乙基）-*N*-氯代乙酰基苯胺

【含量与主要剂型】5%、72%乳油。

【曾用中文商品名】都尔、稻乐思、屠萎胺。

【产品特性】异丙甲草胺纯品为无色液体，比重（20℃）为1.12，沸点100℃，闪点110～180℃。在水中溶解度530毫克/千克（20℃），可与大多数有机溶剂混溶，常温储存稳定期两年以上。异丙甲草胺72%乳油为棕黄色液体，乳化性能良好，可与许多除草剂相混，常温储存储定性两年以上。

【使用范围和防治对象】异丙甲草胺为酰胺类除草剂，主要通过植物的幼芽即单子叶和胚芽鞘、双子叶植物的下胚轴吸收向上传导。出苗后主要靠根吸收向上传导，抑制幼芽与根的生长，作用机制主要抑制发芽种子的蛋白质合成，其次抑制胆碱渗入磷脂，干扰卵磷脂形成。如果土壤墒情好，杂草被杀死在幼芽期；如果土壤水分少，杂草出土后随着降雨土壤湿度增加，吸收异丙甲草胺叶皱缩后整株枯死。因此施药应在杂草发芽前进行。由于禾本科杂草幼芽吸收异丙甲草胺的能力比阔叶杂草强，因而该药防除禾本科杂草的效果远远好于阔叶杂草。异丙甲草胺运用于旱地作物、蔬菜作物和果园、苗圃，可防除牛筋草、马唐、狗尾草、棉草等一年生禾本科杂草以及苋菜、马齿苋等阔叶杂草和碎米莎草、油莎草。

【使用技术或施用方法】

异丙甲草胺可防除稗、马唐、狗尾草、画眉草等一年生杂草及马齿苋、藜等阔叶性杂草。适用于马铃薯、十字花科、西瓜和茄科蔬菜等菜田除草。

(1) 直播甜椒、甘蓝、大萝卜、小萝卜、大白菜、小白菜、油菜、西瓜、育苗花椰菜等菜田除草，于播种后至出苗前，每667平方米用72%异丙甲草胺乳油100克，兑水喷雾处理土壤。

(2) 移栽蔬菜田，如甘蓝、花椰菜、甜（辣）椒等，于移栽缓苗后，每667平方米用72%异丙甲草胺乳油100克，兑水定向喷雾，处理土壤。

【毒性】 按我国农药毒性分级标准，异丙甲草胺属低毒除草剂。大鼠急性经口半致死中量（LD_{50}）为2780毫克/千克，急性经皮半致死中量（LD_{50}）大于3170毫克/千克，急性吸入半致死浓度（LC_{50}）大于1750毫克/立方米（4小时）。对兔眼睛无刺激作用，对皮肤有轻度刺激。大鼠90天饲喂试验无作用剂量为1000毫克/千克，狗为500毫克/千克。大鼠2年饲喂试验无作用剂量为1000毫克/千克，小鼠为3000毫克/千克。动物试验未见致畸、致癌、致突变作用。对鱼有毒，虹鳟鱼半致死浓度（LC_{50}）为3.9毫克/千克，鲇鱼半致死浓度（LC_{50}）为4.9毫克/千克。对鸟低毒。对蜜蜂有胃毒，但无触杀毒性。

【注意事项】

(1) 瓜类、茄果类蔬菜使用浓度偏高时易产生药害，施药时要慎重。

(2) 药效易受气温和土壤肥力条件的影响。温度偏高时和砂质土壤用药量宜低；反之，气温较低时和黏质土壤用药量可适当偏高。

（3）露地栽培作物在干旱条件下施药，应迅速进行浅混土，覆膜作物田施药不混土，施药后必须立即覆膜。

（4）异丙甲草胺不适用于多雨地区和有机质含量低于1%的砂土。

（5）异丙甲草胺应储存于干燥、阴凉处，低于－10℃储存会有结晶析出。使用时应用温水在容器外加热，使结晶缓慢溶解，不影响药效。

（6）异丙甲草胺残效期一般为30～35天，所以一次施药需结合人工或其他除草措施，才能控制作物全生育期杂草为害。

（7）采用毒土法，应掌握在下雨或灌溉前后施药。

（8）异丙甲草胺不得用于水稻秧田和直播田，不得随意加大用药量。

（9）由于异丙甲草胺对眼睛、皮肤有刺激作用，所以要做好防护工作

17. 高效氟吡甲禾灵

【中、英文通用名】高效氟吡甲禾灵，haloxyfop-P

【有效成分】【化学名称】（R）-2-［4-（3-氯-5-三氟甲基-2-吡啶氧基）苯氧基］丙酸

【含量与主要剂型】10.8%、12.5%高效氟吡甲禾灵乳油。

【曾用中文商品名】吡氟氯禾灵-R-甲酯。

【产品特性】高效氟吡甲禾灵原药为褐色固体，具淡芳香味，密度1.442克/立方厘米，沸点420.3℃，闪点208℃；微溶于水，溶于二氯甲烷、丙酮、二甲苯、乙腈等溶剂。对紫外线稳定。

【使用范围和防治对象】高效氟吡甲禾灵是一种阔叶作物苗后选择性除草剂，施药后能很快被禾本科杂草的叶片吸收，并传导至整个植株，抑制植物分生组织生长，从而杀死杂草。持效期长，对出苗后到分蘖、抽穗初期的一年生和多年生禾本科杂草均具有很好的防除效果。尤其对芦苇、白茅、狗牙根等多年生顽固禾本科杂草具有卓越的防除效果。对阔叶作物高度安全。低温条件下效果稳定。适用于马铃薯、油菜、油葵等蔬菜等各种阔叶作物。

【使用技术或施用方法】

（1）高效氟吡甲禾灵防除一年生禾本科杂草，于杂草3～5叶期施药，每667平方米用10.8%高效氟吡甲禾灵乳油20～30毫升，兑水20～25千克，均匀喷雾杂草茎叶。天气干旱或杂草较大时，须适当加大用药量至30～40毫升，同时兑水量也相应加大至25～30千克。

（2）高效氟吡甲禾灵用于防治芦苇、白茅、狗牙根等多年生禾本科杂草时，每667平方米用量为10.8%高效氟吡甲禾灵乳油60～80毫升，兑水25～30千克。在第一次用药后1个月再施药1次，才能达到理想的防治效果。

【毒性】按我国农药毒性分级标准，高效氟吡甲禾灵原药和制剂属低毒农药，原药大白鼠经半致死中量（LD_{50}）为623毫克/千克，制剂大白鼠口服半致死中量（LD_{50}）大于5000毫克/千克，对眼睛有刺激作用。

【注意事项】

（1）高效氟吡甲禾灵使用时加入有机硅助剂可以显著提高药效。

（2）禾本科作物对高效氟吡甲禾灵敏感，施药时应避免药液漂移到玉米、小麦、水稻等禾本科作物上，以防产生药害。

（3）若在1小时内有雨，不可施药。对阔叶作物安全，且对后茬禾本科作物也无不良影响。

（4）与阔叶除草剂混用时通常可采用适当增加高效盖草能的用量和降低阔叶除草剂的用量，来减少抗性杂草的拮抗作用，还可以减轻使用除草剂混剂的药害。最好混用前先进行试验，以确定混用时高效盖草能和阔叶除草剂的用量。

（5）药液和洗涤容器的水不能流入河流、池塘、鱼塘，以免污染水源，毒死鱼虾。

18. 敌草胺

【中、英文通用名】敌草胺，napropamide

【有效成分】【化学名称】*N*,*N*-二乙基-2-（1-萘氧基）丙酰胺

【含量与主要剂型】50%可湿性粉剂、20%乳油和50%水分散

颗粒。

【曾用中文商品名】甲萘胺、萘氧丙草胺、萘丙酰草胺、草萘胺。

【产品特性】敌草胺为酰胺类除草剂。纯品为白色晶体（原药棕色固体），熔点74.5～75.5℃（原药68～70℃），密度0.584克/立方厘米。25℃时溶解度：水72毫克/千克，丙酮大于1000毫克/千克，乙醇大于1000毫克/千克，二甲苯505毫克/千克，煤油62毫克/千克。与丙酮、乙醇、甲基异丁基酮混溶，100℃经16小时未见分解。在碱性溶液中不稳定，在稀酸性溶液中稳定。

【使用范围和防治对象】敌草胺为选择性芽前土壤处理剂，杂草根和芽鞘能吸收药液，抑制细胞分裂和蛋白质合成，使根生长受影响，心叶卷曲最后死亡。可杀死萌芽期杂草。敌草胺可防除稗草、马唐、狗尾草、野燕麦、千金子、看麦娘、早熟禾、雀稗等一年生禾本科杂草，也能杀部分双子叶杂草，如藜、猪殃殃、繁缕、马齿苋等。

【使用技术或施用方法】

（1）辣椒、番茄、茄子等作物田，可在作物播后苗前或移栽后、灌水或降雨后、土壤潮湿的情况下施药，用50%敌草胺可湿性粉剂100～150克/667平方米，兑水50千克喷雾。

（2）油菜、白菜、芥菜、菜花、萝卜等十字花科作物直播或移植田，可在播后苗前或移植后，土壤湿润情况下施药，用50%敌草胺可湿性粉剂100～120克/667平方米，兑水50千克喷雾，也可拌潮湿细土150千克，均匀撒施。

（3）豌豆等豆科作物，在播后苗前，用50%敌草胺可湿性粉剂100～150克/667平方米，兑水50千克喷雾。

（4）敌草胺可防除灰灰菜、鸭舌草、稗草、马唐等，主要用于胡萝卜、番茄、马铃薯、辣椒、茄子、大蒜、卷心菜、西瓜、菜豆等菜田除草。直播蔬菜在播种后至出苗前施药；移栽蔬菜在移栽前12～24小时施药。一般每667平方米用20%敌草胺乳油125～250克，兑水30～40千克喷雾于土壤表面。

【毒性】小鼠口经半致死中量（LD_{50}）为5毫克/千克；大鼠半致死中量（LD_{50}）为大于5毫克/千克；大鼠腹腔半致死中量（LD_{50}）为大于1毫克/千克；大鼠皮下半致死中量（LD_{50}）为大于1毫克/千克，对眼睛和皮肤有轻微刺激作用。无致癌、致畸、致突变作用。对人、畜、鱼低毒。

【注意事项】

(1) 在土壤干燥的条件下用药，防除效果差，应在施药后进行混土或土壤干旱时进行灌溉。

(2) 敌草胺对芹菜、茴香、胡萝卜、菠菜、莴苣等作物敏感，请勿使用。

(3) 敌草胺对已出土的杂草效果差，故应早施药。

(4) 春夏季日照长，光解敌草胺多，用量应高于秋季。

(5) 每季作物使用一次。

(6) 施药人员佩戴口罩、穿用防护服、手套等防护用品。此时不能吸烟、饮水等。药械使用后要洗干净。

(7) 孕妇和哺乳期妇女不得接触敌草胺。

(8) 清洗器具的废水不能排入河流、池塘等水源。废弃物不能随意丢弃，也不能做他用。

19. 二甲戊灵

【中、英文通用名】 二甲戊灵，pendimethalin

【有效成分】【化学名称】 *N*-(1-乙基丙基)-2,6-二硝基-3,4-二甲基苯胺

【含量与主要剂型】 33%二甲戊灵乳油。

【曾用中文商品名】 二甲戊乐灵、施田补、菜草灵、施田补、胺硝草。

【产品特性】 二甲戊灵纯品为橘黄色结晶固体，熔点54～58℃，25℃时，水中溶解度0.275毫克/千克，易溶于丙酮、甲醇、二甲苯等有机溶剂。

【使用范围和防治对象】 二甲戊灵属于苯胺类除草剂，二甲戊灵为选择性芽前、芽后旱田土壤处理除草剂。杂草通过正在萌发的幼芽吸收药剂，进入植物体内的药剂与微管蛋白结合，抑制植物细胞的有丝分裂，从而造成杂草死亡。主要用于马铃薯、大蒜、甘蓝、白菜、韭菜、葱、姜等的多种旱田。能够有效防治一年生禾本科杂草、部分阔叶杂草和莎草，如稗草、马唐、狗尾草、千金子、牛筋草、马齿

苋、苋、藜、苘麻、龙葵、碎米莎草、异型莎草等。对禾本科杂草的防除效果优于阔叶杂草，对多年生杂草效果差。

【使用技术或施用方法】

(1) 马铃薯　每667平方米用33%二甲戊灵乳油150～200毫升，兑水15～20千克，播种后出苗前表土喷雾。

(2) 直播蔬菜田　大蒜、姜、胡萝卜、辣椒、韭菜、小葱、洋葱、芹菜、芫荽等直播田，每667平方米用33%二甲戊灵乳油100～150毫升，兑水15～20千克，播种覆土后，表土喷雾。

(3) 移栽蔬菜田　辣椒、西红柿、韭菜、大葱、洋葱、芹菜、菜花、白菜、甘蓝、茄子等移栽田，每667平方米用33%二甲戊灵乳油100～150毫升，兑水15～20千克，移栽前1～2天表土喷雾。

(4) 韭菜　老韭菜在收割伤口愈合后，每667平方米用33%二甲戊灵乳油100～150毫升，兑水15～20千克，均匀喷雾。

【毒性】二甲戊灵对人畜低毒。大鼠急性口服半致死中量(LD_{50})为1050～1250毫克/千克，兔经皮半致死中量(LD_{50})大于5000毫克/千克，对鸟类、蜜蜂低毒。

【注意事项】

(1) 土壤有机质含量低、沙质土、低洼地等用低剂量，土壤有机质含量高、黏质土、气候干旱、土壤含水量低等用高剂量。

(2) 土壤墒情不足或干旱气候条件下，用药后需混土3～5厘米。

(3) 甜菜、萝卜（胡萝卜除外）、菠菜、甜瓜、西瓜、直播油菜、直播烟草等作物对本品敏感，容易产生药害，不得在这些作物上使用二甲戊灵。

(4) 二甲戊灵在土壤中的吸附性强，不会被淋溶到土壤深层，施药后遇雨不仅不会影响除草效果，而且可以提高除草效果，不必重喷。

(5) 二甲戊灵在土壤中的持效期为45～60天。

20. 氟乐灵

【中、英文通用名】氟乐灵，trifluralin

【有效成分】【化学名称】2,6-二硝基-*N*,*N*-二正丙基-4-三氟甲

基苯胺

【含量与主要剂型】 24%、48%乳油，5%、50%颗粒剂。

【曾用中文商品名】 氟乐宁、氟特力、茄科宁、特氟力。

【产品特性】 橘黄色晶体，熔点 48.5～49℃（原药 43～47.5℃），沸点 139～140℃，密度 1.36 克/立方厘米（22℃）。25℃时在水中的溶解度：pH5 时为 0.184 克/千克，pH7 时为 0.221 克/千克，pH9 时为 0.189 克/千克；25℃时，在丙酮、氯仿、乙腈、甲苯、乙酸乙酯中的溶解度均大于 1000 克/千克，甲醇 33～40 克/千克，己烷 50～67 克/千克。52℃下稳定，pH3、6、9（52℃）稳定，紫外光下分解。

【使用范围和防治对象】 氟乐灵属芽前除草剂，易挥发、易光解、水溶剂极小，不易在土层中移动。是选择性芽前土壤处理剂，主要通过杂草的胚芽鞘与胚轴吸收。对已出土杂草无效。对禾本科和部分小粒种子的阔叶杂草有效，持效期长。适用于土豆、胡萝卜、甘蔗、番茄、茄子、辣椒、卷心菜、花菜、芹菜、瓜类等作物，防除稗草、马唐、牛筋草、石茅高粱、千金子、大画眉草、早熟禾、雀麦、硬草、棒头草、苋、藜、马齿苋、繁缕、蓼、匾蓄、蒺藜等一年禾本科和部分阔叶杂草。

【使用技术或施用方法】

（1）蔬菜田播前 3～7 天施药，每 667 平方米用 48%氟乐灵乳油 100～150 毫升，兑水均匀喷洒土表，立即混土。胡萝卜、芹菜、茴香、架豆、豌豆等可在施药后立即播种。

（2）菜田使用

① 十字花科蔬菜田，在播前 3～7 天，每 667 平方米用 48%氟乐灵乳油 100～150 毫升，兑水喷雾土表，立即混土 2～3 厘米。

② 豆科蔬菜用，播后出苗前，每 667 平方米用 48%氟乐灵乳油 150～200 毫升，兑水喷于土表，立即混土。

③ 茄子、番茄、辣椒、甘蓝、菜花等移栽菜田，在移栽后杂草出土前，每 667 平方米用 48%氟乐灵乳油 100～150 毫升，兑水喷雾，立即混土。

【毒性】 氟乐灵对人畜低毒。大鼠急性口服半致死中量（LD_{50}）大于 10000 毫克/千克，兔急性经皮半致死中量（LD_{50}）大于 20000

毫克/千克。对鸟类低毒，对鱼类高毒。

【注意事项】

（1）氟乐灵蒸气压高，在叶菜类蔬菜地使用，药量不宜超过150毫升，以免产生药害。

（2）氟乐灵易挥发、光解，施药后必须立即混土。

21. 乙草胺

【中、英文通用名】乙草胺，acetochlor

【有效成分】【化学名称】2-乙基-6 甲基-*N*-乙氧基甲基-α-氯代乙酰替苯胺

【含量与主要剂型】90%乙草胺乳油、88%乙草胺乳油、50%乙草胺乳油、50%乙草胺微乳剂、50%乙草胺水乳剂、20%乙草胺可湿性粉剂

【曾用中文商品名】禾耐斯。

【产品特性】乙草胺纯品为淡黄色液体，原药因含有杂质而呈现深红色。性质稳定，不易挥发和光解。不溶于水，易溶于有机溶剂。熔点大于0℃，蒸气压大于133.3帕，沸点大于200℃，不易挥发和光解。30℃时与水的相对密度为1.11，在水中的溶解度微223毫克/千克。

【使用范围和防治对象】乙草胺是选择性芽前处理除草剂，主要通过单子叶植物的胚芽鞘或双子叶植物的下胚轴吸收，吸收后向上传导，主要通过阻碍蛋白质合成而抑制细胞生长，使杂草幼芽、幼根生长停止，进而死亡。禾本科杂草吸收乙草胺的能力比阔叶杂草强，所以防除禾本科杂草的效果优于阔叶杂草。乙草胺在土壤中的持效期45天左右，主要通过微生物降解，在土壤中的移动性小，主要保持在0～3厘米土层中。乙草胺用于防治马铃薯、油菜、大蒜、大葱等作物田马唐、狗尾草、牛筋草、稗草、千金子、看麦娘、野燕麦、早熟禾、硬草、画眉草等一年生禾本科杂草有特效，对藜科、苋科、蓼科、鸭跖草、牛繁缕、菟丝子等阔叶杂草也有一定的防效，但是效果比对禾本科杂草差，对多年生杂草无效。

【使用技术或施用方法】

（1）马铃薯田　每667平方米用90%乙草胺乳油100～140毫

升，播种前或播种后、出苗前表土喷雾。

（2）大蒜田　每 667 平方米用 90%乙草胺乳油 80～100 毫升，种植前或种植后表土喷雾。

施用乙草胺的喷液量一般应掌握在 20～25 千克，土壤干旱时应先灌水后施药，或施药后混土 4～6 厘米，以保证药效。

【毒性】 按我国农药毒性分级标准，乙草胺属低毒除草剂。大白鼠急性经口半致死中量（LD_{50}）为 2593 毫克/千克。对人的眼睛和皮肤有刺激作用。

【注意事项】

（1）乙草胺在砂质土壤使用低剂量，黏质土壤使用高剂量。

（2）东北地区有机质含量超过 4%的土壤，乙草胺用药量应提高 30%左右。

（3）乙草胺在土壤含水量低时，使用高剂量；土壤含水量高时，使用低剂量。

（4）因我国北方地区春季天气干旱，在北方春季大面积施用乙草胺时，最好在播种前或移栽前施药，以便于进行机械化混土作业。

（5）黄瓜、西瓜、甜瓜、菠菜、韭菜对乙草胺敏感，应慎用。

（6）乙草胺只对萌芽出土前的杂草有效，只能作土壤处理剂使用。

（7）土壤温度影响植物吸收乙草胺的速度，在较高温度（27～32℃）下吸收速度比较低温度（16～21℃）时高，因此南方温度较高地区或夏季播种的作物田用量要低。

（8）在播种深度、药层厚度、土壤性质、气候条件和植物吸收部位等因素之中，主要受播种深度及药后覆土深度的影响。一般作物种子应播于药层之下，并确保覆土良好。

（9）乙草胺活性受土壤类型、墒情、有机质含量和土壤温度的影响。土温低、有机质含量高、降雨少和黏土类地区的使用剂量一般要高 1～1.5 倍。砂质土用药量要相应减少，防止较大的降雨将一部分未完全被土壤颗粒吸附的药剂带入根层，接触幼芽根而可能导致药害。

（10）施药方法与其他芽前除草剂相同，播后或移栽后用喷雾器施药，一般不超过 3 天，或在整地结束播前或移栽前 3 天施药。需要排水的地块，要预先开沟并将沟泥摊开摊平后再喷药。施药前土表宜充分整细整平，有大块土坷垃妨碍除草效果。

（11）为保证喷雾均匀，建议采用扇形或其他窄幅式喷头。北方地区采用机械化耕作的，可在机动喷雾器药箱先加水，再加入额定药量，搅拌均匀即可喷洒。

（12）乙草胺活性很高，施用时剂量不宜随意增大，同时要喷施均匀，避免重喷和漏喷。地膜覆盖作物田取用量下限。如果施药后15天内没有5～10毫米降雨，建议人工灌溉，促使种子萌发出土，并使药剂扩散形成控草药层，确保齐苗及杂草防除效果。多雨地区注意雨后排水，排水不良地块大雨之后积水，会妨碍作物出苗或出现轻微药害。

（13）施药后遇连阴雨天低温，作物可能会表现出叶片褪绿，生长缓慢或皱缩，但随着温度升高，便会恢复生长，一般不影响产量。

（14）黄瓜、菠菜等作物对本品比较敏感，不宜施用乙草胺。

（15）空容器及喷雾器具要用清水多次清洗，勿使此种污水流入水源或池塘。

22. 吡氟禾草灵

【中、英文通用名】吡氟禾草灵，fluazifop-butyl

【有效成分】【化学名称】2-[4(5-三氟甲基-2吡啶氧基)苯氧基]丙酸丁酯

【含量与主要剂型】35%乳油、15%乳油。

【曾用中文商品名】稳杀得、氟草除、氟草灵。

【产品特性】本剂在水中的溶解度为2毫克/升，可溶解于丙酮、环己酮、乙烷、甲醇、二氯甲烷、二甲苯等有机溶剂。

【使用范围和防治对象】吡氟禾草灵是一种高度选择性的苗后茎叶处理剂，对1年生及多年生禾本科杂草具有较好的杀伤力，对阔叶作物安全，对双子叶杂草无效。杂草主要通过茎叶吸收传导，根也可以吸收传导。一般施药后48小时可出现中毒症状，但彻底杀死杂草则需15天。适用于甜菜、马铃薯、豌豆、蚕豆、菜豆、烟草、亚麻、西瓜等多种作物。防除1年生和多年生禾本科杂草，如旱稗、狗尾草、马唐、牛筋草、野燕草、看麦娘、雀麦、臂形草、芦苇、狗牙根、双穗雀稗等。

【使用技术或施用方法】

(1) 豇豆、葫芦科蔬菜田一般在作物出苗后，田间禾本科杂草2～5叶期，每667平方米用35%吡氟禾草灵乳油40～60毫升，兑水50千克喷雾。

(2) 油菜、番茄田在杂草2～4叶期，每667平方米用35%吡氟禾草灵乳油30～50毫升，兑水50千克喷雾。

(3) 甜菜田使用一般在杂草3～5叶期，每667平方米施用35%吡氟禾草灵乳油50～100毫升，可有效防除1年生禾本科杂草。如单子叶和双子叶杂草混生，可使用35%吡氟禾草灵乳油50～67毫升和16%甜菜宁乳油400毫升混剂，效果也很好。

混用：吡氟禾草灵可与20%二甲四氯、虎威、甜菜宁、苯达松等药剂混用。

【毒性】 吡氟禾草灵对人畜低毒。大鼠急性经口半致死中量(LD_{50})为3328毫克/千克，小鼠雄性为1490毫克/千克，雌性为1770毫克/千克，家兔急性经皮半致死中量(LD_{50})大于2420毫克/千克，对眼睛刺激轻微，对皮肤无刺激作用。无慢性毒性问题，对鸟、蜜蜂低毒，对蚯蚓、土壤微生物无任何影响，对鱼有毒。

【注意事项】

(1) 喷撒吡氟禾草灵时必须充分均匀，使杂草茎叶都能受药，方能获得好效果。

(2) 吡氟禾草灵对禾本科作物敏感，施药时，切忌污染敏感作物，以免产生药害。

(3) 喷药后对喷雾器具要彻底洗干净。

23. 烯禾定

【中、英文通用名】 烯禾定，sethoxydim

【有效成分】【化学名称】 2-［1-(乙氧基亚氨基)丁基］-5-［2-(乙硫基)丙基］-3-羟基环己-2-烯酮

【含量与主要剂型】 92%稀禾定原药，50%稀禾定原药，12.5%、

20%稀禾定乳油。

【曾用中文商品名】拿扑净、乙草丁、硫乙草定、稀禾定。

【产品特性】烯禾定纯品为流性（低黏度）液体，相对密度1.043，沸点大于90℃，蒸气压小于0.013毫帕，分配系数为4.51（pH5）。水中溶解度（20℃）：25毫克/千克（pH4）、4700毫克/千克（pH7）。可与甲醇、乙烷、乙酸乙酯、甲苯、辛醇、二甲苯、橄榄油等有机溶剂互溶，溶解度大于1千克/千克（25℃）。稳定性：在pH8.7（25℃）、10毫克/千克浓度和12小时/天（用氙灯照）条件下，半衰期（DT_{50}）为5.5天。土壤中半衰期（DT_{50}）小于1天（15℃）。与无机或有机铜化合物不能混配。

【使用范围和防治对象】稀禾定为选择性强的内吸传导型茎叶处理剂，能被禾本科杂草茎叶迅速吸收，并传导到顶端和节间分生组织，使其细胞分裂遭到破坏。由生长点和节点间分生组织开始坏死，受药植株3天后停止生长，7天后新叶褪色或出现花青素色，2～3周内全株枯死。本剂在禾本科与双子叶植物间选择很高，对阔叶作物安全。

稀禾定传导性较强，在禾本科杂草2叶期至2个分蘖期间均可施药，降雨基本不影响药效。可用于油菜、甜菜、阔叶蔬菜、马铃薯防治稗草、野燕麦、狗尾草、马唐、牛筋草、看麦娘等。适当提高用量也可防治白茅、匍匐冰草、狗牙根等。早熟禾、柴羊茅等抗药性较强。

本剂在土壤中持效期较短，施药后当天可播种阔叶作物，但播种禾谷类作物时需在用药后4周。

【使用技术或施用方法】

（1）甜菜、大豆田每667平方米用20%稀禾唉乳油66.7～133.3毫升（有效成分13.1～26.7克），兑水20～40千克茎叶喷雾。在单、双子叶混生的甜菜田，可与300～400毫升甜菜宁或杀草敏混用。

（2）稀禾定还可以用于西瓜、芝麻、阔叶蔬菜及果园等防除禾本科杂草。

施药时间以早晚为好，中午或气温高时不宜施药。干旱或杂草较大时杂草的抗药性强，用药量应适当增加，防除多年生禾本科杂草也应适当增加用药量。

【毒性】按我国农药毒性分级标准，稀禾定为低毒除草剂。大白鼠急性经口半致死中量（LD_{50}）为 3200～3500 毫克/千克，急性经皮半致死中量（LD_{50}）大于 5000 毫克/千克，急性吸入半致死浓度（LC_{50}）大于 6.28 毫克/升。对鱼低毒。

【注意事项】

（1）在单双子叶杂草混生地，稀禾定应与其他防除阔叶草的药剂混用，如虎威、苯达松等，以免除去单子叶草后，造成阔叶草过分生长。

（2）稀禾定对禾本科作物敏感，在喷药时应防止雾滴飘移到水稻、小麦等作物，避免发生药害。

（3）油菜上使用稀禾定，宜在 4 叶期后使用比较安全。

（4）土壤湿度对稀禾定的药效有影响，土壤湿度适宜时用量可低些，干旱情况下用量可高些。低温条件下，药效见效慢。

24. 草甘膦

【中、英文通用名】草甘膦，glyphosate

【有效成分】【化学名称】*N*-（膦羧甲基）甘氨酸

【含量与主要剂型】30%、46%水剂，30%、50%、65%、70%可溶粉剂，74.7%、88.8%草甘膦铵盐可溶粒剂和 98%、95%草甘膦原药。

【曾用中文商品名】农达、镇草宁、膦甘酸。

【产品特性】草甘膦纯品为非挥发性白色固体，相对密度为 0.5，在 230℃左右熔化，并伴随分解。25℃时在水中的溶解度为 1.2%，不溶于一般有机溶剂，其异丙胺盐完全溶解于水，微溶于乙醇、乙醚。草甘膦不可燃、不爆炸，常温下储存稳定，对中碳钢、镀锡铁皮（马口铁）有腐蚀作用。草甘膦常用于防除多种杂草。

【使用范围和防治对象】草甘膦为内吸传导型慢性广谱灭生性除草剂，主要抑制物体内烯醇丙酮基莽草素磷酸合成酶，从而抑制莽草素向苯丙氨酸、酪氨酸及色氨酸的转化，使蛋白质的合成受到干扰导致植物死亡。草甘膦是通过茎叶吸收后传导到植物各部位的，可防除单子叶和双子叶、一年生和多年生、草本和灌木等 40 多科的植物。

草甘膦入土后很快与铁、铝等金属离子结合而失去活性，对土壤中潜藏的种子和土壤微生物无不良影响。

主要用于茶园、桑园、果园、休耕田、油菜等免耕田播种前除草，棉田中后期除草及田边、路边、渠道、铁道、庭园等除草。能防除几乎所有的一年生或多年生杂草。

【使用技术或施用方法】

草甘膦接触绿色组织后才有杀伤作用。由于各种杂草对草甘膦的敏感度不同，因而用药量也不同。

(1) 防除1年生杂草每667平方米用10%草甘膦水剂0.5～1千克，防除多年生杂草每667平方米用10%草甘膦水剂1～1.5千克。兑水20～30千克，对杂草茎叶定向喷雾。

(2) 农田除草　农田倒茬播种前防除田间已生长杂草，用药量可参照果园除草。每667平方米用10%草甘膦水剂0.5～0.75千克，兑水20～30千克。

(3) 休闲地、田边、路边除草　于杂草4～6叶期，每667平方米用10%草甘膦水剂0.5～1千克，加柴油100毫升，兑水20～30千克，对杂草喷雾。

(4) 对于一些恶性杂草，如香附子芦苇等，可每667平方米地按照200克加入助剂，除草效果好。

【毒性】按我国农药毒性分级标准，草甘膦属低毒除草剂。原粉大鼠急性经口半致死中量（LD_{50}）为4300毫克/千克，兔急性经皮半致死中量（LD_{50}）大于5000毫克/千克。对兔眼睛和皮肤有轻度刺激作用，对豚鼠皮肤无过敏和刺激作用。草甘膦在动物体内不蓄积。在试验条件下对动物未见致畸、致突变、致癌作用。对鱼和水生生物毒性较低；对蜜蜂和鸟类无毒害；对天敌及有益生物较安全。

【注意事项】

(1) 草甘膦为灭生性除草剂，施药时切忌污染作物，以免造成药害。

(2) 对多年生恶性杂草，如白茅、香附子等，在第一次用药后1个月再施1次药，才能达到理想防治效果。

(3) 在药液中加适量柴油或洗衣粉，可提高药效。

(4) 在晴天，高温时用药效果好，喷药后4～6小时内遇雨应补喷。

（5）草甘膦具有酸性，储存与使用时应尽量用塑料容器。

（6）喷药器具要反复清洗干净。

（7）包装破损时，高湿度下可能会返潮结块，低温储存时也会有结晶析出，用时应充分摇动容器，使结晶溶解，以保证药效。

（8）为内吸传导型灭生性除草剂，施药时注意防止药雾飘移到非目标植物上造成药害。

（9）易与钙、镁、铝等离子络合失去活性，稀释农药时应使用清洁的软水，兑入泥水或脏水时会降低药效。

（10）施药后3天内请勿割草、放牧和翻地。

第五章

无公害蔬菜常用植物生长调节剂

1. 比 久

【中、英文通用名】 比久，succinicacid2，2-dimethylhydrazide

【有效成分】【化学名称】 *N*-二甲胺基琥珀酰胺

【含量与主要剂型】 85%水可溶性粉剂。

【曾用中文商品名】 阿拉。

【产品特性】 比久纯品为带有微臭的白色结晶，不易挥发，熔点154～156℃，溶于水、丙酮、甲醇，不溶于二甲苯和一般的碳氢化合物。遇酸易分解，遇碱分解缓慢。在25℃时，水中溶解度为100毫克/千克，丙酮中溶解度为25克/千克，甲醇中溶解度为50克/千克。在室温下放置一年以上或在50℃放置5个月以上未见对其化学稳定性有任何影响。

【使用范围和防治对象】 比久是一种能调节植物生长发育的非营养性化合物，属广谱性琥珀酰肼类植物生长延缓剂。它可以抑制内源赤霉素的生物合成，也可以抑制内源生长素的合成。主要作用是抑制新枝徒长，缩短节间长度，增加叶片厚度及叶绿素含量，防治落花促进坐果，诱导不定根形成，刺激根系生长，提高抗寒力。比久通过植物茎、叶进入体内，随营养流传导到作用部位。为具广谱性、适用性的植物生长调节剂。

【使用技术或施用方法】

(1) 马铃薯　用85%比久水可溶性粉剂300～400倍液，于初花期全株喷洒1次，能抑制茎叶徒长与块茎增大，增产明显。

(2) 番茄　用比久85%比久水可溶性粉剂250倍稀释液，1～4叶期喷雾2次，有利于抑制植株营养生长过旺，促进坐果，提高产量。

【毒性】比久属于低毒性植物生长调节剂。大鼠急性经口半致死中量（LD_{50}）大于5克/千克，兔急性经皮半致死中量（LD_{50}）大于5克/千克。大鼠急性吸入半致死浓度（LC_{50}）（4小时）大于2.1毫克/千克空气。1年饲喂试验无作用剂量为：狗为188毫克/(千克·天)，大鼠5毫克/(千克·天)。2年饲喂试验无作用剂量大鼠和小鼠为10毫克/千克饲料。大鼠三代繁殖试验的无作用剂量为50毫克/(千克·天)。活体试验无诱变作用。野鸭和白喉鹑半致死浓度（LC_{50}）（8天）大于10克/千克饲料。鱼类半致死浓度（LC_{50}）（96小时）：虹鳟149毫克/千克，蓝鳃423毫克/千克。对蜜蜂低毒，半致死中量（LD_{50}）大于100微克/头蜜蜂（85%制剂）。蚯蚓半致死浓度（LC_{50}）大于632毫克/千克，水蚤半致死浓度（LC_{50}）（96小时）为76毫克/千克。

【注意事项】

(1) 作物徒长，水肥条件好，使用比久效果更明显；农作物生长不良，地薄缺肥下使用，能导致减产。比久作用温和，当使用浓度成倍提高时，只显示对茎叶生长的抑制程度加强，不会有杀死的结局。

(2) 比久在农业生产中曾被大量用作矮化剂、坐果剂、生根剂及保鲜剂等。最近在美国经动物试验发现，本品能引起肿瘤。为此美国环境保护局决定，在所有食品作物上禁用比久。根据这一情况，建议国内比久产品，勿再用于食品作物而可使用在观赏植物、苗木等非食用作物上。

(3) 应采取严格防护措施，如避免药液与皮肤和眼睛接触，或吸入药雾等，储存处远离食物和饲料，勿让儿童接近。无专用解毒药，按出现症状对症治疗。

2. 防落素

【中、英文通用名】防落素，PCPA

【有效成分】【化学名称】对氯苯氧乙酸或4-氯苯氧乙酸

【含量与主要剂型】复合1%水剂。

【曾用中文商品名】促生灵，番茄灵。

【产品特性】防落素纯品为白色结晶，略带刺激性臭味，微溶于水，易溶于乙醇，性质稳定，配制方法如吲哚乙酸。

【使用范围和防治对象】防落素具有类生长素促进生长、阻止离层形成、促进坐果与诱导单性结实的作用，不易产生药害。其作用是增加坐果率，加速幼果发育，一般用于番茄、茄子、辣椒、黄瓜、西瓜等瓜果类蔬菜。

【使用技术或施用方法】

（1）番茄、茄子、瓠瓜，在蕾期以25～35毫克/千克浸或喷蕾，同样浓度浸或喷花序，可促进15℃以下坐果。正常温度（15～30℃）下浓度为15～25毫克/千克，还可以促进果实膨大、植株矮化、提早成熟。

（2）南瓜、西瓜、黄瓜等瓜类作物，以20～25毫克/千克浸或喷花。

（3）四季豆以1～5毫克/千克喷洒全株，均可促进坐果、结荚，明显提高产量。

（4）大白菜采收前3～7天用50毫克/千克喷洒，不滴水为度，防止脱帮。

（5）在茄子花期用浓度为25～30毫克/升的防落素药液喷洒，连续2次，每次间隔1周。

（6）对于番茄在花开一半时，用25～30毫克/升的防落素药液喷洒1次。辣椒用15～25毫克/升的防落素药液于盛花期喷施1次。

（7）在西瓜于花期用20毫克/升的防落素药液喷施1～2次，中间间隔7天。

（8）对于大白菜，在收获前3～15天用25～35毫克/升的防落素药液在晴天下午喷洒，可以有效防止大白菜贮存期间脱帮，并且有保鲜作用。

(9) 对于南瓜，宜选择在开花时喷花，使用防落素的浓度为10毫克/升，在晴天下午4时以后进行喷施，能够提高南瓜结果数，刺激南瓜果实膨大，以及改善品质，增加南瓜产量。

(10) 对于矮生四季豆，应选择在开花时喷花序，喷施花序的防落素浓度为0.0005%，于晴天下午4时后喷洒，能够提高矮生四季豆结荚数，促豆荚生长，增加荚重，提高产量。

【毒性】 防落素属低毒生长调节剂，对人畜无害，大白鼠急性毒性半致死中量（LD_{50}）为2000毫克/千克；小白鼠急性毒性半致死中量（LD_{50}）为1690毫克/千克。

【注意事项】

(1) 喷花时一定要定点（只喷花而不能喷茎、叶），建议用家用的喷雾筒装药液喷花，喷洒时间宜选晴天早晨或傍晚，如果在高温、烈日下或阴雨天喷洒就容易产生药害。

(2) 用防落素的纯品时也要先用酒精或高浓度的烧酒溶解，再加水到所需要的浓度。

3. 青鲜素

【中、英文通用名】 青鲜素，maleichydrazide

【有效成分】【化学名称】 1,2-二氢-3,6-哒嗪二酮

【含量与主要剂型】 25%、30%水剂。

【曾用中文商品名】 抑芽丹。

【产品特性】 青鲜素纯品是无色晶体，难溶于水，溶于有机溶剂，易溶于二乙醇胺或三乙醇胺。在酸性、碱性和中性水溶液中均稳定，在硬水中析出沉淀。但对氧化剂不稳定，遇强酸时可分解放出氮。对铁器有轻微腐蚀性。

【使用范围和防治对象】 青鲜素为选择性除草剂和暂时性植物生长抑制剂。药剂能在植物体内传到生长活跃部位，并积累在顶芽里。但不参与代谢。青鲜素在植物体内与巯基发生反应，抑制植物的顶端分生组织细胞分裂，破坏顶端优势，抑制顶芽旺长，使光合产物向下输送到腋芽、侧芽或块茎、块根里。青鲜素能抑制这些芽的萌发，或

延长萌发期，在生产中用于延缓植物休眠，延长农产品储藏期，控制侧芽生长等，用于防止马铃薯块茎、洋葱、大蒜、萝卜等储藏期间的抽芽，并有抑制作物生长、延长开花的作用，也可用作除草剂或用于烟草的化学摘心。

【使用技术或施用方法】

(1) 圆葱、大蒜、马铃薯收获前 14 天左右，用 25%青鲜素水剂 100 倍（2.5 毫升/千克）液对植株进行均匀喷雾，可延长休眠期，抑制储存期发芽。

(2) 萝卜在抽薹前，适时喷洒 25%青鲜素水剂 250 倍液；萝卜收获前 14 天左右，用 25%青鲜素水剂 250 倍液喷洒植株，能抑制储存期发芽，亦可延迟“空心”现象产生。

(3) 莴苣在植株封垄、肉质茎膨大时，用 25%青鲜素水剂 200～250 倍稀释液均匀喷洒植株，有利于延长采收期。

(4) 大白菜在收获前 4 天，用 25%青鲜素水剂 80～100 倍液均匀喷洒植株，可抑制储存后期抽薹，延长保鲜保质时间。

【毒性】青鲜素属于低毒性植物生长调节剂，大白鼠急性进口半致死中量（LD_{50}）为 1400 毫克/千克，其钠盐为 6950 毫克/千克、钾盐为 3900 毫克/千克、二乙醇胺盐为 2340 毫克/千克。无刺激性。对大白鼠用含其钠盐的饲料在 50000 毫克/千克剂量下饲喂 2 年，未出现中毒症状。不致癌。

【注意事项】

(1) 植物吸收青鲜素较慢，如施用 24 小时内下雨，将降低药效。

(2) 处理过的马铃薯不能做种用，不要处理因缺水或霜冻所致生长不良的马铃薯。

(3) 容器用后要洗净，如有残留将影响其他作物。

(4) 不要让青鲜素接触皮肤与眼睛。操作人员在使用后，要用清水洗手后再用餐。

4. 缩节胺

【中、英文通用名】缩节胺，mepiquatchloride

【有效成分】【化学名称】1,1-二甲基氮杂环己基氯化物

【含量与主要剂型】40%、25%、5%水剂。

【曾用中文商品名】甲哌嗡、助壮素、调节啶、健壮素等。

【产品特性】缩节胺纯品为白色结晶，无气味。原药为白色或浅黄色粉状物。常温下放置两年，有效成分基本不变，极易吸潮结块，但不影响药效。溶解度（20℃）为：水100%，乙醇16.2%，氯仿1.1%，丙酮、乙醚、环己烷、醋酸乙酯、橄榄油均小于0.1%。

【使用范围和防治对象】缩节胺对植物营养生长有延缓作用，可通过植株叶片和根部吸收，传导至全株，可降低植株体内赤霉素的活性，从而抑制细胞伸长，顶芽长势减弱，控制植株纵横生长，使植株节间缩短，株型紧凑，叶色深厚，叶面积减少，并增强叶绿素的合成，可防止植株旺长，推迟封行等。用于番茄、瓜类和豆类可提高产量，提早成熟。

【使用技术或施用方法】

（1）用于番茄 移植前和第二次初花期，喷洒40%缩节胺水剂4000倍（将0.5毫升药稀释于1千克水中）液，可以抑制腋芽生长，增加前期开花数量，防止落花落果，有利于早开花，早结果，提高产量与产值。

（2）用于黄瓜 初花期，喷洒40%缩节胺水剂2000～4000倍（将0.5～1毫升药稀释于1千克水中）液，能抑制植株生长，促进株型紧凑与健壮，提高抗病能力。

【毒性】缩节胺低毒、不燃、无腐蚀，对呼吸道、皮肤、眼睛无刺激。在动物体内蓄积性较小，在试验条件下，未见致突变、致畸和致癌作用。对蜜蜂、鸟类无明显毒性。如发生中毒，应作胃肠清洗。毒性分级为中毒。大鼠急性经口半致死中量（LD_{50}）为1490毫克/千克，小鼠为428毫克/千克。大鼠急性经皮半致死中量（LD_{50}）为7800毫克/千克，大鼠急性吸入半致死浓度（LC_{50}）大于3.2毫克/千克（7小时）。对皮肤和眼睛有刺激作用。对蓝鳃鱼半致死浓度（LC_{50}）大于250毫克/千克，鳟鱼半致死浓度（LC_{50}）为750毫克/千克。

【注意事项】

（1）使用缩节胺应遵守一般农药安全使用操作规程，避免吸入药雾和长时间与皮肤眼睛接触。

（2）缩节胺易潮解，要严防受潮。潮解后可在100℃左右温度下烘干。本剂虽毒性低，但储存时还需妥善保管，勿使人、畜误食。不要与食物、饲料、种子混放。

5. 赤霉素

【中、英文通用名】赤霉素，gibberellin

【有效成分】【化学名称】贝壳杉烯

【含量与主要剂型】3%、4%赤霉酸乳油，6%赤霉素水剂，40%赤霉酸颗粒剂，20%可溶性片剂，75%、85%结晶粉等。

【曾用中文商品名】吉贝素。

【产品特性】赤霉素纯品为白色结晶，工业品为白色粉末。熔点233～235℃。能溶于醇、酮、酯类等有机溶剂和pH6.3的磷酸缓冲溶液，难溶于醚、氯仿、苯和水。与钾、钠离子形成盐并溶于水。赤霉素固体比较稳定，在干燥、密闭条件下储存时间较久不会失效；水溶液不稳定，低温时短期储存不致失效，温度较高时分解较快；酸性或弱酸性条件较稳定，碱性条件不稳定。

【使用范围和防治对象】赤霉素是一种植物激素，调节生长和影响各种发育过程。赤霉素适用于、番茄、马铃薯等作物，促进其生长、发芽、开花结果；能刺激果实生长，提高结实率，对蔬菜、瓜果等有显著的增产效果。

【使用技术或施用方法】

（1）促使黄瓜、西瓜多开雌花　在黄瓜的1叶期，用4%的赤霉素乳油500倍液或菜宝800～1000倍液叶面喷雾，在西瓜的2～3叶期，用4%的赤霉素乳油8000倍液叶面喷雾。

（2）促进土豆、豌豆、扁豆发芽　用4%的赤霉素乳油800倍液，浸种24小时，捞出后（由于切开有伤口，土豆还需用草木灰或其他药剂消毒）播种。

（3）使芹菜、菠菜、散叶生菜叶片肥大　收获前20天，用4%的赤霉素乳油4000倍液叶面喷雾，或菜宝800～1000倍液叶面喷雾，隔5天再喷1次（这是种植户所掌握的最常见一种用法）。

（4）提高黄瓜、茄子、番茄坐果率　开花期用或菜宝800～1000

倍液叶面喷雾或4%的赤霉素乳油800倍液喷花。

【毒性】 正常使用时对人、畜无毒。小鼠急性经口半致死中量（LD_{50}）大于25000毫克/千克。大鼠吸入无作用剂量为250～400毫克/千克。无致畸、致突变作用。注意：吞服有毒，粉末溅入眼睛要用大量水冲洗。

【注意事项】

（1）赤霉素可与一般农药混用，并能相互增效。如果使用赤霉素过量，副作用可造成倒伏，所以常使用助壮素进行调节。注意：不能与碱性物质混用，但可与酸性、中性化肥、农药混用，与尿素混用增产效果更好。

（2）喷施赤霉素时间最好在上午10点以前，下午3点以后，喷药后4小时内下雨要重喷。

（3）赤霉素浓度较高，请按照用量配制。浓度过高会出现徒长、白化，直到畸形或枯死，浓度过低作用不明显。对叶类蔬菜用液量因作物植株的大小、密度不同而不同，一般每667平方米每次用液量不少于50千克。

（4）赤霉素水溶液易分解，不宜久放，宜现配现用。

（5）使用赤霉素只有在肥水供应充分的条件下，才能发挥良好的效果，不能代替肥料。

6. 氯化胆碱

【中、英文通用名】 氯化胆碱，cholinechloride

【有效成分】【化学名称】 氯化2-羟乙基三甲铵

【含量与主要剂型】 60%水剂。

【曾用中文商品名】 氯化胆脂，增蛋素。

【产品特性】 氯化胆碱为白色结晶，有鱼腥臭，咸苦味，熔点240℃。易溶于水及醇类，水溶液几乎呈中性，不溶于醚、石油醚、苯及二硫化碳。在碱溶液中不稳定。

【使用范围和防治对象】 氯化胆碱还是一种植物光合作用促进剂，对增加产量有明显的效果。可用于马铃薯、萝卜、洋葱等增加产量，在不同气候、生态环境条件下效果稳定。

【使用技术或施用方法】

块根等地下部分生长作物（如红薯）在膨大初期每 667 平方米用 60%氯化胆碱水剂 10～20 毫升（有效成分 6～12 克），加水 30 升稀释（1500～3000 倍），喷施 2～3 次，膨大增产效果明显；

【毒性】氯化胆碱属低毒生长调节剂，大鼠急性经口半致死中量（LD_{50}）为 3400 毫克/千克。

【注意事项】

（1）氯化胆碱与醋酸铜的合剂（毒克星）不可与碱性农药混合使用。

（2）氯化胆碱使用浓度要稀释 300 倍以上，否则易产生药害。

7. 胺鲜酯

【中、英文通用名】胺鲜酯，diethyl aminoethyl hexanoate

【有效成分】【化学名称】己酸二乙氨基乙醇酯

【含量与主要剂型】胺鲜酯 1.6%水剂。

【曾用中文商品名】无。

【产品特性】胺鲜酯（DA-6）原油为无色或淡黄色透明液体，微溶于水，溶于醇类、苯类等有机溶剂中，在中性和弱酸性介质中稳定。DA-6 有机盐母粉呈白色，粉状固体，易溶于水、醇类等溶剂，和有机溶剂有很好的互溶性。

经国内外试验证明 DA-6 是新发现的一种高效植物生长物质，对多种农作物具有显著的增产、抗逆、抗病、改善品质、早熟等功效。DA-6 无毒、无副作用、无残留，与生态环境的相容性较好，这是其他植物生长促进剂不具有的，它能与锌、铁、锰、铜、硼、氮、磷、钾等肥料和元素很好地相容，促进植物对这些营养元素的吸收和利用，DA-6 还可以和杀菌剂复配使用，增强作物抗寒、抗旱、抗涝、抗倒伏、抗病、抗药害等抗逆能力，提高杀菌效果。

【使用范围和防治对象】可以在黄瓜、冬瓜、南瓜、丝瓜、苦瓜、节瓜、西葫芦等瓜类上使用。可以使苗壮，抗病，抗寒，开花数增多，结果率提高，瓜型粗、长、绿、直，干物质增加，品质提高，早熟，拔秧晚，增产 20%～40%。

可以在菠菜、芹菜、生菜、芥菜、白菜、空心菜、甘蓝、花椰菜、生花菜、香菜等叶菜类上使用。可以使幼苗生长快，苗壮，块根直、粗、重，表皮光滑，品质提高，早熟增产 30%。

可以在萝卜、胡萝卜、榨菜、牛蒡等根菜类上使用。可以使幼苗生长快，苗壮、块根直，粗、重、表皮光滑，皮质提高、早熟增产30%。可作为除草剂的解毒剂。

试验证明 DA-6 对大多数除草剂具有解毒功效，和除草剂复配可在不降低除草剂效果的情况下有效防止农作物中毒，使除草剂能够安全使用。

【使用技术或施用方法】

（1）萝卜、胡萝卜、榨菜、牛蒡等根菜类　10 毫克/千克，浸种6 个小时，幼苗期、肉质根形成期和膨大期各喷一次。幼苗生长快，苗壮、块根直、粗、重，表皮光滑，品质提高，早熟，增产 30%。

（2）甜菜　15 毫克/千克，浸种 8 个小时，幼苗期、直根形成期和膨大期各喷一次，幼苗生长快、苗壮、根直、粗、重、糖度提高、早熟、高产。

（3）番茄、茄子、辣椒、甜椒等茄果类　8 毫克/千克，幼苗期、初花期、坐果后各喷一次。苗壮，抗病抗逆性好，增花保果提高结实率，果实均匀光滑，品质提高，早熟，收获期延长，增产30%～100%。

（4）冬瓜　8 毫克/千克，始花期、坐果后、果实膨大期各喷一次。味好汁多，含糖度提高，增加单瓜重，增产，抗逆性好。

（5）四季豆、扁豆、豌豆、蚕豆、菜豆等豆类　8 毫克/千克，幼苗期、盛花期、结荚期各喷施一次。苗壮，抗逆性好，提高结荚率，早熟，延长生长期和采收期，增产 25%～40%。

（6）韭菜、大葱、洋葱、大蒜等葱蒜类　12 毫克/千克，营养生长期间隔 10 天以上喷一次，共 2～3 次。促进生长，增强抗性，早熟，增产 25%～40%。

（7）蘑菇、香菇、木耳、草菇、金针菇等食用菌类　8 毫克/千克，子实体形成初期喷一次，幼菇期、成长期各喷一次。提高菌丝生长活力，增加子实体数量，加快单菇生长速度，生长整齐，肉质肥厚，菌柄粗壮，鲜重、干重大幅提高，品质提高，增产 35%以上。

（8）马铃薯、地瓜、芋　10毫克/千克，苗期、块根形成期和膨大期各喷一次。苗壮、抗逆性提高，薯块多、大、重，早熟、高产。

（9）黄瓜、冬瓜、南瓜、丝瓜、苦瓜、节瓜、西葫芦等瓜类　8毫克/千克，幼苗期、初花期、坐果后各喷一次。苗壮，抗病，抗寒，开花数增多，结果率提高。瓜型：粗、长、绿、直。干物质增加，品质提高，早熟，拔秧晚，增产20%～40%。

（10）菠菜、芹菜、生菜、芥菜、白菜、空心菜、甘蓝、花椰菜、生花菜、香菜等叶菜类　10毫克/千克，定植后生长期间隔7～10天喷一次，共2～3次。强壮植株，提高抗逆性，促进营养生长，长势快，叶片增多、宽、大、厚、绿，茎粗、嫩，结珠大、重，提早采收，增产25%～50%

【毒性】胺鲜酯原粉对人畜的毒性很低，大鼠急性经口半致死中量（LD_{50}）为8633～16570毫克/千克，属实际无毒的植物生长调节剂。对白鼠、兔的眼睛及皮肤无刺激作用；经测定，结果表明DA-6原粉无致癌、致突变和致畸性。

【注意事项】

（1）胺鲜酯在白菜上使用的安全间隔期为5天，每个作物周期最多使用2次。

（2）胺鲜酯可与中、酸性农药混合使用，不可与碱性农药混用。

（3）使用胺鲜酯时应穿戴防护服和手套，避免吸入药液。施药期间不可吃东西和饮水。施药后应及时洗手和洗脸。

（4）避免污染水源，禁止在河塘等水体中清洗施药器具。

（5）孕妇与哺乳期妇女禁止接触胺鲜酯。

（6）用过的容器应妥善处理，不可做他用，也不可随意丢弃。

8. 三十烷醇

【中、英文通用名】三十烷醇，triacontanol

【有效成分】【化学名称】正三十烷醇

【含量与主要剂型】0.1%、0.05%悬浮剂，2%TA乳粉。

【曾用中文商品名】蜜蠟醇、蜂花醇、三十醇、蜂花烷醇、1-三十醇、正三十烷醇、1-三十烷醇、1-羟基三十烷。

【产品特性】三十烷醇外观为白色鳞片状结晶体，熔点范围85.5～86.5℃，不溶于水，难溶于冷甲醇、乙醇、丙酮，易溶于乙醚、氯仿、四氯化碳。产品性能稳定，在常温下可以长期安全保存。

【使用范围和防治对象】三十烷醇适具有促进生根、发芽、开花、茎叶生长和早熟作用，具有提高叶绿素含量、增强光合作用等多种生理功能。在作物生长前期使用，可提高发芽率、改善秧苗素质，增加有效分蘖。在生长中、后期使用，可增加花蕾数、坐果率及千粒重。用于蔬菜、花卉等多种作物。

【使用技术或施用方法】

（1）叶菜类、薯类等用0.5～1毫克/千克三十烷醇药液喷洒茎叶，一般增产10%以上。

（2）茄果类蔬菜用0.5毫克/千克三十烷醇药液在花期和盛花期各喷1次，亦有增产作用。

【毒性】三十烷醇多以酯的形式存在于多种植物和昆虫的蜡质中，对人、畜和有益生物未发现有毒害作用。

【注意事项】

（1）三十烷醇生理活性很强，使用浓度很低，配置药液要准确。

（2）三十烷醇喷药后4～6小时，遇雨需补喷。

（3）三十熔解醇的有效成分含量和加工制剂的质量对药效影响极大，注意择优选购。

（4）稀释液要现用现配。

（5）喷洒时间在下午3时后，喷前气温在20℃以上为宜。喷后六小时内遇雨补喷一次。

9. 多效唑

【中、英文通用名】多效唑，paclobutrazol

【有效成分】【化学名称】（2RS，3RS）-1-（4-氯苯基）-4,4-二甲基-2-（1H-1，2，4-三唑-1-基）戊-3-醇

【含量与主要剂型】95%多效唑原药，10%、15%多效唑可湿性粉剂，25%多效唑悬浮剂。

【曾用中文商品名】氯丁唑。

【产品特性】多效唑原药为白色固体，熔点165～166℃，蒸气压（20℃）为0.001毫帕，密度1.22克/毫升，分配系数为3.2。溶解度（20℃）：水26毫克/千克，丙酮110克/千克，环己酮180克/千克，二氯甲烷100克/千克，己烷10克/千克，二甲苯60克/千克，甲醇150克/千克，丙二醇50克/千克。20℃下保存2年以上，50℃以上保存6个月，pH4～9下不水解，紫外光下不分解（pH7，10天）

【使用范围和防治对象】多效唑是三唑类植物生长调节剂，具有延缓植物生长、抑制茎秆伸长、缩短节间、促进植物分蘖和花芽分化、增加植物抗逆性能、提高产量等效果。

【使用技术或施用方法】

大豆、马铃薯花期，每667平方米用多效唑60克药兑水50千克喷施。

【毒性】多效唑属低毒植物生长调节剂。急性经皮半致死中量（LD_{50}）大于1000毫克/千克，急性经口半致死中量（LD_{50}）为2000毫克/千克。半致死浓度（LC_{50}）（96小时）虹鳟鱼为27.8毫克/千克，无作用剂量3.3毫克/千克；蜜蜂急性经口无作用剂量大于0.002毫克/蜂，急性经皮无作用剂量大于0.041毫克/蜂；对野鸭急性经口半致死中量（LD_{50}）大于7900毫克/千克。

【注意事项】

（1）多效唑在土壤中残留时间较长，施药田块收获后，必须经过耕翻，以防对下一茬作物有抑制作用。

（2）一般情况下，使用多效唑不易产生药害，若用量过高，秧苗抑制过度时，可增施氮或赤霉素解救。

10. 矮壮素

【中、英文通用名】矮壮素，chlormequatchloride

【有效成分】【化学名称】2-氯乙基三甲基氯化铵

【含量与主要剂型】矮壮素50%水剂。

【曾用中文商品名】三西、西西西、氯化氯代胆碱。

【产品特性】白色结晶。熔点245℃（部分分解）。易溶于水，在常温下饱和水溶液浓度可达80%左右。不溶于苯、二甲苯、无水乙醇，溶于丙醇。有鱼腥臭，易潮解。在中性或微酸性介质中稳定，在碱性介质中加热能分解。

【使用范围和防治对象】 矮壮素其生理功能是控制植株的营养生长（即根茎叶的生长），促进植株的生殖生长（即花和果实的生长），使植株的间节缩短、矮壮并抗倒伏，促进叶片颜色加深，光合作用加强，提高植株的坐果率、抗旱性、抗寒性和抗盐碱的能力。可用于番茄，抑制作物细胞伸长，但不抑制细胞分裂，能使植株变矮，茎秆变粗，叶色变绿，可使作物耐旱耐涝，防止作物徒长倒伏，抗盐碱，可使马铃薯块茎增大。

【使用技术或施用方法】

(1) 在辣椒和土豆开始有徒长趋势时，在现蕾至开花期，土豆用1600～2500毫克/升的矮壮素喷洒叶面，可控制地面生长并促进增产，辣椒用20～25毫克/升的矮壮素喷洒茎叶，可控制徒长和提高坐果率。

(2) 用浓度为4000～5000毫克/升矮壮素药液在甘蓝（莲花白）和芹菜的生长点喷洒，可有效控制抽薹和开花。

(3) 番茄苗期用50毫克/升矮壮素水剂进行土表淋洒，可使番茄株型紧凑并且提早开花。如果番茄定植移栽后发现有徒长现象时，可用500毫克/升的矮壮素稀释液按每株100～150毫升浇施，5～7天便会显示出药效，20～30天后药效消失，恢复正常。

【毒性】 按我国毒性分级标准，矮壮素属低毒植物生长调节剂。原粉雄性大鼠急性经口半致死中量（LD_{50}）为883毫克/千克，大鼠急性经皮半致死中量（LD_{50}）为4000毫克/千克，大鼠1000毫克/千克饲喂2年无不良影响。

【注意事项】

(1) 使用矮壮素时，水肥条件要好，群体有徒长趋势时效果好。若地力条件差，长势不旺时，勿用矮壮素。

(2) 严格按照说明书用药，未经试验不得随意增减用量，以免造成药害。初次使用，要先小面积试验。

(3) 矮壮素遇碱分解，不能与碱性农药或碱性化肥混用。使用矮壮素时，应穿戴好个人防护用品，使用后应及时清洗。

（4）矮壮素低毒，切忌入口和长时间皮肤接触。对中毒者可采用一般急救措施和对症处理。

11. 萘乙酸

【中、英文通用名】 萘乙酸 1-Naphthaleneaceticacid，NAA

【有效成分】【化学名称】 2-（1-萘基）乙酸

【含量与主要剂型】 萘乙酸 5%水剂。

【曾用中文商品名】 α-萘乙酸。

【产品特性】 原药纯品为无色无味针状结晶，性质稳定，但易潮解，见光变色，应避光保存。萘乙酸分α型和β型，α型活力比β型强，通常所说的萘乙酸即指α型。熔点为134.5～135.5℃。不溶于温水，微溶于热水，易溶于乙醇、乙醚、丙酮、苯和醋酸及氯仿。萘乙酸钠盐能溶于水，在一般有机溶剂中稳定。

【使用范围和防治对象】 萘乙酸是广谱型植物生长调节剂，能促进细胞分裂与扩大，诱导形成不定根增加坐果，改变雌、雄花比例等。可经叶片的嫩表皮、种子进入到植株内，随营养流输导到全株。对瓜果类蔬菜防止落花，形成小籽果实；促进蔬菜植物扦插枝条生根等。

【使用技术或施用方法】

番茄、瓜类用10～30毫克/千克萘乙酸药液喷花，防止落花，促进坐果。

【毒性】 急性经口半致死中量（LD_{50}）为500～5000毫克/千克；急性经皮半致死中量（LD_{50}）为2000～20000毫克/千克；吸入半致死浓度（LC_{50}）为2.0～20毫克/千克；鱼类半致死浓度（LC_{50}）（96小时）：虹鳟鱼57毫克/千克，蓝鳃鱼82毫克/千克。正常使用时对蜜蜂无毒。

【注意事项】

（1）施药后洗手洗脸，防止对皮肤损伤。

（2）萘乙酸难溶于冷水，配制时可先用少量酒精溶解，再加水稀释或先加少量水调成糊状再加适量水，然后加碳酸氢钠（小苏打）搅拌直至全部溶解。

12. 乙烯利

【中、英文通用名】乙烯利，ethrel/ethephon

【有效成分】【化学名称】2-氯乙基膦酸

【含量与主要剂型】90%原药，65%、60%、40%水剂。

【曾用中文商品名】乙烯磷。

【产品特性】晶状固体，熔点74～75℃，沸点约265℃（分解），密度（1.409±0.02）克/立方厘米（20℃，原药）。水中溶解度约1千克/升（230℃），溶于乙醇、甲醇、异丙醇、丙酮、乙酸乙酯和其他极性有机溶剂，微溶于非极性有机溶剂（如苯、甲苯），不溶于煤油、柴油。在pH3以下的酸性溶液中比较稳定，pH4以上逐渐分解并释放出乙烯，随着pH值的增高，分解速度加快，水解释放出乙烯。对紫外光敏感，75℃以下稳定。

【使用范围和防治对象】乙烯利是优质高效植物生长调节剂，具有促进果实成熟、刺激伤流、调节性别转化等效应。乙烯利是一种催熟水剂，可以在果实还在枝头没有成熟时或装袋后使用；将乙烯利按照说明用水稀释后，用喷雾器喷在果实表面，随着水溶液的蒸发，会不断挥发出乙烯气体，靠着这些气体实现果实催熟。露地辣椒使用乙烯利化学催红，是用植物生长调节剂对充分发育的果实进行促进成熟、变色的处理。化学催红一般使用40%乙烯利1000倍液，于收获前10～15天喷洒植株，一方面促使叶片早衰，使叶片中的营养及早转移到果实中；另一方面促使果实提早变色、成熟。蔬菜催熟时，青番茄用1000毫克/千克浓度的药液喷洒，喷药后2～4天即可变为红色。黄瓜在1～4片真叶时，喷施1000毫克/千克的乙烯利，能降低坐瓜结位，雌花数增加，并且于4～5节后连续开出雌花。苹果于采摘前3～4周，喷洒200～500毫克/千克的乙烯利，能提早成熟和采摘。

【使用技术或施用方法】

(1) 促进雌花分化

① 黄瓜苗龄在1叶1心时各喷1次药液，浓度为200～300毫克/千克，增产效果相当显著，浓度在200毫克/千克以下时，增产效果不显著，高于300毫克/千克，则幼苗生长发育受抑制的程度过

高，对于提高幼苗的素质不利。经处理后的秧苗，雌花增多，节间变短，坐瓜率高。据统计，植株在20节以内，几乎节节出现雌花。此时植株需要充足的养分方可使瓜坐住、长大，故要加强肥水管理。一般当气温在15℃以上时要勤浇水、多施肥，不蹲苗，一促到底，施肥量要比不处理的增加30%～40%。同时在中后期用0.3%磷酸二氢钾进行3～5次的叶面喷施，用以保证植株营养生长和生殖生长对养分的需要，防止植株老化。

秋黄瓜雌花着生节位高，在3～4片真叶时用150毫克/千克乙烯利处理，效果尤为显著。但应注意，用50毫克/千克浓度乙烯利溶液处理黄瓜幼苗，会促进雌花的发生，减少雄花。

② 西葫芦3叶期用150～200毫克/千克乙烯利液喷洒植株，以后每隔10～15天喷1次，共喷3次，可增加雌花，提早7～10天成熟，增加早期产量15%～20%。

南瓜可参照西葫芦进行，3～4叶期叶面喷洒，可大大增加雌花的产生，抑制雄花发育，增加产量，尤其是早熟的产量。但处理效果因品种而有差异。

（2）进果实成熟

① 番茄催熟，可采用涂花梗、浸果和涂果的方法

涂花梗：番茄果实在白熟期，用300毫克/千克的乙烯利涂于花梗上即可。

涂果：用400毫克/千克的乙烯利涂在白熟果实花的萼片及其附近果面即可。

浸果：转色期采收后放在200毫克/千克乙烯利溶液中浸泡1分钟，再捞出于25℃下催红。

大田喷果催熟：后期一次性采收时，用1000毫克/千克乙烯利溶液在植株上重点喷果实即可。

② 西瓜用100～300毫克/千克乙烯利溶液喷洒已经长足的西瓜，可以提早5～7天成熟，增加可溶性固形物1%～3%，增加西瓜的甜度，促进种子成熟，减少白籽瓜。

（3）促进植株矮化　番茄幼苗3叶1心片至5片真叶时用300毫克/千克乙烯利溶液处理2次，控制幼苗徒长，使番茄植株矮化，抗逆性增强，早期产量增加。

(4) 打破植物休眠　生姜播种前用乙烯利浸种，有明显促进生姜萌芽的作用，表现在发芽速度快、出苗率高，每块种姜上的萌芽数量增多，由每个种块上1个芽增到2～3个芽。使用乙烯利浸种时，应严格掌握使用浓度，以250～500毫克/千克浓度为适宜浓度，有促进发芽，增加分枝，提高根茎产量的作用。如浓度过高（达750毫克/千克），则对生姜幼苗的生长有明显抑制作用，表现植株矮小，茎秆细弱，叶片小，根茎小，并导致减产。

【毒性】大鼠急性经口半致死中量（LD_{50}）为3400毫克/千克，小鼠急性经口半致死中量（LD_{50}）为2850毫克/千克，兔经皮半致死中量（LD_{50}）为5730毫克/千克。对皮肤、眼睛、黏膜有刺激性，无致畸、致癌、致突变作用。

【注意事项】

(1) 乙烯利原液稳定，但经稀释后的溶液稳定性变差。生产上使用时应随配随用，放置过久后会降低使用效果。

(2) 乙烯利呈酸性，遇碱会分解。禁与碱性农药混用，也不能用碱性较强的水稀释。

(3) 乙烯利应在20℃以上时使用，温度过低，乙烯利分解缓慢，使用效果降低。

(4) 使用后6小时内下雨，应适当补喷。

(5) 乙烯利低毒，但对人的皮肤、眼睛有刺激作用，应尽量避免与皮肤接触，特别注意不要将药液溅入眼内，如溅入应迅速用水和肥皂冲洗，必要时送医院治疗。

13. 芸苔素内酯

【中、英文通用名】芸苔素内酯，brassinolide

【有效成分】【化学名称】22R，23R，24R-2a，3a，22，23-四羟基-β-均相-7-氧杂54-麦角甾烷-6-酮

【含量与主要剂型】0.01%乳油，0.01%粉剂，0.01%可溶性液剂，0.0075%水剂，0.004%乳油。

【曾用中文商品名】益丰素、天丰素、硕丰481、美多收、芸天力、果宝、油菜素内酯、保靓、农梨利、云大120等

【产品特性】原药有效成分含量不低于95%。本剂在水中溶解度为5毫克/升，易溶于甲醇、乙醇、四氢呋喃、丙酮等多种有机溶剂。

【使用范围和防治对象】芸苔素内酯为甾醇类植物生长调节剂，通过适宜浓度的芸苔素内酯浸种和茎叶喷施处理，可以促进蔬菜、瓜类、水果等作物生长，可改善品质，提高产量，色泽艳丽，叶片更厚实，也能使茶叶的采叶时间提前和令瓜果含糖量更高，个体更大，产量更高，更耐储藏。应用于蔬菜、草莓、瓜果等，一般可增产10～20%，高的可达30%，并能明显改善品质，增加糖分和果实重量，增加花卉艳丽，同时还能提高作物的抗旱，抗寒能力，缓解作物遭受病虫害、药害、肥害、冻害的症状。

【使用技术或施用方法】

(1) 蔬菜类　对于番茄茄子等茄科类，苗期、花期、座果后、幼果期使用方法及用量：每瓶兑水15～20千克，叶面均匀喷雾。使用效果：苗壮，抗病，抗逆，增花保果，果实均匀光亮，品质提高，早熟，延长采收期15～30天，增产30%～60%。

(2) 块根类　萝卜胡萝卜等，在苗期肉质根形成期，每瓶兑水15千克，叶面均匀喷雾。使用效果：苗壮，抗病，抗逆，块根直，粗壮，表皮光滑，品质提高，早熟，增产35%～55%。

(3) 豆类　对于荷兰豆豆角豌豆等，苗期盛花期结荚期，每瓶兑水20千克，叶面均匀喷雾。使用效果：苗壮抗逆性好，提高结荚率，早熟，延长生长期和采收期，增产30%～45%。

(4) 韭菜葱蒜姜　营养生长期间隔10～15天喷一次，共2～3次，每瓶兑水15千克，叶面均匀喷雾。使用效果：促进营养生长，增强抗逆性，早熟，增产25%～40%。其他蔬菜苗期、快速生长期每瓶兑水10～15千克，叶面均匀喷雾，可促进营养生长，增产20%～45%。

【毒性】按我国农药毒性分级标准，芸苔素内酯属低毒植物生长调节剂，对人畜低毒。大鼠急性口服半致死中量（LD_{50}）大于2000毫克/千克，急性经皮半致死中量（LD_{50}）大于2000毫克/千克，鱼毒也很低

【注意事项】

(1) 下雨时不能喷药，喷药后6小时内下雨要重喷。

（2）喷药时间最好在上午10点以前，下午3点以后。

（3）芸苔素内酯活性较高，要正确配制浓度，防止浓度过高引起药害。

（4）芸苔素内酯不能与碱性农药混用，以避免失效。

14. 氯吡脲

【中、英文通用名】氯吡脲，forchlorfenuron

【有效成分】【化学名称】1-（2-氯-4-吡啶）-3-苯基脲

【含量与主要剂型】0.1%氯吡脲溶液。

【曾用中文商品名】氯吡苯脲，吡效隆，调吡脲，施特优，膨果龙。

【产品特性】白色晶体粉末，有微弱吡啶味，熔点171℃，难溶于水，易溶于甲醇、乙醇、丙酮、二甲基亚砜等有机溶液，常规条件下储存稳定。

【使用范围和防治对象】氯吡脲是一种高活性的苯基脲类衍生物，具有细胞分裂素活性，有促进细胞分裂和扩大、器官形成和蛋白质的合成、提高光合作用效率、增强抗逆性、延缓衰老、在瓜果植物上可促进花芽分化、保花保果、提高坐果率、促进果实膨大等作用。主要表现在：①促进茎、叶、根、果生长的功能，如用于烟草种植可使叶片肥大而增产；②促进结果，可以增加番茄、茄子等蔬菜的产量；③加速疏果和落叶作用，疏果可增加果实产量，提高品质，使果实大小均匀。

【使用技术或施用方法】

对于黄瓜，在花期遇低温阴雨、光照不足、开花受精不良条件下，为解决“化瓜”问题，开花当天或前1天用0.1%氯吡脲溶液50毫升（有效成分0.05克），加水1千克，涂抹瓜柄，可提高坐果率及产量。土豆种植后70天以100毫克/升喷洒处理，能增加产量。还可喷洒叶菜类蔬菜，防止叶绿素降解，延长鲜活产品保鲜期。

【毒性】按我国农药毒性分级标准，氯吡脲属低毒植物生长调节剂。原药大鼠急性经口半致死中量（LD_{50}）为4918毫克/千克，大鼠急性经皮半致死中量（LD_{50}）大于20000毫克/千克，对兔眼睛和皮肤有轻微刺激作用。虹鳟鱼半致死浓度（LC_{50}）（96 小时）为 9.2 毫克/千克。

【注意事项】

（1）严格按照使用时期、用量和方法操作。

（2）氯吡脲施药后 6 小时遇雨需补喷。

（3）氯吡脲易挥发，用后盖好瓶盖。

（4）氯吡脲对人的眼睛及皮肤有刺激性，施用时应避免药液溅入眼内和接触皮肤，万一溅入眼内应立即用清水洗净。如果使用中不小心中毒，请不要催吐，立即送医院对症治疗。

15. 复硝酚钠

【中、英文通用名】复硝酚钠，compound Sodium nitrophenolate

【有效成分】【化学名称】5-硝基愈创木酚钠；邻硝基苯酚钠；对硝基苯酚钠

【含量与主要剂型】98%原粉和 1.8%的水剂为主，1.4%复硝酚钠可溶性粉剂。

【曾用中文商品名】增效钠。

【产品特性】由 5-硝基愈创木酚钠、邻硝基愈创木酚钠、对硝基愈创木酚钠按 3∶6∶9 构成。

（1）邻硝基苯酚钠　红色针状晶体，具有清淡的醇香味，熔点 44.9℃（游离酸），易溶于水，可溶于乙醇、丙酮等有机溶剂，常规条件下储存稳定。

（2）对硝基苯酚钠　黄色片状晶体，熔点 113～114℃（游离酸），易溶于水，可溶于乙醇、丙酮等有机溶剂，常规条件下储存稳定。

（3）5-硝基愈创木酚钠　橘红色或者枣红色片状结晶，熔点 105～106℃（游离酸），易溶于水，可溶于乙醇、甲醇、丙酮等有机溶剂，常规条件下储存稳定。

【使用范围和防治对象】复硝酚钠是一种强力细胞复活剂，可促进细胞原生质流动、提高细胞活力。能加快植物生长速度，打破休眠，促进生长发育，防止落花落果、裂果、缩果，改善产品品质，提高产量，提高作物的抗病、抗虫、抗旱、抗涝、抗寒、抗盐碱、抗倒伏等抗逆能力。它广泛适用于瓜果、蔬菜作物及花卉等。

【使用技术或施用方法】

（1）单独使用　叶面喷施浓度 6～9 毫克/千克，滴灌 3 克/667 平方米，冲施 8～15 克/667 平方米，基肥、追施肥 10～20 克/667 平方米。

（2）与肥料复配使用　复硝酚钠与叶面肥（使用浓度 6 毫克/千克）、冲施肥、复合肥（10～20 克/667 平方米）复配使用，具有明显的增效作用，可增效 30%以上。

（3）与杀菌剂、杀虫剂复配使用　复硝酚钠与杀菌剂、杀虫剂复配，喷施浓度为 6 毫克/千克，可以在杀虫或杀菌的同时增加植物长势，增强植物抗病、抗虫能力，保护作物旺盛的生长状态。

【毒性】 由于它具有高效、低毒、无残留、适用范围广、无副作用、使用浓度范围广等优点，已在世界上多个国家和地区推广应用。

【注意事项】

（1）复硝酚钠在实际使用过程中，对温度是有一定要求的。复硝酚钠只有在温度 15℃以上时，才能迅速发挥作用。所以，尽量不要在温度低于 15℃时喷施复硝酚钠，否则很难发挥出应有的效果。

（2）在较高温度下，复硝酚钠能很好地保持其活性。温度在 25℃以上，48 小时见效；在 30℃以上，24 小时可以见效。所以，在气温较高时，喷施复硝酚钠，有利于药效的发挥。

（3）番茄用 1.8%复硝酚钠 4000 倍液于苗期、开花期和幼果形成期各一次，可使株高增加，显著提高坐果率，有效提高产量。

（4）复硝酚钠密封储存于避光、阴凉处。

参考文献

[1] 张炎光，王育义，谭增亮．蔬菜病虫害无公害防治．第2版．北京：科学技术文献出版社．2004.
[2] 夏声广．蔬菜病虫害防治原色生态图谱．北京：中国农业出版社．2005.
[3] 林永等．农作物安全用药手册．福州：福建科学技术出版社．2004.
[4] 杜正一．新编农药安全使用技术指南．石家庄：河北科学技术出版社．2014.